液态金属物质科学与技术研究丛书

液态金属印刷电子学

刘静 王倩 著

上海科学技术出版社

图书在版编目(CIP)数据

液态金属印刷电子学 / 刘静,王倩著. —上海:
上海科学技术出版社,2019.1
(液态金属物质科学与技术研究丛书)
ISBN 978 - 7 - 5478 - 4219 - 5

Ⅰ.①液… Ⅱ.①刘… ②王… Ⅲ.①新材料应用-
研究 Ⅳ.①TB3

中国版本图书馆 CIP 数据核字(2018)第 233459 号

液态金属印刷电子学

刘 静 王 倩 著

上海世纪出版(集团)有限公司
上海科学技术出版社 出版、发行
(上海钦州南路 71 号 邮政编码 200235 www.sstp.cn)
上海中华商务联合印刷有限公司印刷
开本 787×1092 1/16 印张 17.5 插页 4
字数 290 千字
2019 年 1 月第 1 版 2019 年 1 月第 1 次印刷
ISBN 978 - 7 - 5478 - 4219 - 5/TB·8
定价:148.00 元

序

　　液态金属如镓基、铋基合金等是一大类物理化学性质十分独特的新兴功能材料,常温下呈液态,具有沸点高、导电性强、热导率高、安全无毒等属性,并具备常规高熔点金属材料所没有的低熔点特性,其熔融状态下的塑形能力更为快捷打造不同形态的功能电子器件创造了条件。然而,由于国内外学术界以往在此方面研究的缺失,致使液态金属蕴藏着的诸多新奇的物理、化学乃至生物学特性长期鲜为人知,应用更无从谈起。这种境况直到近年才逐步得到改观,相应突破为众多新兴学科前沿的发展提供了十分重要的启示和极为丰富的研究空间,正在催生出一系列战略性新兴产业,将有助于推动国家尖端科技水平的提高乃至人类社会物质文明的进步。

　　早在2001年前后,时任中国科学院理化技术研究所研究员的刘静博士就敏锐地意识到液态金属研究的重大价值,他带领团队围绕当时在国内外均尚未触及的液态金属芯片冷却展开基础与应用探索,以后又开辟出系列新的研究方向,他在清华大学创建的实验室随后也取得众多可喜成果。这些工作涉及液态金属芯片冷却、先进能源、印刷电子与3D打印、生命健康以及柔性智能机器等十分宽广的领域。经过十多年坚持不懈的努力,由刘静教授带领的中国科学院理化技术研究所与清华大学联合实验室在世界上率先发现了液态金属诸多有着重要科学意义的基础现象和效应,发明了一系列底层核心技术和装备,建立了相应学科的理论与技术体系,系列工作成为领域发展开端,成果在国内外业界产生了持续广泛的影响。

　　当前,随着国内外众多实验室和工业界研发机构的纷纷介入,液态金属研究已从最初的冷门发展成当前备受国际瞩目的战略性新兴科技前沿和热点,科学及产业价值日益显著。可以说,一场研究与技术应用的大幕已然拉开。毫无疑问,液态金属自身蕴藏着十分丰富的物质科学属性,是一个基础探索与实际应用交相辉映、极具发展前景的重大科学领域。然而,遗憾的是,国内外学术界迄今在此领域却缺乏相应的系统性著述,这在很大程度上制约了研究与应用的开展。

为此，作为国际常温液态金属物质科学领域的先行者和开拓者，刘静教授及其合作者基于实验室十七八年来的研究积淀和第一手资料，从液态金属学科发展的角度出发，系统而深入地提炼和总结了液态金属物质科学前沿涌现出的代表性基础发现和重要进展，形成了本套丛书，这是十分及时而富有现实意义的。

《液态金属物质科学与技术研究丛书》的每一本著作均系国内外该领域内的首次尝试，学术内容崭新独到，所涉及的学科领域跨度大，基本涵盖了液态金属近年来衍生出来的代表性科学与应用技术主题，具有十分重要的科学意义和实际参考价值。丛书的出版填补了国内外相应著作的空白，将有助于学术界和工业界快速了解液态金属前沿研究概况，为进一步工作的开展和有关技术成果的普及应用打下基础。为此，我很乐意向读者推荐这套丛书。

周 远

中国科学院院士

中国科学院理化技术研究所研究员

前　　言

电子器件是现代社会的基石。传统的电子加工从基底材料制备,到形成互连所需要的薄膜沉积、刻蚀、封装等,涉及工艺及步骤繁多,需要消耗大量原料、水、气及电力能源。实现不受空间和成本限制的电子电路直接制造是全球科学界与工业界的梦想,但存在巨大挑战,其中既有设备硬件的限制,也有来自高性能电子墨水的限制,更受到固有理论框架的制约。近年来兴起的印刷电子技术,旨在通过印刷方式在各种基材上制造出功能各异的电子电路,由此打开了一个全新的先进制造领域,有望重塑电子工程产业。此类方法本质上是一种"增材"工艺,超越了传统的集成电路制造思想,既可避免使用腐蚀工艺,实现绿色环保,又可节约大量原料。然而,在经过多年发展的印刷电子学体系中,仍存在电子墨水配制工艺复杂、电阻率高、导线形成需要借助繁复的化学反应实现、器件成型固化温度高、可靠性偏低、使用寿命短等缺憾。

为解决长期制约印刷电子学面临的理论与技术瓶颈,笔者实验室基于多年来在室温液态金属领域的研究积淀和深入探索,于国内外首次原则性地提出了不同于传统的液态金属印刷电子学思想,其通过组分各异的液态金属或其合金墨水,可在各种基底上直接打印出所需要的导体、导线乃至各种功能电子器件、传感器及集成电路等。这种在学术上被命名为 DREAM - Ink(direct printing of electronics based on alloy and metal ink,也取"梦之墨"之意)的电子器件制造理念,促成了从墨水材料到打印基底、印刷技术与装备等全新理论与技术体系的综合突破,被认为有望改变传统电子及集成电路制造规则,促成了新兴电子工程学的出现,其所见即所得的电子直写模式为发展普惠型电子制造技术、重塑个性化电子提供了变革性途径,且具有快速、绿色、低成本的优势,已展示出广泛的应用潜力。

经过近 10 年时间持续不断的努力,笔者实验室建立了液态金属功能电子墨水的制备方法,系统发展出一系列可适应从一维、二维到任意固体表面的液态金属打印方法和原理。相应技术除了可显著降低传统电子制造模式中的材料成本、制造成本和时间成本外,还扩展了以往技术不易甚至无法实现的电子制造范畴。比如,笔者实验室基于所发现的金属流体与不同基底间的润湿机制,提出并证实了可在任意固体材质和表面上直接制造电子电路的液态金属喷墨打印方法,从而使得"树叶也可变身电路板",该技术一度入选"Top IT Story",业界对此配发的评论是,"围绕在不同表面打印电路的竞赛可以终结了"。多年来,笔者实验室开展的系列研究的原创性和领先性有幸得到了国内外持续广泛的重视和认可,诸多成果先后被数百家国际科学杂志、新闻媒体和专业网站诸如 *MIT Technology Review*、*IEEE Spectrum*、*ASME Today*、*Phys. org*、*Chemistry World*、*National Geographic*、*Geek*、*Fox News*、CCTV 等专题评介。业界普遍认为:"找到室温下直接制造电子的方法,就意味着打开了极为广阔的应用领域乃至通过家用打印机制造电子器件的大门。"这些工作打破了个人电子制造技术瓶颈和壁垒,使得在低成本下快速、随意地制作电子电路特别是柔性电子器件成为现实,预示着电子制造正逐步走向平民化。

在研究液态金属印刷电子学基本问题的同时,笔者实验室多年来还始终不断努力将有关理论推向实际应用,先后发明并研制出一系列液态金属电子直写与打印装备,特别是于 2013 年推出世界首台全自动液态金属桌面电子电路打印机,以及首台具有普适意义的液态金属喷墨打印机,攻克了相应设备在通向实用化道路中的一系列关键科学与技术问题。部分产品还应邀参展 2014 年、2015 年上海国际工业博览会,2015 年中国-南亚博览会,2015 年国家科技战略座谈会,引发了重大反响和关注。2014 年,液态金属桌面电子电路打印机获提名"两院院士评选 2014 年中国十大科技进展新闻",中国工程院为此专门来函,认为:"成果对该领域工程科技发展将起到巨大的推动作用";2015 年 7 月,这一原创性发明入围素有国际科技界创新"奥斯卡"奖之称的"R&D 100 Award"最终名单,后又于 2016 年入选美国《大众科学》(中文版)T100 创新奖。综合各种打印技术成果在内的液态金属电子增材制造技术入选 2015 年中关村十大科技创新成果。这一系列来自工业界、学术界及社会的认可,反映出液态金属印刷电子学的价值正日益显现。而当前国际上该领域的进展,尚主要处于原理性探索和论文发表阶段。

众所周知,增材制造技术被普遍认为是"第三次工业革命"的重要引擎和核心推动力,相应研发近年来引起世界各国工业界和政府高度重视,如美国启动了旨在打造全球竞争新优势的增材制造国家计划,并于 2016 年斥资 1.71 亿美元实施了一项混合柔性电子项目,欧洲则力求通过实施工业 4.0 确保对新一轮工业革命的掌控,中国也已提出"制造 2025"的宏伟蓝图,这些均为波及全球的国家战略。作为最终有望普及到个人应用层面的电子增材制造工具,液态金属印刷电子学属于先进制造领域的变革性技术,高度贴合了当前及今后个性化电子快速制造与功能器件直接打印的需求,可望催生出一系列超越传统理念的电子工程学技术,显著提速电子工业与制造业革新的步伐,成为未来制造产业的制高点。

鉴于液态金属印刷电子学显而易见的意义,同时考虑到国内外较缺乏相关著作,我们深感有必要将这一领域的基本原理、方法和应用情况及时传达给业界,以期有效引导和集合各方力量,共同促成新兴电子制造科学与技术的进步,从而更好地推动社会进步。限于精力,本书不求穷尽液态金属印刷电子学领域全貌,主要介绍笔者实验室在结合全球印刷电子领域内的关键科学和技术需求为导向开展的工作,系统阐述液态金属印刷电子学的基本理论与技术体系,以及典型的应用问题。本书写作启动于 2016 年,但由于中间大量研究和各种事务,导致成稿过程断断续续,在本书即将付印之际,我们也欣喜地注意到近期特别是自 2018 年初以来,国际上围绕液态金属电子学发表的文章犹如井喷一般,彰显这一新兴领域的活力。笔者也期待今后有机会再版本书时能将有关新成果予以补充进来。

总的说来,本书内容反映的主要是笔者实验室近十年来的工作,同时对国际上涌现出的一些相关典型成果也作了必要介绍。其间,实验室许多同志为此做出了大量贡献,如不完全列出的包括:高云霞、李海燕、郑义、张琴、王磊、桂晗、郭藏燃、国瑞、于洋、何志祝、杨俊、陈柏炜、杨阳、邓中山、饶伟等。实验室有关研究先后得到中国科学院院长基金、中国科学院前沿计划、国家自然科学重点基金(No. 91748206)以及北京市科委资助。在此谨一并致谢!

限于时间,加之作者水平有限,本书不足和挂一漏万之处,恳请读者批评指正。

刘 静 王 倩

2018 年 6 月

目录
Contents

第1章
绪 论

1.1 印刷电子技术

在现代电子工业中,集成电路是几乎所有电子器件的基础。传统的电子制造技术——硅基微电子集成电路的制造技术,自 20 世纪 60 年代问世便得到了巨大发展,目前已成为极其复杂的技术领域。从单晶硅基底材料制备,到在硅单晶上形成晶体管与互连线所需的薄膜沉积、光刻、刻蚀、封装等,硅基微电子集成电路制造技术涉及工艺步骤多达数百道,并需要消耗大量原料、水、气以及其他能源[1]。此外,传统电子制造技术中存在的处理温度高、原料浪费严重、有毒腐蚀废液污染环境等问题也日益引起人们的关注。而且,传统电子器件一般使用刚性印刷电路板技术,延展性较差,也在一定程度上限制了其应用领域。为此,柔性电子技术的出现,可将相应器件建立在柔性基底上,使其具有刚性电路板所不具备的延展性和柔韧性,在不影响性能的情况下实现弯曲和伸展,打开了柔性电子技术广阔的应用前景,标志着电子工业进入一个新的时代。

柔性电子技术相比于传统电子技术的优势主要体现在[2-4]:(1)柔性电子器件的材料密度更小,可显著减轻重量;(2)由于自身具有柔性,可采用卷到卷的连续沉积工艺制造,显著降低生产成本;(3)柔性电子易于卷曲或折叠,方便携带和使用;(4)可用生物相容性较好的柔性材料作为基底,方便用于任意形状表面,包括与生物机体实现无缝贴合,在发展可穿戴或可植入电子器件方面优势明显。

然而,现有的柔性电子也面临许多重大技术挑战。典型的柔性基底如塑料及其他高分子基底一般不能承受高温[5],如聚对苯二甲酸乙二醇酯的处理温度不能超过 150℃[6]。同样,需要高温处理的电子单元如非晶硅也不适合用于柔性基底[7]。

"印刷电子"在这种背景下被提出,应用该策略,电子器件的加工可简化为两步:印刷和固化。因低成本的制造工艺,印刷电子技术正被尝试用于各类消费电子上,如电子标签、集成电路、光伏电池、有机发光二极管等。所采用的印刷方法有纳米压印[8]、丝网印刷[9]、凹版印刷,平版印刷和喷墨打印[10-13]等。柔性电子工业的发展得到了大力推动。

新型印刷电子技术将印刷术与电子技术相结合,以导电油墨替代传统油墨,通过印刷的方式在各种基材上直接印制出功能各异的电子电路及元器件,开辟了一个全新的技术领域[14]。从原理上讲,基于直接印刷方式形成电路图案在本质上属于一种类似于微纳米加工技术中的"加成"(addictive)工艺[15],不同于传统集成电路的"去除"(subtractive)方式,这样既可避免使用腐蚀工艺,实现绿色环保,又可节约大量原料。

印刷电子技术区别于传统硅集成电路制造技术的特点在于[14]:(1) 电子材料是通过加成(沉积)方法构筑电子器件;(2) 电子器件的功能不依赖于基底材料。前者使电子器件的直接印刷成为可能,后者则使各种非硅基底材料特别是柔性薄膜基底材料的应用成为可能。也因如此,印刷电子产品的成本可以显著降低。在印刷电子领域,墨水材料和工艺设备是其中的核心要素[16]。

1.2 印刷电子材料

电子器件之所以能够以印刷方式制作,关键在于墨水材料。印刷电子材料是指具有导电、介电或半导体性质的电子材料,根据材质属性主要分为有机与无机材料[14,16]。印刷电子中典型的导电墨水通常分为三类:碳系、高分子及金属导电墨水,然而它们在打印后仍需借助高温后处理工艺,以进一步提升打印物、墨水的电导率及运行可靠性,步骤稍显繁琐;且由于相应纳米材料及墨水的配制较为复杂,也增加了使用的成本。表 1.1 列出了一些典型材料的电导率范围。

表 1.1 材料电导率范围[14]

材 料	电导率(S/cm)	典 型 代 表
绝缘体	$<10^{-10}$	石英、聚乙烯、聚苯乙烯、聚四氟乙烯
半导体	$10^{-10} \sim 10^2$	硅、锗、聚乙炔
导 体	$10^2 \sim 10^8$	汞、银、铜、石墨
超导体	$>10^8$	铌(9.2 K)、铌铝锗合金(23.3 K)、聚氮硫(0.26 K)

1.2.1 有机印刷电子材料

按照材料的电学性能,有机印刷电子材料[17]可分为导体、半导体及电介质材料(绝缘体)。

1. 有机导体材料

此类材料主要是导电高分子材料。根据结构特征和导电机理,其又可分成两类[14,16]:(1)复合型。通过在目标材料中加入导电性填料来制备,如导电橡胶、导电涂料、导电黏合胶等。(2)结构型。主要通过化学合成等方法制备,如电子导电聚合物、离子导电聚合物等。

2. 有机半导体材料

此类材料的电导率、载流子迁移率和能带间隙等,有着许多不同于无机半导体材料的特点[14,16],例如:(1)有机化合物种类多,因而为有机半导体材料的选择提供了丰富资源。(2)可选择完全不同于无机器件的加工手段,如分子自组装、成膜等,工艺简单,成本低廉。(3)能够与柔性基底相兼容,易于实现大面积印刷。

3. 有机介电材料

介电材料主要用于构成晶体管半导体层与金属电极之间的绝缘层,在电子器件中也至关重要[14,16]。有机介电材料在柔性电子应用中有着极大的发展潜力。典型材料有聚甲基丙烯酸甲酯[18]、聚酰亚胺[19]、聚乙烯苯酚[20]、聚苯乙烯[21]、聚乙烯醇[22]、苯并环丁烯[23]等。

1.2.2 无机印刷电子材料

虽然有机电子材料在导电性、材料稳定性、可印刷性等方面有了巨大发展,但相比之下,无机电子材料的优势更大[24]。无机电子材料的电荷迁移率远高于有机电子材料,且较易制成油墨。近几年,由于无机纳米材料(纳米粒子、纳米线、纳米管等)的引入,导致印刷电子得以真正迅速发展起来。

1. 无机导体材料

导体是所有电子器件必不可少的部分[12,14],典型的可印刷导体材料主要有银浆、铜浆、碳浆等[25-28]。从体电阻率来讲,最低的金属是银(1.59×10^{-8} Ω·m),其次是铜(1.72×10^{-8} Ω·m),再次是金(2.44×10^{-8} Ω·m)[29]。目前银墨水是最常使用的金属导电墨水,但在印刷后需要进行烘烤和烧结。铜墨水制备工艺比银墨水复杂得多,也需在真空或惰性气氛中烧结[25],

限制了其进一步使用。其他也有采用碳、石墨烯、镍、铁、铝等实现电子墨水的报道,但都面临着较多的应用瓶颈。

2. 无机半导体材料

一些可溶性硅、锗化合物等半导体材料可作为印刷墨水,但其对水、氧敏感,且合成条件苛刻、价格昂贵,需在惰性气氛或真空条件下高温烧结。其他如硫族化合物除上述条件外,通常需在 H_2S 及 S 等气氛中处理,H_2S、S 以及一些硫族化合物本身如 CdS 都是有毒的[14]。

1.2.3 印刷电子材料墨水化

1. 印刷电子墨水的组成

一般金属墨水包含产生金属的前驱体和溶剂,金属前驱体可以是可溶性金属化合物,也可以是含有金属的颗粒物[28]。颗粒型墨水和化合物型墨水在成膜或印刷成图案后一般需要通过热处理获得导电性。导电墨水由聚合物基体、导电填料、溶剂和添加物组成,根据导电填料一般可分为两类:有机和无机导电墨水。导电填料主要包括导电金属纳米颗粒(如金[30]、银[31]、铜[32]等)、导电金属、前驱体(有机金属化合物)、碳纳米管[33]、导电聚合物[34]、石墨烯、透明电极[35]、金属氮化物、GaAs[36]、硫属化合物[37]等。目前,在印刷电子中无机导电墨水比有机导电墨水更常用。

2. 印刷电子墨水的选择

虽然当前用于印刷电子的导电墨水已极大简化了集成电路制作过程,但仍存在不少应用瓶颈[12,14]。最为关键的是由于加载率的限制及应用过程的繁复性,目前几乎所有的这些方法都还不是真正的直写电子技术。所以,新墨水的研制仍然是目前印刷电子领域最为重要的方向之一[16]。

1.3 印刷过程工艺与设备

制作集成电路的传统方法一般包括射频溅射[38]、脉冲激光沉积[39]、磁控溅射[6]等,它们或者成本偏高,或者污染环境[40]。相比之下,印刷电子技术已经朝着简捷环保的电子制造方向迈进,所涉及的过程基本可归结为两个步骤:印刷和固化。工业界也正在对应地发展合适的工艺与设备。

1.3.1 印刷工艺

现有印刷技术可分为接触印版法或非接触印刷法两大类[14]。前者包括胶版印刷[23,41]、凹版印刷[42]和丝网印刷[43]，通过图案转移模板将油墨转移到基底上；后者则包括喷墨等印刷技术。不同印刷方法对墨水物理性质的要求也不同。

1.3.2 印刷设备

各种印刷工艺均有其对应的印刷设备。更接近直写的印刷设备主要有以下几类[14]：(1) 非接触型喷墨打印[44]，已用于制作晶体管、光伏电池、天线、传感器、OLEDs、PCBs 等元件和设备。(2) 非接触式喷雾打印，已用于制造有机薄膜晶体管 (OTFTs)[45]、太阳能电池[46]和其他电子设备[47]，其主要由载体 (如 N_2) 携带液滴喷雾实现印刷[48]。(3) 微笔技术，基于笔头内液体流动实现直写的技术[48]。(4) 刷漆成膜方法，借助纤维材质笔刷将功能层涂刷于基底，可用于制作有机太阳能电池[49]。

总的说来，印刷电子是一个复杂的领域，对材料质量、墨水、打印机和设备都有高标准要求。当前，学术界已经对包括有机和无机电子墨水在内的各种新型墨水进行了大量研究，攻克了许多基础性问题，但仍有不少问题悬而未决[14]。比如，有机导电墨水的电学性能较差以及无机导电墨水制备工艺复杂等。毫无疑问，高性能墨水是印刷电子技术最为关键的环节之一，决定了打印设备的研制及印刷质量的保障。

1.4　液态金属印刷电子技术

增材或称加成制造技术被普遍认为是"第三次工业革命"的重要引擎和核心推动力[50]。近年来，相应研发已密集引起世界各国工业界和政府广泛重视，如美国就启动了旨在打造全球竞争新优势的增材制造国家计划，欧洲则力求通过实施工业 4.0 确保对新一轮工业革命的掌控，中国也已提出"制造 2025"的宏伟蓝图，这些均为波及全球的国家战略。如前所述的印刷电子就是一大类旨在制造功能器件的先进增材制造，其核心在于发展高性能电子墨水及对应的材料体系、设备体系和应用技术体系，液态金属印刷电子学的出现可以说是应运而生。

液态金属指的是一大类物理化学行为十分独特的新兴功能材料 (典型代表如镓基合金、铋基合金等)[51]，常温下呈液态，具有沸点高、导电性强、热导率高等属性[52,53]，制造工艺不需要高温冶炼[54]，环保无毒，并蕴藏着诸多以往从未被认识的新奇特性[55-58],正在为大量新兴的科学与技术前沿提供重大启示和极为丰富的研究空间[12,53,59]。针对当前印刷电子存在的问题,笔者实验室从有别于国内外的学术思想出发,通过引入由低熔点液态金属或其合金制成的导电墨水,首次提出了完全不同于传统印刷电子技术原理的液态金属直写电子技术[12],并建立了相应理论与应用技术体系[4,12],先后研发出一系列实用化装备和系统并实现工业化应用[60-65]。这种技术克服了传统印刷电子技术的诸多技术瓶颈,如墨水电导率低、合成复杂、需要烧结等,使得电路制备过程更加简单,如图1.1所示。根据墨水的成分,该方法也被命名为"基于金属及合金墨水的直写电子"(direct printing of electronics based on alloy and metal ink,简称DREAM Ink)技术,业界也按照中文译名将其称为"梦之墨"技术。

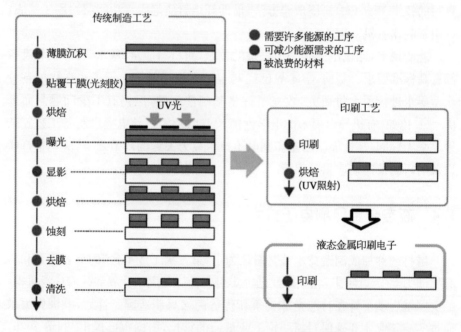

图1.1 液态金属印刷电子与传统制造工艺、其他印刷工艺制备过程比较

液态金属直写电子技术的特别之处在于提出了一大类全新的基本电子制造策略,其导电墨水由低熔点金属或其合金构成,在常温下可流动,并可在许多基底上直接印刷。通过液态金属电子墨水直接快速制造出电子电路及终端功能器件,这种策略完全改变了传统电子工程学的制造理念,其所见即所得的电子打印模式为发展普惠型电子制造技术、重塑传统电子及集成电路制造规则提供了现实途径,且快速、绿色、节省、低成本。

液态金属印刷电子学系列成果的原创性和领先性得到了国内外的广泛重视和认可,诸多工作先后被国际上众多知名科学杂志、新闻媒体和专业网站报道,入选国内外多个奖项,在业界引发震动。笔者实验室研发的液态金属增材制造设备多次应邀参加重要展会,系列产品获推荐进入政府采购目录。当前,全球范围内学术界众多实验室和产业界也纷纷加入相应的研发和产业推动,一个新的电子工业正在悄然成形。

1.5 本书内容和框架

本书旨在阐述液态金属印刷电子技术的基本方法、原理及应用问题。第 1 章主要概述传统印刷电子技术及印刷电子材料和工艺设备等印刷电子必要元素,进而提出液态金属印刷电子的概念及发展情况;第 2 章介绍液态金属电路所涉及的基础电学效应,以及对液态金属印刷电子技术涉及的核心因素电子墨水和打印设备进行概述,并就液态金属印刷技术对能源、环境、医疗等领域带来的影响作相应阐述;第 3 章至第 5 章分别详细介绍液态金属电子墨水、液态金属在不同基底的可打印性、液态金属电路封装、修补和擦除技术等基础问题;第 6 章至第 9 章分别介绍了几种不同的液态金属印刷技术及对应设备,包括手写笔、平面直写打印、喷涂打印以及纸上印刷方法;第 10 章至第 16 章从电路基本元件、功能电子器件、液态金属传感器与执行器、液态金属能量捕获器、皮肤电子、可穿戴电子和电子艺术等不同侧面对液态金属应用途径进行了详细论述。

参 考 文 献

[1] Zant P V. Microchip fabrication. New York: McGraw-Hill, 2004.

[2] Rath J K, Liu Y, Borreman A, et al. Thin film silicon modules on plastic superstrates. J Non-Cryst Solids, 2008, 354(19−25): 2381~2385.

[3] Nishiwaki H, Uchihashi K, Takaoka K, et al. Development of an ultralight, flexible a-Si solar-cell submodule. Sol Energ Mat Sol C, 1995, 37(3−4): 295~306.

[4] Wang X L, Liu J. Recent advancements in liquid metal flexible printed electronics: Properties, technologies, and applications. Micromachines, 2016, 7: 206.

[5] Sun Y G, Rogers J A. Inorganic semiconductors for flexible electronics. Adv Mater, 2007, 19(15): 1897~1916.

[6] Carcia P F, McLean R S, Reilly M H, et al. Transparent ZnO thin-film transistor fabricated by rf magnetron sputtering. Appl Phys Lett, 2003, 82(7): 1117~1119.

[7] Leenen M A M, Arning V, Thiem H, et al. Printable electronics: flexibility for the future. Phys Status Solidi A, 2009, 206(4): 588~597.

[8] Park I, Ko S H, Pan H, et al. Nanoscale patterning and electronics on flexible substrate by direct nanoimprinting of metallic nanoparticles. Adv Mater, 2008, 20 (3): 489~496.

[9] Garnier F, Hajlaoui R, Yassar A, et al. All-polymer field-effect transistor realized by printing techniques. Science, 1994, 265(5179): 1684~1686.

[10] Ko S H, Pan H, Grigoropoulos C P, et al. All-inkjet-printed flexible electronics fabrication on a polymer substrate by low-temperature high-resolution selective laser sintering of metal nanoparticles. Nanotechnology, 2007, 18(34): 345202.

[11] Redinger D, Molesa S, Yin S, et al. An ink-jet-deposited passive component process for RFID. IEEE T Electron Dev, 2004, 51(12): 1978~1983.

[12] Zhang Q, Zheng Y, Liu J. Direct writing of electronics based on alloy and metal (DREAM) ink: a newly emerging area and its impact on energy, environment and health sciences. Frontiers in Energy, 2012, 4: 311~340.

[13] Gao Y X, Li H Y, Liu J. Direct writing of flexible electronics through room temperature liquid metal ink. PLoS ONE, 2012, 7(9): 45485.

[14] 崔铮,邱松,陈征,等.印刷电子学:材料、技术及其应用.第 1 版.北京:高等教育出版社,2012.

[15] 崔铮.微纳米加工技术及其应用.第 2 版.北京:高等教育出版社,2009.

[16] 李海燕.液态金属直写式印刷电子学方法的理论与应用研究(博士学位论文).北京:中国科学院大学,中国科学院理化技术研究所,2013.

[17] 李永舫.导电聚合物.化学进展,2002,3:207~211.

[18] Huang T S, Su Y K, Wang P C. Study of organic thin film transistor with polymethylmethacrylate as a dielectric layer. Appl Phys Lett, 2007, 91(9): 884.

[19] Ahn T, Choi Y, Jung H M, et al. Fully aromatic polyimide gate insulators with low temperature processability for pentacene organic thin-film transistors. Org Electron, 2009, 10(1): 12~17.

[20] Sethuraman K, Ochiai S, Kojima K, et al. Performance of poly(3-hexylthiophene) organic field-effect transistors on cross-linked poly(4-vinyl phenol) dielectric layer and solvent effects. Appl Phys Lett, 2008, 92(18): 162.

[21] Sirringhaus H, Kawase T, Friend R H, et al. High-resolution inkjet printing of all-polymer transistor circuits. Science, 2000, 290(5499): 2123~2126.

[22] Egginger M, Irimia-Vladu M, Schwodiauer R, et al. Mobile ionic impurities in poly (vinyl alcohol) gate dielectric: Possible source of the hysteresis in organic field-effect transistors. Adv Mater, 2008, 20(5): 1018~1022.

[23] Yan H, Chen Z H, Zheng Y, et al. A high-mobility electron-transporting polymer for

printed transistors. Nature, 2009, 457(7230): 679~686.

[24] Boucher Y G, Chiasera A, Ferrari M, et al. Extended transfer matrix modeling of an erbium-doped cavity with SiO_2/TiO_2 Bragg reflectors. Opt Mater, 2009, 31(9): 1306~1309.

[25] Grouchko M, Kamyshny A, Magdassi S. Formation of air-stable copper-silver core-shell nanoparticles for inkjet printing. J Mater Chem, 2009, 19(19): 3057~3062.

[26] Lee B, Kim Y, Yang S, et al. A low-cure-temperature copper nano ink for highly conductive printed electrodes. Curr Appl Phys, 2009, 9(2): 157~160.

[27] Luechinger N A, Athanassiou E K, Stark W J. Graphene-stabilized copper nanoparticles as an air-stable substitute for silver and gold in low-cost ink-jet printable electronics. Nanotechnology, 2008, 19(44): 445201.

[28] Perelaer J, Smith P J, Mager D, et al. Printed electronics: the challenges involved in printing devices, interconnects, and contacts based on inorganic materials. J Mater Chem, 2010, 20(39): 8446~8453.

[29] 李世鸿. 厚膜金导体浆料. 贵金属, 2001, 1: 57~62.

[30] Nur H M, Song J H, Evans J R G, et al. Ink-jet printing of gold conductive tracks. J Mater Sci-Mater El, 2002, 13(4): 213~219.

[31] Lee H H, Chou K S, Huang K C. Inkjet printing of nanosized silver colloids. Nanotechnology, 2005, 16(10): 2436~2441.

[32] Kim Y, Lee B, Yang S, et al. Use of copper ink for fabricating conductive electrodes and RFID antenna tags by screen printing. Curr Appl Phys, 2012, 12(2): 473~478.

[33] Kordas K, Mustonen T, Toth G, et al. Inkjet printing of electrically conductive patterns of carbon nanotubes. Small, 2006, 2(8-9): 1021~1025.

[34] Aernouts T, Vanlaeke P, Geens W, et al. Printable anodes for flexible organic solar cell modules. Thin Solid Films, 2004, 451(452): 22~25.

[35] Lee D H, Chang Y J, Herman G S, et al. A general route to printable high-mobility transparent amorphous oxide semiconductors. Adv Mater, 2007, 19(6): 843~847.

[36] Fortuna S A, Wen J G, Chun I S, et al. Planar GaAs Nanowires on GaAs (100) Substrates: Self-Aligned, Nearly Twin-Defect Free, and Transfer-Printable. Nano Lett, 2008, 8(12): 4421~4427.

[37] Panthani M G, Akhavan V, Goodfellow B, et al. Synthesis of $CuInS_2$, $CuInSe_2$, and Cu(InxGa1-x)Se-2 (CIGS) Nanocrystal "Inks" for Printable Photovoltaics. J Am Chem Soc, 2008, 130(49): 16770~16777.

[38] Horikawa T, Mikami N, Makita T, et al. Dielectric-Properties of (Ba, Sr)TiO_3 Thin-Films Deposited by Rf-Sputtering. Japanese Journal of Applied Physics Part 1-Regular Papers Short Notes & Review Papers, 1993, 32(9b): 4126~4130.

[39] Sun X W, Kwok H S. Optical properties of epitaxially grown zinc oxide films on sapphire by pulsed laser deposition. J Appl Phys, 1999, 86(1): 408~411.

[40] Gross M, Linse N, Maksimenko I, et al. Conductance Enhancement Mechanisms of

Printable Nanoparticulate Indium Tin Oxide (ITO) Layers for Application in Organic Electronic Devices. Adv Eng Mater, 2009, 11(4): 295~301.

[41] Siden J, Fein M K, Koptyug A, et al. Printed antennas with variable conductive ink layer thickness. Iet Microw Antenna P, 2007, 1(2): 401~407.

[42] Pudas M, Hagberg J, Leppavuori S. Gravure offset printing of polymer inks for conductors. Prog Org Coat, 2004, 49(4): 324~335.

[43] Shaheen S E, Radspinner R, Peyghambarian N, et al. Fabrication of bulk heterojunction plastic solar cells by screen printing. Appl Phys Lett, 2001, 79(18): 2996~2998.

[44] Bao Z N, Rogers J A, Katz H E. Printable organic and polymeric semiconducting materials and devices. J Mater Chem, 1999, 9(9): 1895~1904.

[45] Cho J H, Lee J, Xia Y, et al. Printable ion-gel gate dielectrics for low-voltage polymer thin-film transistors on plastic. Nature Materials, 2008, 7(11): 900~906.

[46] Mette A, Richter P L, Horteis M, et al. Metal aerosol jet printing for solar cell metallization. Prog Photovoltaics, 2007, 15(7): 621~627.

[47] Ahn B Y, Duoss E B, Motala M J, et al. Omnidirectional Printing of Flexible, Stretchable, and Spanning Silver Microelectrodes. Science, 2009, 323(5921): 1590~1593.

[48] Hon K K B, Li L, Hutchings I M. Direct writing technology: Advances and developments. Cirp Ann-Manuf Techn, 2008, 57(2), 601~620.

[49] Kim S S, Na S I, Jo J, et al. Efficient polymer solar cells fabricated by simple brush painting. Adv Mater, 2007, 19(24): 4410~4415.

[50] 于永泽,刘静. 液态金属 3D 打印技术进展及产业化前景分析. 工程研究.——跨学科视野中的工程,2017,9(6): 577~585.

[51] Wang Q, Yu Y, Liu J. Preparations, characteristics and applications of the functional liquid metal materials. Advanced Engineering Materials, 2017, 1700781.

[52] Liu J. Development of new generation miniaturized chip-cooling device using metal with low melting point or its alloy as the cooling fluid. //Proceedings of the International Conference on Micro Energy Systems, Sanya, China, 2005, 89~97.

[53] Ma K, Liu J. Liquid metal cooling in thermal management of computer chip. Frontiers of Energy and Power Engineering in China, 2007, 1: 384~402.

[54] Wang L, Liu J. Liquid metal material genome: Initiation of a new research track towards discovery of advanced energy materials. Frontiers in Energy, 2013, 7(3): 317~332.

[55] Sheng L, Zhang J, Liu J. Diverse transformations of liquid metals between different morphologies. Adv Mater, 2014, 26: 6036~6042.

[56] Zhang J, Yao Y, Sheng L, et al. Self-fueled biomimetic liquid metal mollusk. Adv Mater, 2015, 27: 2648~2655.

[57] Yuan B, Wang L, Yang X, et al. Liquid metal machine triggered violin-like wire

oscillator. Adv Sci, 2016, 3: 1600212.

[58] Sheng L, He Z, Yao Y, et al. Transient state machine enabled from the colliding and coalescence of a swarm of autonomously running liquid metal motors. Small, 2015, 11: 5253~5261.

[59] Yi L, Liu J. Liquid metal biomaterials: A newly emerging area to tackle modern biomedical challenges. International Materials Reviews, 2017, 62: 415~440.

[60] Li H Y, Yang Y, Liu J. Printable tiny thermocouple by liquid metal gallium and its matching metal. Applied Physics Letters, 2012, 101: 073511.

[61] Zheng Y, He Z Z, Yang J, et al. Direct desktop Printed-Circuits-on-Paper flexible electronics. Scientific Report, 2013, 3: 1786.

[62] Zheng Y, He Z Z, Yang J, et al. Personal electronics printing via tapping mode composite liquid metal ink delivery and adhesion mechanism. Scientific Reports, 2014, 4: 4588.

[63] Zhang Q, Gao Y X, Liu J. Atomized spraying of liquid metal droplets on desired substrate surfaces as a generalized way for ubiquitous printed electronics. Applied Physics A-Materials Science & Processing, 2014, 116(3): 1091~1097.

[64] Wang Q, Yang Y, Yang J, et al. Fast fabrication of flexible functional circuits based on liquid metal dual-trans printing. Advanced Materials, 2015, 27: 7109~7116.

[65] Yang J, Yang Y, He Z Z, et al. A personal desktop liquid-metal printer as a pervasive electronics manufacturing tool for society in the near future. Engineering, 2015, 1 (4): 506~512.

第2章
液态金属印刷电子技术概要

2.1 引言

　　IDTechex 的市场研究表明,目前有超过 3 000 个组织机构正在研究印刷有机、柔性电子,其中包括一些从事印刷、电子、材料以及包装的公司[1]。科研人员研制出各种各样基于导电纳米颗粒的电子墨水,一些已经投入实际使用。然而,当使用常规导电墨水时,导电墨水固化后的脆性会极大限制其在柔性电子领域的快速发展。这种导电墨水是基于将纳米颗粒等导电材料离散在基液中制成的,制备过程较为复杂,物性受导电颗粒的分布和分散度影响较大。由于含有多种物质,而溶液绝对的均匀性又难以保证,这种导电墨水的性能通常不够稳定。除此以外,一些重要的电学物性如导电率也会严重受限于固化后颗粒的连接机理[2]。例如,在柔性电子领域已经有一些应用的纳米银导电墨水,其导电性主要来源于银纳米颗粒,纳米颗粒含量高,则连接效果好,电阻相应也会减少,然而银纳米颗粒的载运率受到运载溶液的限制,过大则会导致纳米颗粒团聚或者沉积。最重要的是这些方法常常需要后期的固化处理,而非一次成型,仍然离真正意义上的直写电子有一定的差距。

　　液态金属印刷电子技术的提出可以说是为低成本、高效、简单的电子印刷电路开辟了一条基本的全新途径,这种方法甚至就像在纸上签名或者画一幅画一样简单[3]。即使使用者并不擅长书法或绘画,他/她也可以通过电脑控制协助完成自己的作品。这就意味着,用户可以通过一些二维、三维建模软件设计自己需要的形状或者通过导入灰度图,然后将图像文件转化为预编码的计算机程序,在软件帮助下,根据设想快速打印出电子设备原型[4],该技术即使对一个毫无经验的使用者也同样适用。这样一来,便会大幅缩短电子产品的设计周期,对现代电子工程师会带来很大帮助。采用这种技术,任何人都可以制作自己的电路,在未来将可能出现"DIY"的消费电子产品。液态金属电子直写技术的巨大影响不仅将出现在工业领域,也将广泛体现在教育和文化创意领域,例如,大学、中学甚至小学老师都可直接用液态金属电子墨水给学生讲授电路知识,这样的课堂既生动又形象化。这一前沿技术有望对诸多领域产生影响,尤其是在能源、环境、医疗、设计和教育领域。

2.2　液态金属电子电路基础电学效应

2.2.1　电迁移现象

电迁移现象是指导体中的导电电子在做定向运动时与原子之间发生碰撞而交换动量,进而引起原子实移动的现象。电迁移过程会在材料中形成隆起或空穴,从而导致电路的失效。比如,集成电路在承载高电流密度时,电迁移现象会在集成电路中引起空穴和小丘,从而导致开路和短路[5,6]。这种现象在固态金属电路如铝薄膜[7]、铜薄膜[8]及半导体集成电路中都已得到广泛研究。由于液态金属具有流动性,电迁移现象有可能对液态金属电路的性能影响更大,甚至决定了采用液态金属制备的电子器件能否正常工作[9]。

笔者实验室马荣超等[9,10]研究发现,当液态镓薄膜在承载高电流密度时,它们会在电迁移现象的作用下发生断裂。如图 2.1a 所示,通过直写方式在玻璃基底上制备出一个均匀的液态镓薄膜,薄膜末端宽度为7.07 mm,中部宽度为 2.32 mm。因此,薄膜中部的电流密度要比薄膜末

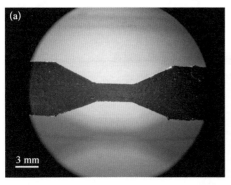
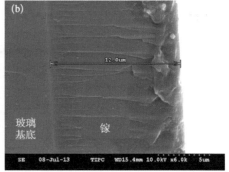

图 2.1　测试用的液态镓薄膜样品[9]

a. 正面几何形状;b. 横截面 SEM 图。

端的电流密度大 3 倍,这就保证了薄膜会在中部断裂,从而也方便在光学显微镜下进行观测。通过观测薄膜截面的 SEM 照片可知薄膜的厚度为 0.012 mm(图 2.1b)。

测试过程中,采用恒定电流为 10 A 的电流源向样品施加电流,薄膜在电迁移过程中的温度变化通过埋在液态金属中并靠近薄膜楔形部位的热电偶来实时监测,薄膜形态变化结果如图 2.2 所示。图 2.2a 为未加电流前薄膜中部(断裂前)的照片。之后,薄膜的中部开始断裂,如图 2.2b 所示。图 2.2c 显示当电流增至 $j=114.9 \, A/mm^2$(电流为 3.2 A),薄膜完全断裂时的照片,此时可在薄膜上清楚地看到一条裂纹。图 2.2c 的内插图展示了裂纹部分的细节,白色区域是玻璃,黑色区域是液态镓。图 2.2a-c 中所选区域的灰度分析结果分别如图 2.2d-f 所示。结果显示,在薄膜开始断裂时灰度变浅,在薄膜断裂前,暗点计数值为 1 100,但在断裂后暗点计数值则减至 650。

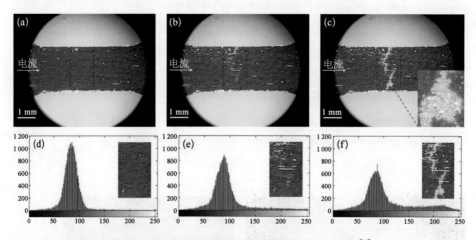

图 2.2　由电迁移现象引起的液态镓薄膜断裂过程[9]

a. 断裂前的薄膜;b. 薄膜开始断裂;c. 断裂后的薄膜;d-f. 分别是图 a-c 对应的所选区域的灰度图。

2.2.2　电输运分析

进一步测量薄膜中相应的电流密度 $j(t)$、温度 $T(t)$ 及电阻 $R(t)$ 随时间的变化过程,结果如图 2.3 所示,分析结果可以得出[9,10]:

(1) 薄膜中的电流密度 $j(t)$ 在 $t=23.0$ s 时开始增加。给样品施加一个

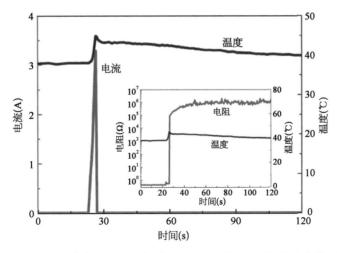

图 2.3　液态镓薄膜断裂过程中，电流、温度及电阻随时间的变化情况[9]

恒定的电压后，在 $t=26.5\,\mathrm{s}$ 时，$j(t)$ 增至 $114.9\,\mathrm{A/mm^2}$（电流 $3.2\,\mathrm{A}$）。紧接着 $j(t)$ 开始急剧地下降，并最终在 $t=27.5\,\mathrm{s}$ 时降为零。这表明电迁移效应烧断了镓薄膜，从而使电路断开。

（2）薄膜中部的温度 $T(t)$ 在 $t<23.0\,\mathrm{s}$ 时（断裂前）显示为 $38.0\,℃$ 左右。保证了测量是在液态镓里面进行，而不是在固态镓里面进行的。随着电流密度 $j(t)$ 的增加，焦耳热也增加，在 $t=26.5\,\mathrm{s}$ 时温度增至最大值 $T(t)=44.9\,℃$。

（3）薄膜中两个楔形之间部分的电阻 $R(t)$ 在 $t=23.0\,\mathrm{s}$ 时为 $0.4\,\Omega$，在 $t=26.5\,\mathrm{s}$ 时增至 $0.6\,\Omega$，紧接着在 $t=27.5\,\mathrm{s}$ 时跃升至 $97\,451.1\,\Omega$（图 2.3 的内插图）。这表明薄膜在 $1\,\mathrm{s}$ 之内就断裂了。由于液态金属薄膜的二维特性及氧化物的存在，它的电阻比其体材要高得多。

采用 EDS 能谱分析薄膜断裂处残余物成分，结果如图 2.4 所示。从图中

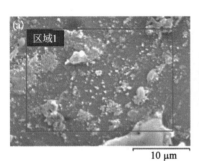
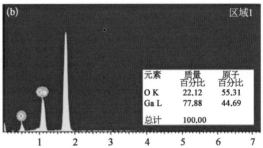

图 2.4　硅片上液态镓薄膜的 EDS 能谱图[9]

可以看出,残余物包含 55.31% 的氧和 44.69% 的镓。这表明残余物的主要成分是氧化物。

2.2.3 理论分析

液态镓薄膜中观测到的断裂现象可以用电迁移理论来解释。众所周知,电迁移现象不仅会导致固态电路的失效[6],还会在微流道中引起液态金属"流"[11]。考虑到液态金属的电磁性质与固态金属类似,首先假设电迁移现象也会引起液态金属电路的失效。

在电迁移过程中,离子受到如图 2.5 所示两个方向相反的力的作用[12,13]:

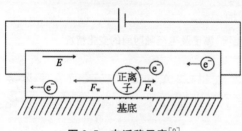

图 2.5 电迁移示意[9]

（1）导电电子与离子实之间交换动量所引起的电子风力, $F_w = Z_w eE$, Z_w 是电迁移过程中与电子风力相关的有效化学价, e 是元电荷, E 是电场[13-17]。

（2）外加电场的直接静电力, $F_d = Z_d eE$, Z_d 是电迁移过程中与静电力相关的有效化学价[18]。因而,离子实所受到的合力是上述两个力的总和,即 $F_{em} = F_w + F_d = Z^* eE = Z^* e\rho j$, $Z^* = Z_w + Z_d$ 是合力的有效化学价, j 是电流密度, ρ 是电阻率[19,20]。

除合力 F_{em} 之外,液态金属中的离子实还受到其他力的作用[18-20]。所有这些力都会对液态金属中的离子实流 J 产生贡献。因此,液态金属中的离子实的运动将服从如下修正的连续性方程[21-23]:

$$\frac{\partial n}{\partial t} + \nabla \cdot J = 0, \qquad (2.1)$$

n 是离子实密度,离子实质量流密度 $J = J_{em} + J_n + J_T + J_p$。 J 中各项的意义如下:

$J_{em} = \frac{Dn}{kT} Z^* e\rho j$, 是由电流密度 j 诱导的离子实质量流密度, $D = \mu kT$ 是扩散系数（液体的 Einstein 关系）, μ 是离子迁移率, k 是 Boltzmann 常数, T 是绝对温度;

$J_n = -D\nabla n$，是由离子密度梯度 ∇n 诱导的离子实质量流密度；

$J_T = -\dfrac{Dn}{kT}\dfrac{Q}{T}\nabla T$，是由温度梯度 ∇T 诱导的离子实质量流密度（Q 是热扩散的热量）；

$J_p = \dfrac{Dn}{kT}\Omega\nabla p$，是由压力梯度 ∇p 诱导的离子实质量流密度（Ω 是原子体积）。

方程(2.1)显示，如果流入一个区域的流密度大于流出该区域的离子流密度 $\partial n/\partial t > 0$，那么 $\nabla\cdot J < 0$，于是材料就会在这个区域内堆积起来。但是，如果流入一个区域的离子流密度小于流出该区域的离子流密度 $\partial n/\partial t < 0$，那么 $\nabla\cdot J > 0$，于是这个区域内就会形成空穴，这会引起电路的失效。只有当 $\nabla\cdot J = 0$（或者 $\partial n/\partial t = 0$）时，电路才不会发生失效。这可以用来解释图 2.2 和图 2.3 中的实验结果。

液态金属薄膜的断裂现象还有可能是由另一种现象引起的，即温度梯度。但是之前的测量已表明：保持薄膜两端为室温，而将薄膜中部的温度增至 375℃时，薄膜并没有发生变化和断裂。这就排除了液态金属薄膜由温度梯度引起断裂的可能性。因而在下面的讨论过程中，将集中讨论电迁移的作用，忽略掉其他因素的影响，即假设 $J_{em} \neq 0$，$J_T \approx J_p \approx J_n \approx 0$。

此外，Ma 等[9,10]还用另一种测量方法证明了液态金属薄膜的断裂现象是由电流 j（或电子风力 F_w）诱导的，而不是由外加电场 E（或者直接静电力 F_d）诱导的。具体来说，对样品施加一个电场 E（或电压 U），但保持电路为开路状态以保证电路中没有电流流过（即 $j = 0$）。结果显示，即使将电压升高到一个更高的值，也不会发生断裂现象。这可以用方程(2.1)来解释：如果 $j = 0$，那么 $\nabla\cdot J_e = 0$，从而有 $\partial n/\partial t = 0$。因而，离子实密度是一个常数，所以没有电迁移现象发生。

图 2.4 中的 EDS 能谱结果显示紧贴基片的残留物为氧化物，它们留在原处没有发生移动。这说明在基片上吸附的几个原子层中的电子风力 F_w 很小[11]。该现象可以这样来解释：由于镓及其合金需要利用氧化物来促进其与硅（或者玻璃）等基片之间的润湿能力[24,25]，所以液态金属薄膜与基片之间的薄层主要是氧化物 Ga_2O_3；在电迁移过程中，上面的液态镓会被电子流推走，但下面的氧化物中没有电流流过，所以这一层氧化物不会受到电子风力 F_w 的作用，因而氧化物留在原处没有发生位移。

由于液态金属薄膜具有流动性,所以它比固态金属薄膜更容易受到电迁移现象的损害。这意味着电迁移现象可能会对打印电子电路、3D 电子技术,以及其他相关微电子技术中使用的薄膜的可靠性产生很大影响,因而必须在这方面开展广泛而深入研究。

最后需要提及,除方程(2.1)以外,液态镓还应该服从如下两个修正的流体力学方程[9,10]:

(1) 运动方程:参考一般形式的运动方程(Cauchy 动量方程),并考虑合力 $F_{em} = Z^* e\rho j$ 的作用,容易得到如下描述液态金属包含电迁移效应的Navier - Stokes 方程,

$$n\left[\frac{\partial v}{\partial t} + (v \cdot \nabla)v\right] = -\nabla p + \eta \Delta v + \left(\frac{1}{3}\eta + \zeta\right)\nabla(\nabla \cdot v) + nZ^* e\rho j,$$

$$(2.2)$$

这里,v 是流体的速度,p 是液态金属内部的压强,η 是第一黏滞系数,ζ 是第二黏滞系数(或体黏滞系数)。

(2) 能量方程:考虑能量守恒定律,可得到如下描述液态金属的能量方程,

$$\frac{\mathrm{d}}{\mathrm{d}t}\left(n\varepsilon + \frac{1}{2}nv^2\right) = \nabla \cdot \left[(-pI + \tau) \cdot v\right] + \nabla \cdot (\kappa \nabla T) + \rho j^2, \quad (2.3)$$

其中,ε 是单位质量内能,I 是单位张量,τ 是黏性应力,即

$$\tau_{ij} = \eta\left(\frac{\partial v_i}{\partial x_j} + \frac{\partial v_j}{\partial x_i} - \frac{2}{3}\delta_{ij}\nabla \cdot v\right) + \zeta\delta_{ij}\nabla \cdot v。$$

$\nabla \cdot (\kappa\nabla T)$ 是从区域流出的热量,κ 是热导。$\rho j^2 = E \cdot j$ 是电迁移过程中释放出的焦耳热(增加的热量)。

对上述方程的详细分析已超出了本书的研究范围,此处不再继续。

2.3 液态金属电子墨水

理想的导电墨水要求价格低廉,易于制备和存储,具有较好的可印刷性,后处理工艺简单,以及具有高导电性。室温液态金属是一类在常温常压下呈液态的金属或合金,兼具金属性质与流体性质,因此可配置成电子墨水。与其

他印刷电子材料相比,液态金属墨水制备工艺简单,不需要专门添加粉末或颗粒。其次,传统印刷材料(如金、银、铜等)的后处理温度一般在 150℃左右,而液态金属墨水的制备和处理在室温和普通环境条件下即可进行,对环境没有特殊要求。镓及其合金具有良好的电导率,一般来说,金属的电学性能要显著优于非金属物质的电学性能。虽然当镓及其合金暴露在空气中时,其表面会迅速生成一层"氧化镓皮肤",但该氧化层足够薄,对其电学特性几乎没有影响,不过却对液态金属的成型有一定的促进作用。印刷电子墨水的黏度一般为 0.001~0.01 Pa•s(较好的为 0.001~0.005 Pa•S),相对低黏度的墨水可形成近牛顿流体,不会产生假黏现象,这样有利于墨滴顺利从打印头流出。此外,液态金属墨水还可在不需特殊设备的条件下实现"直写",印制并封装于柔性基底上的线路仍始终保持液态,在整个电路弯折、拉伸等形变过程中,导电线路仍能基于材料的流动性而保持连续与导通,即使重复多次,也不存在其他挠性或柔性电路材料固化后的断裂与疲劳问题,从而使得柔性电路的制作更高效、更经济[1]。

对于小批量生产和样机制造,液态金属印刷电子技术具有压倒性优势。它为柔性电子工业开启了一个全新领域,令柔性电子器件可直接快速写出,就像在纸上签名、绘画一般简单方便。更重要的是,它还可以用液态金属墨水结合具有不同功能的各种墨水直接写出目标电子元件,在此基础上发展出完全"直写"的柔性集成电路甚至各种电子产品。

2.4　液态金属印刷电子设备

作为一种新型电子产品制造方式,发展液态金属印刷电子领域的工艺与设备也是水到渠成。液态金属印刷电子设备是实现电子制造的根本手段,相应技术的最终目的是获得合格甚至性能出色的液态金属功能电路或电子设备,在多种基底上成型出所需要的导体、半导体、电阻、介电层、绝缘层等功能。对应的印刷设备应能将液态金属墨水准确投送到基底上的指定位置,从而逐渐成型制造所需电子设备。

笔者实验室研发出世界首台液态金属桌面电子电路打印机[26,27](图2.6a)。这一全新技术攻克了相应仪器在通向实用化道路中的一系列关键科学与技术问题,建立了全新原理的室温液态金属打印方法,通过集合了上下敲击式进墨、旋转及平动输运、转印乃至压印黏附到基底等复合过程在内的流体输运方式,解决了金属墨水表面张力高难以通过常规方法平稳驱动的难题。此外,笔者实验室还揭示出金属流体与不同基底间润湿特性的调控机制,首次提出并证实了可在任意固体表面和材质上直接制造电子电路的打印技术,并研制出具有普适意义的液态金属喷墨打印机(图 2.6b),从而使得"树叶也可变身电路板",该技术被著名的《技术评论》专题报道,并一度入选"Top IT Story"。以上工作打破了个人电子制造技术瓶颈和壁垒,使得在低成本下快速、随意制作电子电路特别是柔性电子器件成为现实。

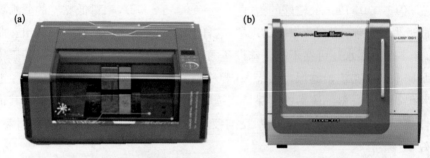

图 2.6 笔者实验室研发的液态金属印刷电子系列打印机[28]

a. 液态金属桌面电子电路打印机[27];b. 液态金属喷墨打印机。

2.5 液态金属印刷电子技术带来的影响

液态金属电子印刷技术可应用于多种电子产品制造上[3],例如印刷电路板(PCB)、射频识别(RFID)、太阳能电池、电子显示器等。当然,在此方面也可衍生出不少独特应用,例如将电子、印刷、音乐融合到一起的概念,可用于制造电子贺卡等。液态金属墨水是一种新兴的电子工程学方法,这项新技术若能大规模推广应用,将会对能源领域具有重要意义。因为传统集成电路制造工业一般会消耗大量水、能和气,并且其废弃物还会造成环境污染。相比之下,液态金属印刷电子技术既不需要复杂的制备工艺,也不依赖过多的能源消耗。鉴于电子工业是全球最大的工业之一,液态金属印刷电子技术有望在很大程度上重塑许多相关产业领域。随着相关科学和技术问题逐步得到攻克,液态金属印刷电子技术有望在一定程度上改变长期以来印刷电子对环境的影响问题[1]。

2.5.1 对节能的意义

传统的集成电路制作方法比较复杂、昂贵,光刻、溅射等方法都需要消耗大量的材料、水和能源[3]。现代硅集成电路的制造已经成为极其复杂的技术领域,所涉及工艺步骤多达数百道。与之形成强烈对比的是印刷制作技术的简单性。印刷制作是一种"加成"工艺,主要包括两个步骤:印刷和固化。

虽然现有导电墨水的引入已极大地简化了电路制作的工程,但仍旧存在一些问题,例如导电性能不佳、纳米导电墨水制备过程复杂、墨水不易储存等。液态金属墨水则进一步简化了整个过程,其带来了电子印刷的革命性改变,即无需特殊固化处理便可在各种各样的表面上实现导电电路的印制。这种基于液态金属的印刷方法墨水更易获取、整个过程将变得节能且高效[1]。

2.5.2　对环境的影响

传统的集成电路制作方法在制作过程中对环境的要求会比较高,有的过程还会产生污染性气体。因此,集成电路通常需要在洁净室中加工,并向环境中排放出有害物质。同时,封装过程中用到的含铅焊料,由于其对人类和环境潜在的毒性在一些应用领域已被禁用。此外,集成电路的废弃垃圾会直接污染环境,这也是一个巨大的问题[3]。

液态金属墨水在常温、普通环境下即可制备,无需特别的设备和环境。而且液态金属本身具有一定的黏性,可作为焊料起到连接电路板中电气和机械的作用,在使用过程中无需添加其他焊料[1]。

2.5.3　对医疗技术影响

液态金属墨水可印制在柔性基底上,用户可用便携式设备如手机监控自身的健康状况,即有望实现智能"芯片上的医院",也可将电路打印在衣服或者随身的包袋上以实现特殊的功能;一些人体舒适性系统,如小型便携式风扇可以在衣服上与金属油墨导线连接,实现空调服的功能;液态金属印刷电子标签还可用于识别个人。一些无毒的液态金属可写在皮肤上,作为电极检测心跳或作为热电传感器检测温度[3]。

2.6　小结

印刷电子是基于印刷原理,将特定功能性材料配置成液态油墨,全部或部分利用印刷工艺,实现具有大面积、柔性化、薄膜轻质化、卷对卷等特征的电子器件与系统的电子制造技术。液态金属作为一种兼具金属性和流动性的低熔点合金,在印刷电子领域已展现出巨大的潜力。利用液态金属作为导电墨水材料的液态金属印刷电路制备技术,可提供一种更为简单且快速的电路乃至功能器件制造方法,无需曝光、蚀刻等复杂步骤,只需将液态金属导电墨水通过打印的方法印制在基底上,就可形成导电线路来连接电子器件,最终形成整个功能电路板。本章概括性介绍了液态金属电子墨水、打印设备、液态金属电路中的跃迁效应,并讨论了液态金属印刷电子技术对社会带来的影响。未来液态金属印刷电子可用于智能家居、智能穿戴、电子皮肤、柔性传感、射频天线、生物医疗、航空航天等领域,甚至为教育和艺术创作行业提供独特的有效工具。

参 考 文 献

[1] 张琴. 液态金属雾化喷墨式印刷电子技术的研究(硕士学位论文). 北京:中国科学院大学,中国科学院理化技术研究所,2014.

[2] 崔铮,邱松,陈征,等. 印刷电子学:材料、技术及其应用. 第 1 版. 北京:高等教育出版社,2012.

[3] Zhang Q, Zheng Y, Liu J. Direct writing of electronics based on alloy and metal (DREAM) ink:a newly emerging area and its impact on energy,environment and health sciences. Frontiers in Energy, 2012,4:311~340.

[4] Zheng Y, He Z Z, Yang J, et al. Direct desktop Printed-Circuits-on-Paper flexible electronics. Scientific Report, 2013,3:1786.

[5] Bevan K H, Zhu W G, Guo H, et al. Terminating Surface Electromigration at the Source. Phys Rev Lett, 2011,106(15):156404.

[6] Black J R. Electromigration — a brief survey and some recent results. IEEE T Electron Dev, 1969,16(4):338~347.

[7] Blech I A. Electromigration in thin aluminum films on titanium nitride. J Appl Phys, 1976,47(4):1203~1208.

[8] Lloyd J R, Clemens J, Snede R. Copper metallization reliability. Microelectronics Reliability, 1999,39(11):1595~1602.

[9] Ma R C, Guo C R, Zhou Y X, et al. Electromigration induced break-up phenomena in liquid metal printed thin films. J Electron Mater, 2014,43(11):4255~4261.

[10] 马荣超. 镓基液态金属的物理性能研究(博士后出站报告). 北京:中国科学院理化技术研究所,2014.

[11] Dutta I, Kumar P. Electric current induced liquid metal flow:Application to coating of micropatterned structures. Appl Phys Lett, 2009,94(18).

[12] Jones W, Dunleavy H N. The calculation of electromigration forces and resistivities

for liquid binary alloys. Journal of Physics F: Metal Physics, 1979, 9(8): 1541~1550.

[13] Dekker J P, Lodder A, vanEk J. Theory for the electromigration wind force in dilute alloys. Phys Rev B, 1997, 56(19): 12167~12177.

[14] Tu K N. Electromigration in Stressed Thin-Films. Phys Rev B, 1992, 45(3): 1409~1413.

[15] Lloyd J R. Electromigration in thin film conductors. Semicond Sci Tech, 1997, 12 (10): 1177~1185.

[16] Sorbello R S, Lodder A, Hoving S J. Finite-Cluster Description of Electromigration. Phys Rev B, 1982, 25(10): 6178~6187.

[17] Bevan K H, Guo H, Williams E D, et al. First-principles quantum transport theory of the enhanced wind force driving electromigration on Ag(111). Phys Rev B, 2010, 81 (81): 1601~1614.

[18] Sorbello R S. Theory of the Direct Force in Electromigration. Phys Rev B, 1985, 31 (2): 798~804.

[19] Rimbey P R, Sorbello R S. Strong-Coupling Theory for the Driving Force in Electromigration. Phys Rev B, 1980, 21(6): 2150~2161.

[20] Ho P S, Kwok T. Electromigration in Metals. Rep Prog Phys, 1989, 52 (3): 301~348.

[21] Pathak M, Pak J, Pan D Z, et al. In Electromigration modeling and full-chip reliability analysis for BEOL interconnect in TSV-based 3D ICs. International conference on computer aided design, 2011: 555~562.

[22] Jing J P, Liang L H, Meng G. Electromigration Simulation for Metal Lines. J Electron Packaging, 2010, 132(1): 011002.

[23] Sarychev M E, Zhitnikov Y V, Borucki L, et al. General model for mechanical stress evolution during electromigration. J Appl Phys, 1999, 86(6): 3068~3075.

[24] Liu T Y, Sen P, Kim C J. Characterization of Nontoxic Liquid-Metal Alloy Galinstan for Applications in Microdevices. J Microelectromech S, 2012, 21(2): 443~450.

[25] Regan M J, Tostmann H, Pershan P S, et al. X-ray study of the oxidation of liquid-gallium surfaces. Phys Rev B, 1997, 55(16): 10786~10790.

[26] Zheng Y, He Z Z, Yang J, et al. Personal electronics printing via tapping mode composite liquid metal ink delivery and adhesion mechanism. Sci Rep, 2014, 4 (6179): 4588.

[27] Yang J, Yang Y, He Z Z, et al. A personal desktop liquid-metal printer as a pervasive electronics manufacturing tool for society in the near future. Engineering, 2015, 1 (4): 506~512.

[28] Wang X L, Liu J. Recent advancements in liquid metal flexible printed electronics: Properties, technologies, and applications. Micromachines, 2016, 7: 206.

第3章
液态金属印刷电子墨水

3.1 引言

　　包括有机电子材料和无机纳米材料的印刷电子墨水的选择与配置是印刷电子制造技术的基础与核心。有机电子学主要研究的是制备具有高电荷迁移率及环境稳定性的新材料。而无机纳米材料近年来也成功应用于印刷电子制造技术,并实现了材料的墨水化,例如纳米银、纳米硅、氧化锌与碳纳米管等。墨水化方法主要包括直接将某种材料的纳米粉体与合适的溶剂混合,或由某种材料的化合物反应形成溶液态这两种。当然,墨水化也不仅是简单的材料混合或溶液化,需要考虑到墨水各方面的综合性能,例如墨水的导电性、黏度、表面张力、功函数等。可以说制备高性能的墨水材料是印刷电子制造技术的关键所在,没有合适的高性能墨水材料,就谈不上印刷电子。液态金属是近年来涌现出的一大类不同于传统的可直接印刷的电子墨水材料,它的出现为印刷电子学的变革性发展提供了前所未有的机遇。

3.2 液态金属墨水基本典型材料

　　液态金属通常指的是熔点低于300℃的低熔点合金[1,2],其中室温液态金属的熔点更低,在室温下即呈液态。与传统流体相比,液态金属具有优异的导热和导电性能,且液相温度区间宽广,因此得到越来越多的研究。自然界存在的室温液态纯金属有汞、铯、钫和镓,熔点分别是 $-38.87℃$、$28.65℃$、$27℃$ 和 $29.8℃$。其中,汞的挥发性比较大,因此汞和汞合金(汞齐,Amalgam)具有一定毒性,含汞残余物进入生态循环后,会对人类和环境造成危害[3],因此应谨慎使用。铯和钫属于性质活泼的碱金属,铯在空气中极易被氧化,和水会发生剧烈反应,而钫则是一种不稳定的放射性元素。目前,熔点低于室温的镓基合金是使用最多的导电墨水,表 3.1 列出了几种液态金属和水的物理性质对比。其中,EGaIn 为共晶镓铟合金 $Ga_{75.5}In_{24.5}$(其中 Ga 和 In 的质量分数分别为 75.5% 和 24.5%,简称 $GaIn_{24.5}$),EGaInSn 为共晶镓铟锡合金 $Ga_{62.5}In_{21.5}Sn_{16}$(其中 Ga、In 和 Sn 的质量分数分别为 62.5%、21.5% 和 16%)。

表 3.1　几种典型液态金属和水的物理性质比较[4-10]

	镓	EGaIn	EGaInSn	水
熔点(℃)	29.8	15.7	−19	0
密度($g \cdot cm^{-3}$)	6.05	6.3	6.4	1
黏度(cSt)	0.23	0.32	0.37	1.002
表面张力($N \cdot m^{-1}$)	0.72	0.624	0.535	0.072
电导率($10^7 S \cdot m^{-1}$)	0.22	0.34	0.38	5.5×10^{-13}

传统的导电墨水,不论是导电高分子系、纳米金属、有机金属导电墨水,或是碳材料类导电墨水,自身均不具备导电性,在打印后需要经过一定的后处理工艺(如烧结,退火),将导电墨水中的溶剂、分散剂、稳定剂等去除,使导电材料形成连续的薄膜后才具备导电性。并且墨水配制及后处理环节的工艺过程都较为复杂。除此之外,采用纳米金、银墨水在进行大面积打印时成本较高,而纳米铜粒子又容易氧化。与传统导电墨水相比,液态金属墨水材料的配制相对简单,在打印后也无需进行后处理即具备导电性,而且电导率相对较高,是一种十分理想的导电墨水[3]。表 3.2 比较了液态金属与几种传统导电墨水的电导率。

表 3.2　几种典型导电墨水电导率的比较[7,11-15]

墨水类型	墨水组分	后处理	电导率(S/m)
导电高分子墨水	PEDOT：PSS[a]	150 ℃/20 min	8.25×10^3
纳米银墨水	Ag - DDA[b]	140 ℃/60 min	3.45×10^7
	Ag - PVP[c]	260 ℃/3 min	6.25×10^6
碳系导电墨水	碳		1.8×10^3
	碳纳米管(CNT)[d]		$(5.03 \pm 0.05) \times 10^3$
液态金属墨水	EGaIn		3.4×10^6
	$Bi_{35}In_{48.6}Sn_{16}Zn_{0.4}$		7.3×10^6

注：a. 质量分数为 1.3%；b. 保护剂为十二烷胺(DDA)；c. 保护剂为聚乙烯基吡咯烷酮(PVP)；d. 质量分数为 80%。

3.3 液态金属墨水制备和改性方法

3.3.1 微量氧化反应法

纯液态金属流体并不适宜打印,因而并非严格意义上的液态金属墨水。为获得黏附性合适的液态金属墨水,可进一步通过微量氧化反应法对液态金属进行改性处理后实现[16,17]。

以镓为例,取 40 g 镓金属置于烧杯中,缓慢加入 10 ml 浓度为 30% 的氢氧化钠溶液。将烧杯放于磁力搅拌器上搅拌 2 h 以去除合金表面氧化物。反应完全后,烧杯中的合金材料存于烧杯底部,而溶液则在烧杯上部,二者明显分层,如图 3.1a 所示。将合金分离到另一个烧杯中,在空气中室温条件下持续搅拌,以实现合金材料的缓慢氧化[18]。镓金属表面容易形成氧化物薄膜来保护内部合金的继续氧化[19],通过对合金的持续搅拌,使得合金表面生成的氧化物相继被破坏,于是越来越多的氧化物形成,并最终均匀混合于液态金属当中,形成液态金属墨水,如图 3.1b 所示。其中氧化物的含量成为控制其润湿性能的主要参数。在液态金属导电墨水的制备过程中,搅拌时间、搅拌速率均与氧化物的含量密切关联。

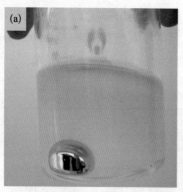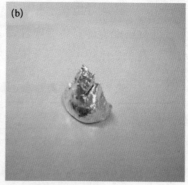

图 3.1 纯液态金属和液态金属墨水形貌对比[18]

a. 纯液态金属镓;b. 氧化反应后的液态金属墨水。

镓金属在一定的搅拌时间内主要发生了氧化反应,生成较多的镓氧化物。图 3.2a 和 3.2b 分别为镓金属和镓金属墨水的 X 射线能谱(EDS)分析,从图中可以看出,镓金属墨水中的氧含量远高于镓金属中的氧含量。图 3.2c 分别为镓金属以及镓金属墨水的粉末 X 射线衍射谱。不难看出二者具有相同的衍射峰,均为镓金属的粉末衍射峰(JCPDS 65 - 2493),属正交晶系,空间群为 Cmca,不含有任何的杂相。一般来说,当杂质含量不超过 5% 时,采用 X 射线衍射仪无法测出其衍射谱,因此结合 EDS 能谱分析结果,可以推测镓金属墨水中只生成了极少量的氧化镓,含量不超过 5%。

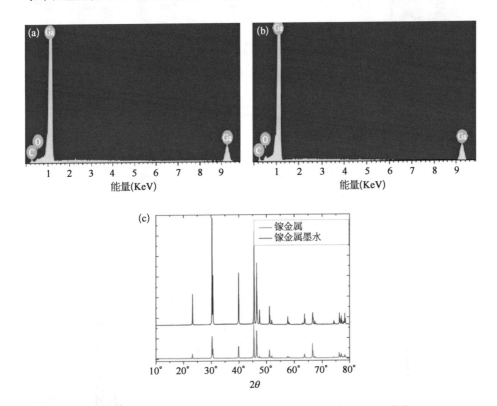

图 3.2　镓金属以及镓金属墨水 EDS 和 XRD 分析结果对比[18]

a. 镓金属 EDS 分析结果;b. 镓金属墨水 EDS 分析结果;c. 镓金属以及镓金属墨水的粉末 XRD 分析结果。

表面形成了氧化层的液态金属可以在超声作用下形成“液态金属/金属氧化物”结构,如图 3.3a 所示[20]。另外,氧化层还可以在超声波进一步作用以及后续热处理作用下,形成若干纳米片[21]。

3.3.2　液态金属纳米悬浮液制备

将液态金属浸没于有机溶剂中,在超声波作用下,液态金属可以分散成纳

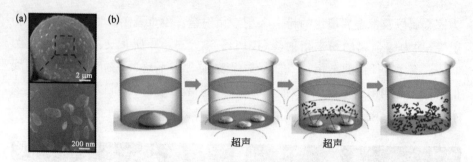

图3.3 液态金属氧化层的不同结构制备[21]

a."液态金属/金属氧化物"结构图片[20];b.氧化镓纳米片制备方法示意。

米颗粒[22]。如图3.4a所示,液态金属浸没于装满硫醇乙醇溶液的容器中,将超声波探针伸进溶液中,在超声波空化作用下,液态金属周围产生强压,短时间内温度迅速上升,液态金属迅速分裂成纳米尺度的小球。同时,溶液中的配体也非常容易组装到这些液态金属纳米粒子表面,由于配体的保护和表面快速形成的氧化层,液态金属纳米粒子在溶液中稳定存在,不会发生融合。之后将液态金属纳米粒子从容器中取出,并重悬于水中,就得到稳定的液态金属纳米粒子悬浮液[23-25],如图3.4b所示。

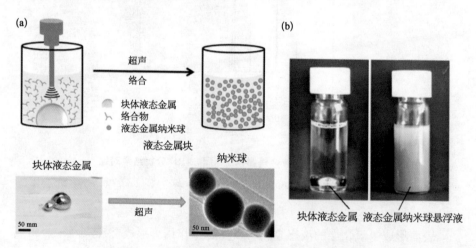

图3.4 液态金属纳米球悬浮液制备方法及图像

a.制备方法示意图[23];b.液态金属和液态金属纳米粒子悬浮液图像对比[24]。

3.3.3 液态金属纳米流体制备

液态金属电子墨水的电学性能可以通过添加其他金属或非金属纳米材料

（纳米粒子、纳米纤维、纳米管和纳米线）来改变，这种材料也可被称之为纳米液态金属流体[26]。这些纳米材料一般包括金、银、铜、铝、铁、镍等金属材料，以及氧化铜、氧化钛、氧化硅以及碳纳米管等非金属材料[27-29]。将纳米材料混合到水中轻而易举[30]，而对液态金属来说，由于其具有较高的表面张力，纳米液态金属流体的制备方法与普通纳米水溶液的制备方法有所区别。通过机械混合、磁力搅拌或超声波搅拌等方法，纳米干粉可分散到液态金属流体中。如图3.5a 所示，经过长时间搅拌，碳纳米粉溶解到液态金属中[31]。由于表面张力大以及润湿性差等因素，溶解到液态金属里的纳米材料经过一段时间后会析出表面。因此，如何提高液态金属液中纳米材料的稳定性，对于制备液态金属纳米流体具有重要意义。为了提高纳米颗粒分散进液态金属流体的稳定性，一种方法是在金属纳米粒子表面先修饰一层二氧化硅等润湿性好的材料[27]（图 3.5b）。

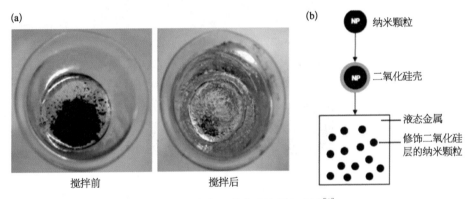

图 3.5　液态金属纳米流体制备方法[2]

a. 通过机械搅拌方法制备的液态金属纳米流体[31]；b. 表面修饰二氧化硅的液态金属纳米流体制备方法示意。

笔者实验室的 Tang 等发现，液态金属液滴可在溶液环境中借助电场或化学物质的激励作用将周围颗粒吞入体内，如同细胞生物学界的胞吞效应，效率极高[32]，这一工作也因此开辟了一条构筑高性能纳米金属流体材料的快捷途径。颗粒进入液态金属内部的先决条件是必须克服同时存在于固/液两种金属相界面上的氧化膜阻碍。对此，Tang 等提出了三类激励机制以实现液态金属胞吞作用[32]，即：电阴极极化、辅助金属物极化以及化学物质触发。图 3.6 分别揭示出在酸性、碱性和中性溶液环境中实现液态金属胞吞作用的规律。

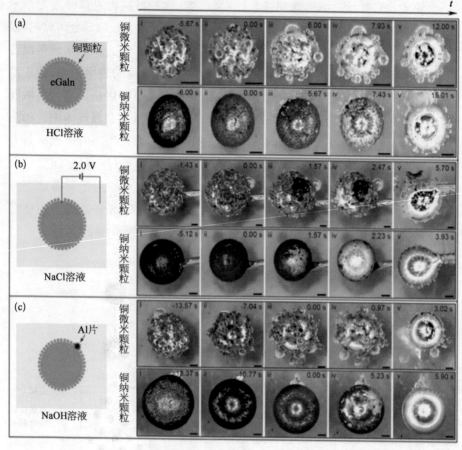

图 3.6　液态金属胞吞作用在不同溶液环境中实现的方法和规律[32]

a. 酸性溶液；b. 中性溶液；c. 碱性溶液。

3.4　液态金属墨水特性

3.4.1　热学特性

　　金属墨水的熔点在印刷电子材料的性能要求中是一个重要的参数。这是因为熔点高的墨水需要较高的印刷温度，对基底和设备带来挑战，并且会消耗更多能量。就这一点而言，室温液态金属熔点低，因而具有巨大优势。在成分相同时，质量比例不同可能会导致合金具有不同的性质，即使比例变化很小也可能会出现这样的状况。如果向某些合金中加入微量元素，合金的性质也会出现相应变化。所以,可根据具体需要,通过改变合金的化学配比或在其中添加其他微量元素来调整其熔点及其他性质。图 3.7 所示为 Sn-Zn-Ga 合金的熔点与合金中 Ga 的含量关系图[33],可以看出合金的熔点随着 Ga 含量的增加而降低,而且合金的熔点温度与 Ga 含量近似呈线性关系。

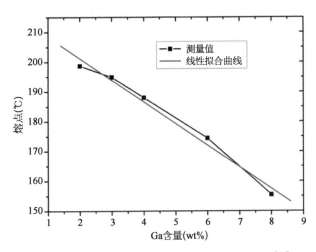

图 3.7　Sn-Zn-Ga 合金的熔点与 Ga 含量的关系[33]

液态金属的热导率[如镓,29.4 W/(m·℃)]远高于水[0.6 W/(m·℃)],在许多高热流密度领域都可用作冷却介质,尤其是对高集成计算机芯片和光电子设备。作为一种理想的冷却介质,低熔点金属的工作温区很大,从室温至 2 000℃以上的温区内都能保持液态,这也确保了液态金属墨水有相当宽的印刷温度范围。

此外,研究发现将二氧化硅纳米颗粒添加到纯镓中可以增强镓的过冷度。在 Cao 等人[34]的研究中,往 5 g 液体镓中加入 1.0 wt% 直径为 10 nm 的二氧化硅颗粒后,在 276～277 K 温度下仍然可以保持液态,并持续约 400 d。

3.4.2　电学特性

一般来说,金属的电学性能要显著优于非金属的电学性能。电导率一般随温度的增加而减小。另外,合金中金属配比不同,添加物含量不同也会导致合金的电导率不同。因此,可通过改变合金中的金属配比和添加物含量来调整其电导率,以适应各种场合需求。图 3.8a 为 GaIn₁₀ 墨水中氧化物含量和导电性的对应关系。从图中可知,随着氧含量的增加(从 0 mg 增加到 68.6 mg),

其电阻率从 $29.0\ \mu\Omega \cdot cm$ 增加到 $43.3\ \mu\Omega \cdot cm$。因此在黏附性尚可的条件下,应尽可能选择氧化物含量较少的墨水,以确保其良好的导电性。

经过大量实验,我们发现搅拌时间为 10 min 的 $GaIn_{10}$ 墨水的黏附性就可以达到与不同界面黏附的要求,计算其氧的质量分数约为 0.026%,室温下的电阻率为 $34.5\ \mu\Omega \cdot cm$。采用四探针法进一步研究其电学性能随温度的变化,如图 3.8b 所示,可发现其变化趋势与传统金属材料一致。

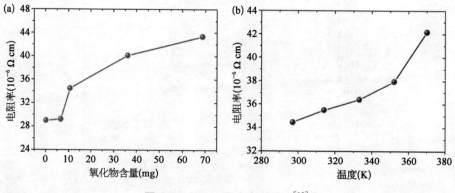

图 3.8 $GaIn_{10}$ 墨水电学性能[18]

a. $GaIn_{10}$ 墨水氧化物含量与其导电性的对应关系;b. 含有 0.026% 氧含量的 $GaIn_{10}$ 墨水的导电性随温度的变化关系。

3.4.3 黏附性

印刷电子墨水的黏度一般为 $0.001 \sim 0.01\ Pa \cdot s$,较好的可达到 $0.001 \sim 0.005\ Pa \cdot s$。低黏度的墨水可近似为牛顿流体,不易发生黏滞现象,将有利于墨滴在喷嘴中运输、形成液滴以及保持液滴的完整性。图 3.9 所示为镓的黏度随着温度变化的曲线[35],由测量结果可知,当温度为 30℃ 时,镓的黏度为 $0.002\ 037\ Pa \cdot s$,且其黏度随着温度升高而降低。值得指出的是,在液态金属中添加特定纳米颗粒(图 3.10),可有效改善其与各种基材的黏附性[36,37],这在印刷电子应用方面很有价值。

3.4.4 表面张力

表面张力对喷墨过程中液滴的形成和印刷的质量有重要影响[5]。如果表面张力过高,墨水很难形成液滴,一些成形后的液滴还会破裂,这样会直接影响印刷质量。但是,如果表面张力过小,形成的液滴不稳定,容易呈放射状飞

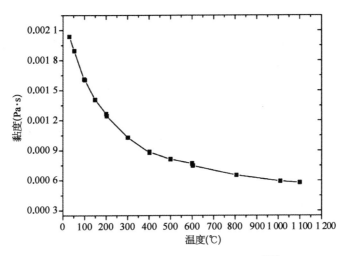

图 3.9　镓的黏度随着温度变化的曲线[35]

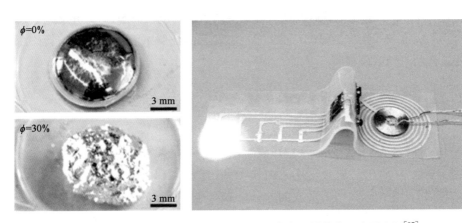

图 3.10　含镍纳米颗粒的镓铟合金墨水及其印刷柔性电子应用案例[37]

溅。墨水材料的表面张力大小应该同时满足两个要求，既要能在基底上稳定附着，又要能够在喷墨过程中形成足够小的液滴。图 3.11 为镓、铟表面张力和温度的关系曲线。可以看出随着温度升高，镓和铟的表面张力都逐渐减小[38]。

3.4.5　磁学性质

镓是一种优良的磁纳米颗粒载体。Dodbiba 等制备了离散在镓液体中的硅包覆的铁磁性纳米颗粒，并证明其具有优良的磁流变特性[28]。相应流体在零磁场中具有如牛顿流体一样的低黏度，而在强磁场中呈现出高黏度和低流

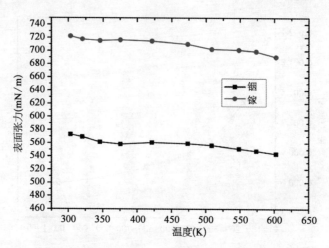

图 3.11 悬滴法测得的镓和铟的表面张力和温度的关系[38]

动性。Ito 等[29]成功地将微尺度铁或镍金属粉末离散在液态镓中,并测量了混合物的黏度和弹性作为磁感应强度的函数,从而证明了液态镓是制备新磁流变流体的有用基质材料。

3.4.6 氧化特性

当前,最具代表性的室温液态金属墨水为镓及镓基合金。当镓暴露于空气中时,很容易与氧气反应生成镓氧化物,且生成的氧化物会阻止内部纯镓进一步氧化,从而起到保护作用,这一点与铝类似[39]。与镓相比,铟则不易被氧化[40],因此在由镓和铟所形成的共晶镓铟合金(EGaIn)中,包覆在合金外表面的主要是镓的氧化物。镓氧化物的存在改变了 EGaIn 的物理性质,例如纯 EGaIn 液滴的表面张力约为 435 mN/m,而包覆氧化物薄膜的 EGaIn 液滴的表面张力约为 624 mN/m,表面张力的增大使得 EGaIn 液滴可形成较大的液滴。同时,镓氧化膜也改变了 EGaIn 液滴的机械性能,使得 EGaIn 液滴类似于一个具有弹性的固体,当表面应力超过 0.5 N/m 时,液滴才表现出液体的流动性。相比纯 EGaIn,经氧化后的 EGaIn 墨水与基底之间具有更好的黏附性。此外,EGaIn 墨水与不同基底的黏附性也不相同[2]。

3.5 液态金属材料基因组计划

当前阻碍液态金属快速发展和应用的最大瓶颈,在于缺少可选的"合适"

材料,这种潜在材料需要具备以下特点:

(1) 具有优良的物理化学性能,以满足各种实际需求,例如应有高热导率、高电导率、低黏度等;

(2) 具备环境友好性,不对人或环境造成毒害,不易燃易爆,因此需要具有较低的蒸汽压和挥发性,且应易于回收利用;

(3) 材料的制备成本应尽可能低廉。

如果以上几点得到满足,就会为增材制造提供更多样的墨水,液态金属也将能广泛进入人们的日常生活,对社会产生极大的便利。

增加墨水种类的途径主要在于研发更多的低熔点合金材料。为此,笔者实验室提出了有一定纲领性的液态金属材料基因组研究计划[41,42],旨在为研制低熔点合金提供方向性参考,基本技术路线在于将元素周期表上各金属元素加以匹配组合,并借助物理化学手段予以适当改性,同时运用相图、分子动力学及第一性原理等计算工具进行预测,最后辅以关键性实验,可筛选出合适的低熔点合金电子墨水,并研究对应的电、磁、声、光、热等物理性质。

在构建液态金属材料基因组方面,元素周期表上的各个元素是整个计划的重心,可以看作树根,新的材料能够通过使用相图计算、第一性原理、分子动力学等计算工具,并结合必要的实验手段对周期表上的元素进行排列组合来创造出来。不同温区的低熔点液态合金构成了该计划的树干,有了各种各样的液态金属材料,大量与液态金属相关的技术就可以在制造业、能源、机械电子、信息工业、航天、健康医疗等领域应用,进而开发出各式各样的液态金属产品,这相当于整个计划的枝叶。进行材料设计的计算和实验手段越成熟、越多样化,围绕基本元素开发出的材料类型就越多,液态金属的应用也就越广泛,即根越深、叶越茂。

3.6 小结

总的说来,印刷电子技术是当前备受关注的前沿热点,在消费电子、能源、医疗等方面具有巨大发展潜力,影响其发展的主要因素是墨水种类。液态金属墨水是一大类多金属合金材料,在常温下呈液态,具有熔点低、沸点高、导电性强、热导率高、表面张力高等特性,其制造工艺无需高温冶炼,环保无毒。液态金属墨水的制备方法主要有微量氧化法,也可以制备成液态金属纳米悬浮液或者添加其他纳米颗粒制备成液态金属纳米流体,从而获得不同性能的液态金属墨水。此外,液态金属材料基因组计划的提出,可为将来获取更多种类的液态金属墨水提供研究方向和发展策略。

参 考 文 献

[1] Wang Q, Yu Y, Liu J. Preparations, characteristics and applications of the functional liquid metal materials. Advanced Engineering Materials,2017,1700781.

[2] 王磊,刘静. 液态金属印刷电子墨水研究进展. 影像科学与光化学,2014,32(4):382~392.

[3] Zahir F, Rizwi S J, Haq S K. Low dose mercury toxicity and human health. Environ Toxicol Phar, 2005, 20(2):351~360.

[4] Sostman H E. Melting-point of gallium as a temperature calibration standard. Rev Sci Instrum, 1977, 48(2):127~130.

[5] Zhao X, Xu S, Liu J. Surface tension of liquid metal: role, mechanism and application. Frontiers in Energy, 2017, 11(4):535~567.

[6] Assael M J, Armyra I J, Brillo J, et al. Reference data for the density and viscosity of liquid cadmium, cobalt, gallium, indium, mercury, silicon, thallium, and zinc. J Phys Chem Ref Data, 2012, 41(3):285.

[7] Li H Y, Liu J. Revolutionizing heat transport enhancement with liquid metals: Proposal of a new industry of water-free heat exchangers. Frontiers in Energy, 2011, 5:20~42.

[8] Alchagirov B B, Mozgovoi A G. The surface tension of molten gallium at high temperatures. High Temp+, 2005, 43(5):791~792.

[9] Larsen R J, Dickey M D, Whitesides G M, et al. Viscoelastic properties of oxide-coated liquid metals. J Rheol, 2009, 53(6):1305~1326.

[10] Liu T Y, Sen P, Kim C J. Characterization of nontoxic liquid-metal alloy galinstan for applications in microdevices. J Microelectromech S, 2012, 21(2):443~450.

[11] Glatzel S, Schnepp Z, Giordano C. From paper to structured carbon electrodes by inkjet printing. Angew Chem Int Edit, 2013, 52(8):2355~2358.

[12] Pidcock G C, Panhuis M I H. Extrusion Printing of Flexible Electrically Conducting Carbon Nanotube Networks. Adv Funct Mater, 2012, 22(22):4790~4800.

[13] Xiong Z T, Liu C Q. Optimization of inkjet printed PEDOT: PSS thin films through annealing processes. Org Electron, 2012, 13(9):1532~1540.

[14] Mo L X, Liu D Z, Li W, et al. Effects of dodecylamine and dodecanethiol on the conductive properties of nano-Ag films. Appl Surf Sci, 2011, 257(13):5746~5753.

[15] Lee H H, Chou K S, Huang K C. Inkjet printing of nanosized silver colloids. Nanotechnology, 2005, 16(10):2436~2441.

[16] Gao Y X, Liu J. Gallium-based thermal interface material with high compliance and

wettability. Appl Phys a-Mater, 2012, 107(3): 701~708.

[17] Gao Y X, Li H Y, Liu J. Direct writing of flexible electronics through room temperature liquid metal ink. PLoS One, 2012, 7(9): 45485.

[18] Gao Y X, Li H Y, Liu J. Direct Writing of Flexible Electronics through Room Temperature Liquid Metal Ink. PLoS One, 2012, 7(9).

[19] Zhang Q, Gao Y X, Liu J. Atomized spraying of liquid metal droplets on desired substrate surfaces as a generalized way for ubiquitous printed electronics. Applied Physics A, 2014, 116: 1091~1097.

[20] Zhang W, Ou J Z, Tang S, et al. Liquid Metal/Metal Oxide Frameworks. Adv Funct Mater, 2014, 24(24): 3799~3807.

[21] Syed N, Zavabeti A, Mohiuddin M, et al. Sonication-assisted synthesis of gallium oxide suspensions featuring trap state absorption: Test of photochemistry. Adv Funct Mater, 2017, 27(43).

[22] Zhang W, Srichan N, Chrimes A F, et al. Sonication synthesis of micro-sized silver nanoparticle/oleic acid liquid marbles: A novel SERS sensing platform. Sensor Actuat B-Chem, 2016, 223: 52~58.

[23] Ren L, Zhuang J C, Casillas G, et al. Nanodroplets for Stretchable Superconducting Circuits. Adv Funct Mater, 2016, 26(44): 8111~8118.

[24] Lu Y, Hu Q Y, Lin Y L, et al. Transformable liquid-metal nanomedicine. Nature Communications, 2015, 6: 10066.

[25] Yamaguchi A, Mashima Y, Iyoda T. Reversible Size Control of Liquid-Metal Nanoparticles under Ultrasonication. Angew Chem Int Edit, 2015, 54 (43): 12809~12813.

[26] Ma K Q, Liu J. Nano liquid-metal fluid as ultimate coolant. Phys Lett A, 2007, 361 (3): 252~256.

[27] Zhang Q, Liu J. Nano liquid metal as an emerging functional material in energy management, conversion and storage. Nano Energy, 2013, 2(5): 863~872.

[28] Dodbiba G, Ono K, Park H S, et al. FeNbVB alloy particles suspended in liquid gallium: Investigating the magnetic properties of the MR suspension. Int J Mod Phys B, 2011, 25(7): 947~955.

[29] Ito R, Dodbiba G, Fujita T. MR fluid of liquid gallium dispersing magnetic particles. Int J Mod Phys B, 2005, 19(7-9): 1430~1436.

[30] Yu D J, Ganta D, Dale E, et al. Absorption properties of hybrid composites of gold nanorods and functionalized single-walled carbon nanotubes. J Nanomater, 2012, 2012 (4): 19.

[31] Xiong M F, Gao Y X, Liu J. Fabrication of magnetic nano liquid metal fluid through loading of Ni nanoparticles into gallium or its alloy. J Magn Magn Mater, 2014, 354: 279~283.

[32] Tang J B, Zhao X, Li J, et al. Liquid Metal Phagocytosis: Intermetallic Wetting

Induced Particle Internalization. Adv Sci，2017，4(5)：1700024.

[33] Zhang Y，Liang T X，Jusheng M A. Phase diagram calculation on Sn-Zn-Ga solders. J Non-Cryst Solids，2004，336(2)：153～156.

[34] Cao L F，Park H，Dodbiba G，et al. Keeping gallium metal to liquid state under the freezing point by using silica nanoparticles. Appl Phys Lett，2011，99(14)：599.

[35] 张琴. 液态金属雾化喷墨式印刷电子技术的研究(硕士学位论文). 北京：中国科学院大学，中国科学院理化技术研究所，2014.

[36] Tang J，Zhao X，Li J，et al. Gallium-based liquid metal amalgams：Transitional-state metallic mixtures（TransM2ixes）with enhanced and tunable electrical，thermal，and mechanical properties. ACS Appl. Mater. Interfaces，2017，9(41)：35977～35987.

[37] Guo R，Wang X，Chang H，et al. Ni-GaIn amalgams enabled rapid and customizable fabrication of wearable and wireless healthcare electronics. Adv. Eng. Mater，2018，DOI：10.1002/adem.201800054.

[38] Spells K E. The determination of the viscosity of liquid gallium over an extended range of temperature. P Phys Soc，1936，48：299～311.

[39] Regan M J，Tostmann H，Pershan P S，et al. X-ray study of the oxidation of liquid-gallium surfaces. Phys Rev B，1997，55(16)：10786～10790.

[40] Tostmann H，DiMasi E，Pershan P S，et al. Surface structure of liquid metals and the effect of capillary waves：X-ray studies on liquid indium. Phys Rev B，1999，59(2)：783～791.

[41] Wang L，Liu J. Liquid metal material genome：Initiation of a new research track towards discovery of advanced energy materials. Frontiers in Energy，2013，7(3)：317～332.

[42] 王磊. 面向增材制造的液态金属功能材料特性研究与应用(博士学位论文). 北京：中国科学院大学，中国科学院理化技术研究所，2015.

第4章
液态金属液滴与基底表面的可打印性

4.1 引言

在液态金属印刷电子中,液态金属是依附在基底上的,因此基底自身的性质对液态金属电路的性能,特别是可靠性和可拉伸性等关系非常密切。适合作为液态金属印刷电子器件基底的材料目前主要有 PVC、PET、PEN、PCs、PI 等常规材料,玻璃、布料、纸、树叶等也已被证明可作为基底材料印刷液态金属电子墨水[1]。此外,可拉伸性是液态金属柔性电子的一个主要特征,PDMS、Ecoflex 等硅胶材料是常用的可拉伸性基底[2]。在印刷过程中,墨水液滴与基底表面的相互作用是影响液态金属印刷质量的重要因素。具体来说,墨水液滴与基底表面的相互作用包括液滴与基底表面碰撞特性和黏附性。

在打印过程中,碰撞是一个普遍存在的现象。而液态金属墨水与表面(干、湿、液池等)的碰撞特性作为一个新颖的流体力学问题,在液态金属印刷电子领域具有至关重要的基础意义和实际参考价值。传统的液滴碰撞研究已持续一个多世纪,大量文章研究也已确定了水及水相溶液碰撞过程的一些典型特性[3-5],然而,这些结果却不能直接用于室温液态金属。众所周知,真实的液态金属电子打印是在大气环境中进行的,在此过程中金属容易受到氧化,继而改变其与印刷基底的黏附性乃至印刷质量[6]。由于室温液态金属的应用以往并未引起注意,因而围绕低熔点液态金属碰撞特性的研究较为鲜见。Hsiao 等[7]曾就水银液滴及水滴的碰撞过程做过对比研究,但是水银毒性限制了其规模化应用,而且水银是少数在空气中不会形成表面氧化层的液态金属之一,因而其研究结果对液态金属墨水来说并不具备普遍意义。此外,为简化起见,许多学者在研究金属液滴时,通常都通过保护性气氛规避了氧化效应对液滴碰撞的影响。至今,学术界比较缺乏对氧化气氛中液态金属碰撞特性的资料,而这些因素严重制约了电子打印质量甚至会导致印刷失效。由于篇幅所限，本章仅考察单个液滴自由下落到基底表面的状况，并为多个液滴、倾斜碰撞等更为复杂的状况提供基础数据，对于筛选高质量印刷基材及提升液态金属电子打印质量有重要意义[8]。

墨水与基底之间的黏附性是指两种相同或不相同的物质相接触时发生的界面作用，它是评价墨水性能的重要指标之一，也是直接关系到印刷电子器件最终使用性能和可靠性的关键因素。如果墨水与基底的黏附性差，打印线路就容易脱落，从而影响整个系统的性能。

4.2 液态金属液滴与基底表面撞击效应

4.2.1 实验材料及装置

如下介绍液态金属合金 $GaIn_{24.5}$ 的实验情况，其密度、表面张力和动力黏度等参数均远大于水。本章提到的液态金属墨水均为氧含量为 0.026 wt. % 的 $GaIn_{24.5}$ 墨水。实验装置如图 4.1 所示[8]：将装有去氧化层的 $GaIn_{24.5}$ 合金或 $GaIn_{24.5}$ 墨水的注射器（10 ml）水平装卡在注射泵上，由注射泵控制液体以 0.5 ml/min 的速度前行，在竖直布置的针头端部形成液滴，之后液滴由于重力作用下落。采用高速摄影机捕捉液滴动态，拍摄速率 5 000 fps。高速摄影机前端配有尼康 85 mm 微距镜头，后端连接到电脑，由电脑中的配套软件控制摄影机动作并记录图像。为得到最佳拍摄角度，摄影机与水平方向成 10°

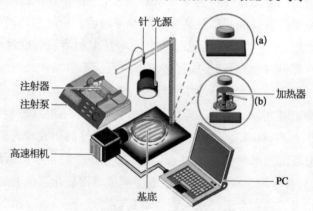

图 4.1 GaIn$_{24.5}$ 或其墨水液滴碰撞基底的实验装置[8]

a. 未加热；b. 加热。

俯角。采用 1 000 W 钨灯作为光源，并采用大功率 LED 灯作为碰撞区域的加强光源。光源尽可能与实验区域保持一定距离，以减弱对液滴和液体表面的加热作用。光源只在液滴下落到碰撞结束期间打开，每次不超过 5 s。

4.2.2　不同基底材料影响

为初步揭示其中的机理，选取 3 种典型柔性基底材料，即打印纸、硅胶和橡胶板[9]。在高度 H 为 900 mm、针头内径 d_i 为 1.6 mm 时，分别使 $GaIn_{24.5}$ 下落到这 3 种基底表面。碰撞后 $GaIn_{24.5}$ 液膜的形态如图 4.2 所示。从图中可以看出，对于打印纸和橡胶板，液滴碰撞后形成的 $GaIn_{24.5}$ 液膜在 2 ms 左右很快即从中间收缩破裂，而硅胶板上的液膜则一直保持完整，肉眼观察可见，约 3 min 后，液膜才会出现收缩迹象，但由于该时间超出高速摄影机的记录时间，所以此处未予展示。推测这是由于相较打印纸和橡胶板而言，$GaIn_{24.5}$ 与硅胶板的黏附性较好所致。另外，在硅胶板上的液膜边缘，出现了清晰可见的指状突出（fingers），从机理角度看，这是由于 Rayleigh‑Taylor 不稳定性造成的。所谓 Rayleigh‑Taylor 不稳定性，是由两种密度不同的流体的界面加速度引起的，这里 $GaIn_{24.5}$ 液体在空气中做加速运动，而加速度的方向由空气

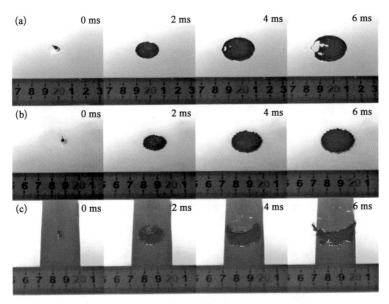

图 4.2　$GaIn_{24.5}$ 和不同基底材料的碰撞特性[9]

a. 打印纸；b. 硅胶板；c. 橡胶板。

（密度小的流体）指向 $GaIn_{24.5}$（密度大的流体），于是出现 Rayleigh‐Taylor 不稳定性。事实上，通过对 3 种基底材料的比较，可以发现指状突出还与基底材料有关，打印纸和橡胶板上的液膜的指状突起不很明显，而硅胶板上的液膜则存在显著的指状突出。另外，在各组实验中均未观察到 $GaIn_{24.5}$ 溅射的情况，这也可以解释为何其表面张力比常见液体大得多的缘故[8]。

4.2.3　碰撞速度的影响

以上测试显示出硅胶板上的 $GaIn_{24.5}$ 液膜完整性较好，接着采用硅胶板进行了一系列参数化研究[9]。首先在保持针头内径 1.6 mm 的情况下，研究了碰撞速度对 $GaIn_{24.5}$ 和硅胶的碰撞特性的影响，如图 4.3 所示。图中 a、b、c 序列分别为下落高度在 300 mm、600 mm 和 900 mm 时，$GaIn_{24.5}$ 和硅胶的碰撞形成的液膜，通过软件量取碰撞速度分别为 2.1 m/s、3.2 m/s 和 3.9 m/s 时，对应的液膜直径如图 4.4 所示。这里的液膜直径是指状突出内部圆形液膜的直径。从中可以发现，不仅在同一碰撞速度下液膜直径会随时间不断生长，而且随着碰撞速度的提高，同时刻的液膜直径也有增大的趋势。通过软件量取不同时刻和不同碰撞速度下的液膜直径，可得其变化关系如图 4.4 所示。

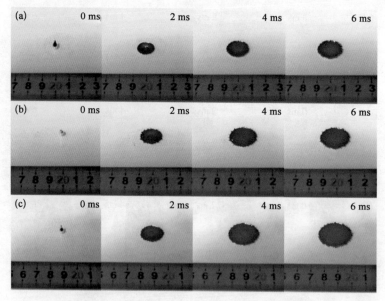

图 4.3　不同碰撞速度下 $GaIn_{24.5}$ 与硅胶的碰撞特性[9]

a. 2.1 m/s；b. 3.2 m/s；c. 3.9 m/s。

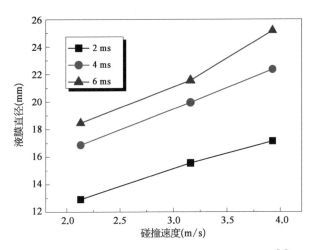

图 4.4 **GaIn$_{24.5}$ 液膜直径随碰撞速度的变化关系**[8]

4.2.4 液滴尺寸的影响

液滴尺寸对液膜形貌的影响不言而喻。以下研究了在给定高度 900 mm 情况下,液滴尺寸对 GaIn$_{24.5}$ 和硅胶的碰撞特性的影响程度[9],结果如图 4.5

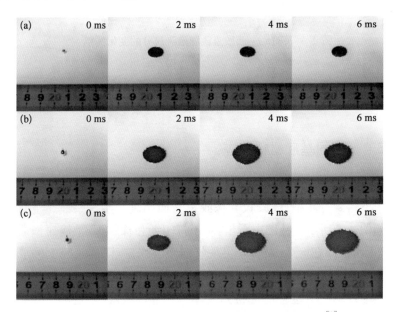

图 4.5 **不同液滴尺寸下 GaIn$_{24.5}$ 与硅胶的碰撞特性**[9]

a. 2.0 mm;b. 3.2 mm;c. 3.9 mm。

所示。图中 a、b、c 序列分别为针头内径 0.2 mm、0.8 mm 和 1.6 mm 时，
$GaIn_{24.5}$ 和硅胶的碰撞特性，相应的液滴水平最大宽度分别为 2.0 mm、
3.2 mm 和 3.9 mm。从图中可以看出，在同一液滴宽度下液膜直径会随着
时间不断生长，但是对于直径小的液滴（图 4.5a），该趋势不明显，可以认为
是其生长时间较快，在 2 ms 时液膜已达到最大。另外，随着液滴水平最大宽
度的增大，液膜直径也基本呈增大趋势。液膜直径的定量比较如图 4.6
所示。

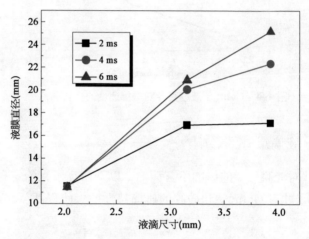

图 4.6　$GaIn_{24.5}$ 液膜直径随液滴尺寸的变化关系[8]

4.3　液态金属墨水液滴碰撞柔性材料表面

4.3.1　不同基底材料效应

同样，在高度 H 为 900 mm、针头内径 d_i 为 1.6 mm 时，分别使 $GaIn_{24.5}$
金属墨水下落到打印纸、硅胶板和橡胶板表面作进一步考察[9]。碰撞后的液
膜形态如图 4.7 所示。从图中看出，对于打印纸和橡胶板，液滴碰撞后形成的
$GaIn_{24.5}$ 墨水液膜在 6 ms 左右才出现收缩破裂现象，而硅胶板上的液膜仍能
一直保持完整。可见与改性前的 $GaIn_{24.5}$（图 4.2）相比，$GaIn_{24.5}$ 墨水和 3 种
基底的黏附性均在一定程度上得到改善。此外，与改性前的 $GaIn_{24.5}$ 形成的
液膜相比，$GaIn_{24.5}$ 墨水所形成液膜的指状突出更为明显，尤其是硅胶板上的
液膜。推测 $GaIn_{24.5}$ 墨水因内部均匀分布有氧化物，导致其密度发生一定变

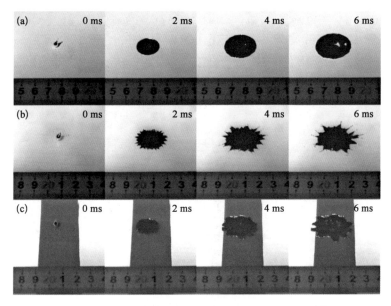

图 4.7　GaIn$_{24.5}$ 墨水与不同基底材料的碰撞特性[9]

a. 打印纸；b. 硅胶板；c. 橡胶板。

化，从而与空气的界面加速度发生改变，由此造成的 Rayleigh - Taylor 不稳定性反映到液膜上，即出现更为明显的指状突出。

4.3.2　碰撞速度的影响

由于硅胶板与 GaIn$_{24.5}$ 墨水具有良好的黏附性，以下仍然采用硅胶板进行参数化研究[9]。图 4.8 为在保持针头内径 1.6 mm 的情况下，碰撞速度对 GaIn$_{24.5}$ 墨水和硅胶板的碰撞特性。图中 a、b、c 序列分别为下落高度在 300 mm、600 mm 和 900 mm 时，GaIn$_{24.5}$ 墨水和硅胶板的碰撞特性比较，相应的碰撞速度分别为 2.1 m/s、3.1 m/s 和 3.8 m/s。以上结果表明了不仅在同一碰撞速度下，液膜直径会随时间不断生长，而且随着碰撞速度的提高，同时刻的液膜直径也呈增大趋势，其量化关系如图 4.9 所示。但是，由于碰撞速度为 3.8 m/s 时，液膜外围有较长指状突出，其内部已非规则圆形，所以此时测得的液膜直径误差较大。另外，当碰撞速度较小时，GaIn$_{24.5}$ 墨水液膜边缘的指状突出明显更小，这与 Aziz 等[10]对锡（高熔点金属）液滴的研究结果是一致的，即碰撞速度是液膜边缘指状突出的一个影响因素。

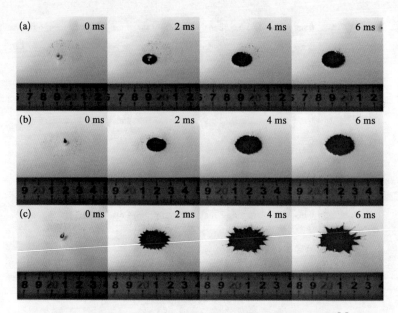

图 4.8　不同碰撞速度下 GaIn$_{24.5}$ 墨水与硅胶的碰撞特性[9]

a. 2.1 m/s；b. 3.1 m/s；c. 3.8 m/s。

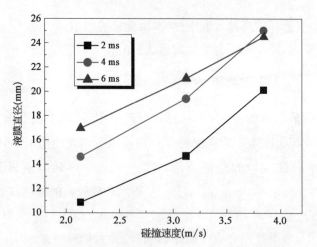

图 4.9　GaIn$_{24.5}$ 墨水液膜直径随碰撞速度的变化关系[8]

4.3.3　液滴尺寸的影响

　　图 4.10 为液滴尺寸对 GaIn$_{24.5}$ 墨水和硅胶板的碰撞特性的影响[9]。图中 a、b、c 序列分别为在针头直径 0.2 mm、0.8 mm 和 1.6 mm 时，GaIn$_{24.5}$ 和硅胶

的碰撞特性,相应的液滴水平最大宽度分别为 1.9 mm、3.0 mm 和 3.8 mm,均小于 GaIn$_{24.5}$ 液滴的尺寸。从图中可以发现,随着液滴水平最大宽度增大,同时刻液膜直径也随之增大。另外,液滴尺寸的减小也使得 GaIn$_{24.5}$ 墨水的液膜边缘的指状突出更小,说明液滴尺寸也是液膜边缘指状突出的一个影响因素。液膜直径的定量比较如图 4.11 所示。

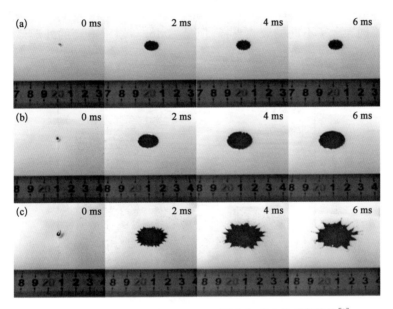

图 4.10　不同液滴尺寸下 GaIn$_{24.5}$ 墨水和硅胶的碰撞特性[9]

a. 1.9 mm;b. 3.0 mm;c. 3.8 mm。

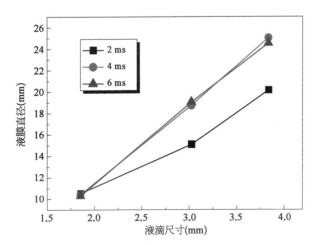

图 4.11　GaIn$_{24.5}$ 墨水液膜直径随液滴尺寸的变化关系[8]

4.4 GaIn₂₄.₅液膜和 GaIn₂₄.₅墨水液膜的对比研究

为进一步比较 GaIn$_{24.5}$ 和 GaIn$_{24.5}$ 墨水的不同性质,分别选取液滴和液膜的直径参数进行比较[8]。图 4.12 为在高度 900 mm 时从不同内径针管中释放的 GaIn$_{24.5}$ 和 GaIn$_{24.5}$ 墨水液滴最大宽度的比较,从图中可以看出,尽管针头内径的不同导致了不同的液滴直径,但是 GaIn$_{24.5}$ 墨水液滴的外形最大直径总小于 GaIn$_{24.5}$ 液滴的外形最大直径。

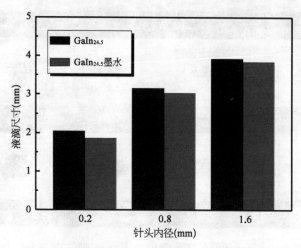

图 4.12 不同内径针头中释放的 GaIn$_{24.5}$ 和 GaIn$_{24.5}$
墨水液滴的水平最大宽度[8]

对于液膜也可发现相似现象[8]。不过考虑到其中针头内径为 1.6 mm 时生成的液膜具有较大的指状突出,与其他条件下形成的液膜形状有较大区别,这时测得的直径参数误差较大,所以只选用了针头内径为 0.2 mm 和 0.8 mm 两种情况进行比较,比较时刻选取 6 ms,下落高度为 900 mm,如图 4.13 所示。

另外,进一步对不同碰撞速度下的液膜直径进行研究,这里同样排除了误差较大的数据组($H=900$ mm,$d_i=1.6$ mm),比较时刻也选取 6 ms,结果发现有同样的趋势,如图 4.14 所示。图中为针头内径 1.6 mm,下落高度分别为 300 mm 和 600 mm 的情况。由图 4.12~图 4.14 可知,GaIn$_{24.5}$ 墨水的液滴和液膜均比相同情况下的 GaIn$_{24.5}$ 的液滴和液膜尺寸要小。

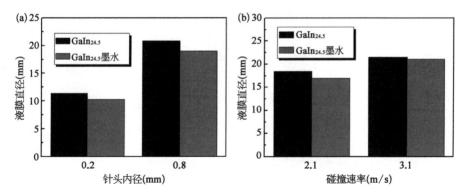

图 4.13　不同条件下 GaIn$_{24.5}$ 和 GaIn$_{24.5}$ 墨水液滴形成的液膜直径对比[8]

a. 不同内径针头中释放的 GaIn$_{24.5}$ 和 GaIn$_{24.5}$ 墨水液滴形成的液膜直径；b. 不同碰撞速度下 GaIn$_{24.5}$ 液膜和 GaIn$_{24.5}$ 墨水液膜的直径。

4.5　机理分析

通过液滴碰撞前后的能量守恒关系，可以列出如下等式[8,9]：

$$Q_{KE}^{i} + Q_{PE}^{i} + Q_{SE}^{i} = Q_{KE}^{f} + Q_{PE}^{f} + Q_{SE}^{f} + Q_{D}^{f} \tag{4.1}$$

其中，Q_{KE}^{i}、Q_{PE}^{i} 和 Q_{SE}^{i} 分别为液滴碰撞固体表面前的动能、重力势能和表面能；Q_{KE}^{f}、Q_{PE}^{f}、Q_{SE}^{f} 和 Q_{D}^{f} 分别为碰撞后液膜的动能、势能、表面能和黏性耗散能[11]。

这里仍假设碰撞液滴为球形。对于落到固体表面上的球形液滴，单位长度的碰撞动能为[8]：

$$Q_{KE}^{i} = \frac{1}{2}\rho_L U^2 \left(\frac{\pi}{6}d_e^3\right) \tag{4.2}$$

其中，ρ_L 为液态金属的密度。若液滴扩展到最大直径 d_{max}，膜厚为 h_m，利用质量守恒得：

$$\frac{\pi}{6}d_e^3 = \frac{\pi}{4}d_{max}^2 h_m \Rightarrow h_m = \frac{2}{3}\left(\frac{d_e}{d_{max}}\right)^2 d_e = \frac{2}{3}\frac{d_e}{\xi_{max}^2} \tag{4.3}$$

其中，$\xi_{max} = \dfrac{d_{max}}{d_e}$ 是最大膜直径和液滴初始直径之比，称为最大扩展因子。

下落液滴抵抗黏性力所做的功,即黏性耗散能为[12]:

$$Q_D^f = \frac{\pi}{3}\rho_L U^2 d_e d_{max}^4 \frac{1}{\sqrt{Re}} \tag{4.4}$$

表面能取决于表面张力,碰撞前表面张力为

$$Q_{SE}^i = \pi d_e^2 \sigma \tag{4.5}$$

当扩展膜生长到最大直径 d_{max},表面张力为

$$Q_{SE}^f = \frac{\pi}{4} d_{max}^2 \sigma(1-\cos\theta) = \frac{\pi}{4}\xi_{max}^2 d_e^2 \sigma(1-\cos\theta) \tag{4.6}$$

其中,θ 为接触角。

由于碰撞发生在固体材料表面上,所以碰撞前后的重力势能 Q_{PE}^i 和 Q_{PE}^f 可近似认为是 0;碰撞后,当液滴扩展至最大时,动能 Q_{KE}^f 为 0,此时,将上述系列等式代入式(1),可简化得到能量方程为[8]:

$$\xi_{max} = \sqrt{\frac{We+12}{3(1-\cos\theta)+4\left(\dfrac{We}{\sqrt{Re}}\right)}} \tag{4.7}$$

其中,$We = \rho U^2 d/\sigma$ 为 Weber 数,$Re = \rho U d/\mu$ 为 Reynolds 数。

由式(4.7)可知,最大扩展因子由 We 数、Re 数和接触角决定,其中接触角与表面润湿性密切相关,可见液膜形态是动能、黏性力、表面张力和液体与固体表面的润湿性的综合作用结果。

为得到最大扩展因子,定义 $d(t)$ 为不同时刻的液膜直径,继而可定义扩展因子 $\xi = d(t)/d_e$,表示液膜形态随时间 t 的变化[8]。选取高度为 900 mm,针头内径为 1.6 mm,基底为硅胶板,扩展因子随时间的变化可计算如图 4.14 所示。从图中可以看出,各时刻 $GaIn_{24.5}$ 墨水的扩展因子均小于 $GaIn_{24.5}$ 的扩展因子,二者的最大扩展因子分别为 6.41 和 6.48。对于 $GaIn_{24.5}$ 和 $GaIn_{24.5}$ 墨水来说,氧含量是唯一的变量,所以可见氧含量对最大扩展因子起决定作用。除动能外,黏性力、表面张力和液体与固体表面的润湿性均与液体本身性质有关,所以可确定氧的存在一定程度上改变了液态金属的物性,从而改变了其与表面的相互作用。

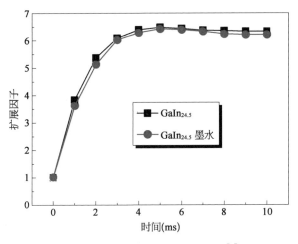

图 4.14　扩展因子随时间的变化[8]

4.6　液态金属墨水与常见柔性基底的黏附性

4.6.1　液态金属墨水与不同基底的润湿性能

图 4.15 为液态金属 $GaIn_{24.5}$ 在多种常见柔性基底上的直写结果[8]。配制完成后直接用于书写，可观察到其表面并不光亮，这是已形成一层致密的表面

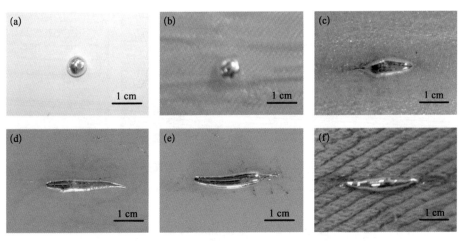

图 4.15　液态金属 $GaIn_{24.5}$ 在多种柔性基底上直接书写的结果[8]

a. 打印纸；b. 涤纶布；c. 泡沫塑料；d. 聚四氟乙烯；e. 聚苯乙烯；f. 涤棉布。

氧化层所致。基底材料分别为打印纸、涤纶布、泡沫塑料、聚四氟乙烯、聚苯乙烯、涤棉布。除打印纸、涤纶布和涤棉布外,其他3种基底材料都先用无水乙醇清洗并晾干。从图4.15中可明显看出,$GaIn_{24.5}$在打印纸和涤纶布上团聚成球状,在其他4种基底材料上虽能画出类线形的形状,但可明显观察到基底上的液态金属线条较粗,且较短,无法实现连续书写,显然液态金属和基底之间的黏附性很差。

作为对比,用氧含量为0.026 wt.%的$GaIn_{24.5}$墨水重复进行这一实验[13]。实验发现该墨水与包括柔性材料与刚性材料在内的大部分基底材料都可实现良好黏附,一些代表性的结果如图4.16所示。选取的基底材料分别为环氧树脂、玻璃、塑料、硅胶、打印纸、棉纸、棉布以及玻璃纤维布。从图中很容易发现,尽管图中给出的这些材料具有明显不同的表面粗糙度,但$GaIn_{24.5}$墨水均能够与其表现出优异的黏附性。由此可见,改性前后的液态金属与基底的黏附性存在显著差异。

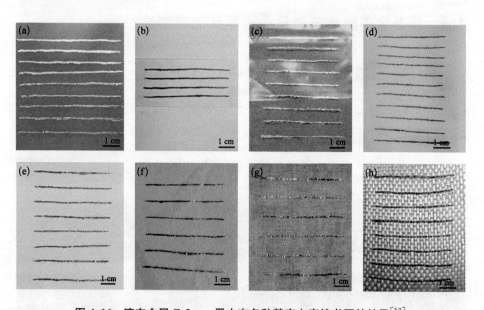

图4.16 液态金属$GaIn_{24.5}$墨水在各种基底上直接书写的结果[13]
a. 环氧树脂;b. 玻璃;c. 塑料;d. 硅胶;e. 打印纸;f. 棉纸;g. 棉布;h. 玻璃纤维布。

4.6.2 液态金属改性前后的黏附性比较

材料的表面粗糙度对润湿性有一定影响[8],打印纸、硅胶板和橡胶板3种材料的表面形貌如图 4.17 所示。从图可以看出,打印纸、硅胶板和橡胶板的平均表面粗糙度分别为 70.7 nm、16.6 nm 和 17.6 nm,即实际接触面积与表观接触面积的比值极接近 1,这时的表观接触角近似等于本征接触角,故以下计算中都采用本征接触角,简称接触角。

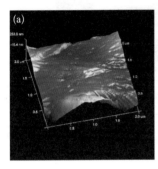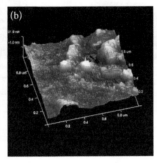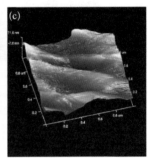

图 4.17　3 种基底材料的表面形貌[8]

a. 打印纸;b. 硅胶板;c. 橡胶板。

　　测量时,采用基于影像分析的 5 点拟合法,测量精度为 0.5°。另外,考虑到实际使用中采用液态金属墨水进行直写操作时,往往会对墨水施加一定的压力,所以这里除区分不同氧含量的样品外,还采用一个重为 1 g 的聚四氟乙烯块(15 mm×15 mm×2 mm)模拟施加压力(约 9.8 mN),同时研究了受压状态下接触角的状况[8]。测试环境为 20℃ 的大气环境。测量结果如图 4.18 所示。

　　从图 4.18 可以看出,对于 3 种基底,$GaIn_{24.5}$ 墨水的接触角都略小于 $GaIn_{24.5}$ 的接触角[8]。受压以后,测得的接触角都明显减小,可见对于液态金属印刷工艺,压力是一个重要的因素。由测量结果综合来看,对液态金属进行微量氧化以及施压后,可明显改善其与基底材料的润湿性。

　　同时,$GaIn_{24.5}$ 墨水在正常情况下与 3 种基底的接触角都大于 90°,根据 Young's 方程,此时为液体不能润湿固体的情形。受压后,其与硅胶板和橡胶板的接触角变得小于 90°,与打印纸上的接触角却仍大于 90°,即受压后 $GaIn_{24.5}$ 墨水能够润湿硅胶板和橡胶板,但仍不能润湿打印纸。这里需要指出的是[8],在印刷工业尤其是微纳米印刷工业当中,润湿即液体在基底材料表面更大面积的铺展,实际上不利于微纳米尺度线条的精确绘制。所以,在这 3 种基底材料中,打印纸更适合用于微纳米尺度的液态金属电子印刷。

　　此外,图 4.19 揭示了液态金属墨水和硅胶基底的接触角随温度的变化,从图中可以看出,液态金属墨水对硅胶基底的接触角随温度升高而减小[8]。

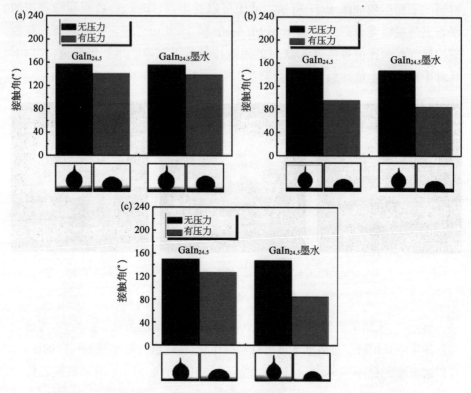

图 4.18　氧和压力对 GaIn₂₄.₅ 和 GaIn₂₄.₅ 墨水与柔性基底接触角的影响[8]

a. 打印纸；b. 硅胶板；c. 橡胶板。

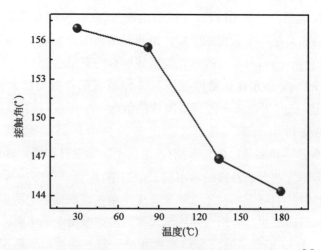

图 4.19　液态金属墨水和硅胶基底的接触角的温度依赖性[8]

可见在高温下,液态金属墨水对硅胶基底的润湿性趋向于更佳,从而为液态金属墨水在高温下的应用提供了保障。

　　将上面计算得到的液体表面张力和不同状态下接触角的数据代入 Young‑Dupre 方程 $W_{SL}=\sigma_{LG}(1+\cos\theta)$,得到 $GaIn_{24.5}$ 和 $GaIn_{24.5}$ 墨水在 3 种基底上的黏附功[8],如图 4.20 所示。从图中可知,与 $GaIn_{24.5}$ 相比,$GaIn_{24.5}$ 墨水在各种基底上的黏附功都要大,所以 $GaIn_{24.5}$ 墨水与基底的黏附性更好。氧化物的增加似乎是黏附功变化的唯一解释。并且在薄膜科学的研究中已经有这样一个共识,即一般的金属不能牢固地附着在基底上,但 SiO、SiO_2 等氧化物以及 Si、Cr、Ti、W 等易氧化物质的薄膜都能较牢固地附着,这是由于氧化物的生成能大,而生成能是粒子表面能中的重要组成部分。所以常采用氧化物作为胶黏层,沉积在薄膜和基底中间以增加黏附力,然后在氧化物薄膜上再沉积金属等物质,可以获得黏附力非常大的薄膜。所以,从黏附功的观点来看,可解释为 $GaIn_{24.5}$ 中金属氧化物的增加使得 $GaIn_{24.5}$ 墨水的表面能增加,接触角减小,从而增大发生黏附的倾向并增加黏附牢度。

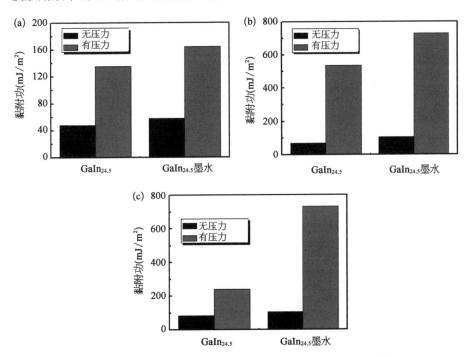

图 4.20　$GaIn_{24.5}$ 及 $GaIn_{24.5}$ 墨水在不同基底上的黏附功[8]

a. 打印纸;b. 硅胶板;c. 橡胶板。

4.6.3 外加压力对黏附性的影响

Zheng 等[14]研究了在不同外加压力下,GaIn$_{24.5}$ 液滴在 3 种基底(PVC 薄膜、不锈钢、办公用纸)上的接触角,测量结果如图 4.21 所示。从图中看出,随着外加压力的增大,GaIn$_{24.5}$ 液滴在 PVC 薄膜上的接触角下降最大,当外加压力为 0.1 N 时,接触角小于 90°。

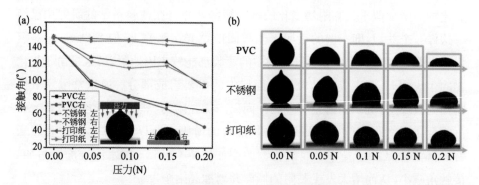

图 4.21   GaIn$_{24.5}$ 液滴在 3 种基底上的润湿行为[14]

a. GaIn$_{24.5}$ 液滴分别在 PVC 薄膜、不锈钢、办公用纸上的接触角,并随外加压力增加(从 0 N 增加到 0.2 N)的变化趋势,插图是外加压力示意图和接触角示意图;b. 不同外加压力下,GaIn$_{24.5}$ 液滴对这 3 种基底的润湿效果。

此外,基底表面粗糙度与液态金属液滴润湿性的关系也是应用中的关键问题,Kramer 等[15]研究了 GaIn$_{24.5}$ 和 Ga$_{62.5}$In$_{21.5}$Sn$_{16}$ 液滴在不同粗糙度的 Si、In、Sn 薄膜上的润湿性,实验结果显示,薄膜表面的粗糙度对液滴的润湿性有至关重要的影响。

4.7   小结

鉴于可在常规环境中操作是低成本印刷电子学的一个重要特征,且由于液态金属液滴在大气环境中极易形成表面氧化层,本章集中阐述了对应的碰撞特性。通过量化 GaIn$_{24.5}$ 液滴及由其氧化形成的墨水与柔性基底材料表面的碰撞特性,解释了基底材料、碰撞速度和液滴尺寸对碰撞后形成的液膜形态及直径的影响,阐明了 GaIn$_{24.5}$ 墨水与匹配的柔性基底材料具有更好的黏附性。本章还通过能量分析指出氧化效应主要通过液体黏度、表面张力和接触角等对液膜形态产生影响。这些规律对于液态金属印刷电子学的应用具有重要参考价值。

　　此外,液态金属墨水与基底之间的黏附性也是液态金属印刷电子技术的一个关键问题,本章对这一问题进行了深入探讨。改性前后的液态金属与常见柔性基底的黏附性具有显著区别,通过表征参数分析,可以看到黏附功是表征黏附性的主要参数,而黏附功是由液体表面张力和固-液界面间的接触角决定,从而可得出黏附性的量化计算方法。通过对改性前后的液态金属的表面张力及其与 3 种柔性基底的接触角的测定,从黏附功的角度解释了液态金属墨水能够用于印刷的原因,即液态金属中氧化物的添加显著提高了液态金属墨水的表面能,减小了墨水与基底间的接触角,从而增大了发生黏附的倾向并增加了黏附牢度。该结论为液态金属墨水用于印刷电子乃至更多液态金属界面工程领域提供了理论支持[16]。

参 考 文 献

[1] 张琴. 液态金属雾化喷墨式印刷电子技术的研究(硕士学位论文). 北京:中国科学院大学,中国科学院理化技术研究所,2014.

[2] Wang Q, Yu Y, Yang J, et al. Fast fabrication of flexible functional circuits based on liquid metal dual-trans printing. Adv Mater, 2015, 27(44):7109~7116.

[3] Rein M. The transitional regime between coalescing and splashing drops. J Fluid Mech, 1996, 306:145~165.

[4] Manzello S L, Yang J C. An experimental study of a water droplet impinging on a liquid surface. Exp Fluids, 2002, 32(5):580~589.

[5] Pan K L, Hung C Y. Droplet impact upon a wet surface with varied fluid and surface properties. J Colloid Interf Sci, 2010, 352(1):186~193.

[6] Zhang Q, Gao Y X, Liu J. Atomized spraying of liquid metal droplets on desired substrate surfaces as a generalized way for ubiquitous printed electronics. Applied Physics A, 2014, 116:1091~1097.

[7] Hsiao M Y, Lichter S, Quintero L G. The Critical Weber Number for Vortex and Jet Formation for Drops Impinging on a Liquid Pool. Phys Fluids, 1988, 31(12):3560~3562.

[8] 李海燕. 液态金属直写式印刷电子学方法的理论与应用研究(博士学位论文). 北京:中国科学院大学,中国科学院理化技术研究所,2013.

[9] 李海燕,刘静. 液态金属电子墨水与印刷基底之间的撞击作用机制研究. 电子机械工程,2014,30(3):36~42.

[10] Aziz S D, Chandra S. Impact, recoil and splashing of molten metal droplets. Int J Heat Mass Tran, 2000, 43(16):2841~2857.

[11] Mundo C, Sommerfeld M, Tropea C. Droplet-Wall Collisions-Experimental Studies of the Deformation and Breakup Process. Int J Multiphas Flow, 1995, 21(2): 151~173.

[12] PasandidehFard M, Qiao Y M, Chandra S, et al. Capillary effects during droplet impact on a solid surface. Phys Fluids, 1996, 8(3): 650~659.

[13] Gao Y X, Li H Y, Liu J. Direct writing of flexible electronics through room temperature liquid metal ink. PLoS ONE, 2012, 7(9): 45485.

[14] Zheng Y, He Z Z, Yang J, et al. Personal electronics printing via tapping mode composite liquid metal ink delivery and adhesion mechanism. Sci Rep, 2014, 4 (6179): 4588.

[15] Kramer R K, Boley J W, Stone H A, et al. Effect of Microtextured Surface Topography on the Wetting Behavior of Eutectic Gallium-Indium Alloys. Langmuir, 2014, 30(2): 533~539.

[16] Gao Y X, Liu J. Gallium-based thermal interface material with high compliance and wettability. Appl Phys a-Mater, 2012, 107(3): 701~708.

第5章
液态金属电路的封装与擦除

5.1 引言

在传统电子制造领域及印刷电子领域,封装都是必需环节。封装的作用在于保护器件功能层,避免外界的直接物理损伤和微量水汽、氧气及酸液等化学成分的侵蚀,对器件的工作寿命与稳定性至关重要[1]。对于液态金属印刷电子而言,由于部分液态金属油墨在室温条件下呈液态,当其在基底材料上成型之后,必须进行电子封装以保护其电子结构及功能稳定性。另外,任何与液态金属相关的应用都可能遇到维修、清理、更新等问题。比如,液态金属电路的某一部分可能需要修改,实验和应用中液态金属残余物需要予以清除。因此,有必要找到合适的方法以及合适的擦除剂来擦除和收集不需要的液态金属。本章集中介绍液态金属印刷电子技术中所涉及的电路封装与擦除技术[2-5]。

5.2 液态金属封装技术

5.2.1 封装材料

目前,液态金属电路封装材料主要有脱醇型室温硫化硅橡胶(RTV)、聚二甲基硅氧烷(PDMS)、铂催化硅橡胶(Ecoflex 系列)等固化胶[5]。这类材料一般具有热/光固化,介电常数低、绝缘性好、热膨胀系数低、透明性和耐热性好、化学性能稳定、黏结性好等典型特征。

705 胶是一种常用的室温硫化硅橡胶,价格低廉,固化后为一种弹性体,具有一定的机械保护强度,适合作为液态金属柔性封装材料。该封装胶水在使用前为单组份液态,使用时只需用适量吸取后覆盖在金属结构表面即可,之后由于吸收空气中的水分而固化,固化过程中所释放的甲醇气体无毒,不会污染环境。相关技术参数如表 5.1 所示[6,7]。

表 5.1　705 胶的相关性能参数[6,7]

表面固化 时间(min)	邵氏硬度 (A)	拉伸强度 (MPa)	剪切强度 (MPa)	剥离强度 (MPa)
3~30	≥15	≥0.4	≥0.5	≥0.28
介电常数 (1 MHz)	扯断伸长率 (100%)	击穿强度 (kv/mm)	表面电阻率 (Ω)	体积电阻率 (Ω·cm)
≤3.5	≥100	≥15	≥$1.0×10^{15}$	$1.0×10^{15}$

PDMS 是一种高分子有机硅化合物,无毒、高透明、生物相容性好,被广泛应用于微流控等领域[8]。PDMS 的化学表达式为 $CH_3[Si(CH_3)_2O]_nSi(CH_3)_3$,液态时的 PDMS 是一种黏稠状硅油,具有不同聚合度的链状结构,其端基和侧基全为烃基(如甲基、乙基、苯基等),而固态二甲基硅氧烷则是一种无毒、具有疏水性和防水性的透明弹性体硅胶。PDMS 具有制备简便快速、成本低、透光性和生物相容性佳以及弹性高等优点。实验中,PDMS 主剂与硬化剂的质量比一般选为 10∶1,搅拌至混合均匀后,再放到真空干燥箱中抽真空同时加热到一定温度(如 120℃,2 h,温度与时间参数的不同将会制作出不同硬度的 PDMS),在这一过程中,混合液中的气泡在真空作用下浮至表面并破裂,并在高温下固化。

Ecoflex 系列硅橡胶也是一种双组份胶[9],与 PDMS 相比更加柔软,弹性大。Ecoflex 系列硅橡胶在使用时混合比例为 1∶1,固化后的 Ecoflex 无色半透明,经过多次拉伸扭曲也不会撕裂和变形。表 5.2 列出了几种 Ecoflex 胶的参数。

表 5.2　几种 Ecoflex 硅橡胶的相关性能参数[9]

Ecoflex 系列	固化 时间 (min)	断裂 伸长率 (%)	邵氏 硬度	混合 黏度 (cps)	拉伸 强度 (psi)	撕裂 强度 (pli)	收缩率 (%)
0010	5	800	00 - 10	14 000	120	22	<0.001
0020	4	845	00 - 20	3 000	160	30	<0.001
0030	4	900	00 - 30	3 000	200	38	<0.001
0035	5	900	00 - 35	3 000	200	10	<0.001
0050	3	980	00 - 50	8 000	315	50	<0.001

另外,若封装材料和基底材料的弹性模量(正应力和对应的正应变的比值,表征物质弹性的物理量)不一致,则会致使拉伸过程中二者出现不同的应变,于是液态金属墨水薄膜的上下表面受到剪切力作用,导致其电阻出现无序变化,无法反映真实状况。更有甚者,若封装材料的弹性模量不及基底材料,在拉伸过程中封装材料极易出现断裂问题,导致液态金属墨水薄膜受到破坏[2,5]。所以,封装材料和基底材料以同种材料为佳。

5.2.2　封装性能

在液态金属封装过程中,为了保持其独特柔性,需要封装材料也具有相应的柔性,此外,为了与液态金属打印技术低成本特性相符,价格低廉也是考虑的因素之一。

为确保硅橡胶的添加及固化不会对液态金属的电学特性产生较大影响,采用安捷伦数据采集仪 34972A 以四线制电阻测量法对添加硅橡胶前后液态金属的电阻值进行了监测,实验装置如图 5.1a 所示。实验结果如图 5.1b 所示,数据每 10 s 采集一次。可以发现液态金属的电阻在添加硅橡胶以及其在固化过程中并未出现明显变化,因而可认为所用室温固化硅橡胶对液态金属电学特性没有影响,是一种合适的液态金属电子封装材料[2]。

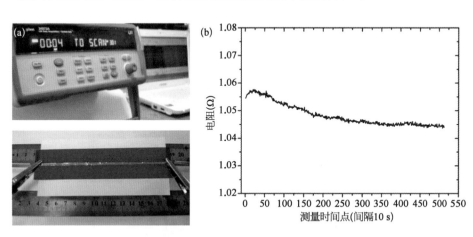

图 5.1　在 PVC 塑料上监测硅胶封装后液态金属电阻变化[2]

a. 实验装置;b. 液态金属的电阻值随时间的变化关系。

图 5.2 为使用室温固化硅橡胶封装完好的柔性叉式电容器,该胶水固化后为一种柔性弹性体,与液态金属的天然柔性相匹配。图中展示了封装后液

态金属结构良好的机械柔性。封装好的液态金属导线可以弯曲、折叠以及扭转,显示出良好的柔性特点,适用于液态金属柔性印刷电子封装。

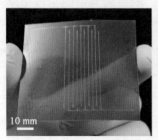

图 5.2 使用室温固化硅橡胶封装的叉式电容器[2]

柔性电子器件的特点在于:为方便实用或者储存,在使用过程中允许器件有一定程度的弯曲、折叠等,且在弯曲或折叠条件下,其电学性能可保持一定的稳定性。因此,为确保所书写的液态金属导线在不同弯曲状态下的电学稳定性,对书写在 PVC 塑料基底上并封装完好的金属导线进行了相关测试实验[10],分别测量了封装完好的液态金属导线(长度为 20 mm)在弯曲角分别为 0°、90°、180°、−90°、−180°时的电阻值,如图 5.3 所示。从图中可以看出,弯曲时液态金属导线的电阻值无明显变化甚至基本保持不变,因而一定程度的机械弯曲对封装完好的液态金属导线电学性能影响较小,封装完好的液态金属导线具有良好的机械弯曲稳定性。

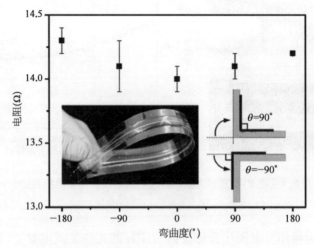

图 5.3 封装好的液态金属导线在不同弯曲角时的电阻值[10]

5.3　镓基液态金属的擦除方法

5.3.1　机械方法

本章所说的机械方法是指一种只利用外部机械力,但不引起任何化学反应的擦除液态金属的方法[4]。由于这种方法需要利用各种机械刮擦过程来擦除液态金属,所以该方法中关键的一点就是要在机械刮擦过程中设法阻止液态金属重新黏附到基片上[3]。基于这一想法,笔者实验室制备出了对应的液态金属擦除器。

图 5.4a 展示了液态金属擦除器的几何结构。它由一个擦除剂容器和一个棉花头组成。容器里的擦除剂可以沿着棉花里的纤维输送到棉花头部,而

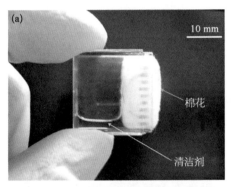
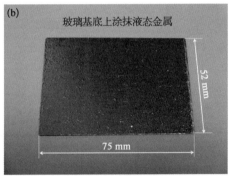

图 5.4　用机械方法擦除 GaIn$_{24.5}$ 薄膜[4]

a. 液态金属擦除器结构;b. 制备在玻璃基底上的 GaIn$_{24.5}$ 薄膜;c. 当液态金属擦除器在不装有乙醇的条件下对 GaIn$_{24.5}$ 薄膜进行擦除时,GaIn$_{24.5}$ 薄膜不能被完全擦除;d. 当液态金属擦除器在装有乙醇的条件下对 GaIn$_{24.5}$ 薄膜进行擦除时,GaIn$_{24.5}$ 薄膜被成功擦除。

棉花头用来刮擦液态金属。图 5.4b 显示了在实验中用直写方法在玻璃基底（75 mm×52 mm×1 mm）上制备的液态共晶镓铟合金（GaIn$_{24.5}$）薄膜样品。从图中可以清楚地看出[4]，当液态金属擦除器在不装有乙醇的情况下对 GaIn$_{24.5}$ 薄膜进行擦除时，GaIn$_{24.5}$ 薄膜不能被完全擦除（图 5.4c）。反之，当液态金属擦除器在装有乙醇的情况下对 GaIn$_{24.5}$ 薄膜进行擦除时，GaIn$_{24.5}$ 薄膜则很容易地被擦除（图 5.4d）。

上述结果显示，液态金属擦除剂扮演着重要的角色。所以，机械方法中非常关键的一步就是选择一种合适的擦除剂。为了这个目的，可测试一系列典型的室温液体材料（表 5.3）。通过对比各种液体材料，可以发现，由于乙醇具有无毒、易干燥、能有效地擦除镓基液态金属等特点，所以它是一种良好的擦除镓基液态金属的擦除剂[3]。擦除剂能够帮助擦除液态金属的原因可以这样来解释[3]：当擦除器在液态金属薄膜的表面上滑动时，棉花头里面的纤维在液态金属薄膜上刮出许多划痕。当擦除器不装擦除剂的时候，由于液态金属和基底之间较强的润湿能力，这些划痕通常会自我愈合，所以此时液态金属不能被有效擦除。然而，当擦除器装有擦除剂的时候，由于擦除剂比液态金属具有更好的流动性，所以擦除剂能够更快地填充划痕。这时候液态金属表面上的划痕就再也不能很好地愈合，导致液态金属薄膜被分隔成许多小片。这些液态金属小片进一步被棉花纤维细分，进而被往前推进形成许多球状颗粒。最后，液态金属颗粒被擦除剂包裹，从而不能润湿基底。同时液态金属细颗粒被擦除剂包裹隔离开来，无法合并成大颗粒。这极大地方便了擦除器能从基底表面带走液态金属颗粒。从这个意义上说，擦除剂阻止了液态金属重新黏附到基底上，从而可促进高效快速地擦除液态金属。

表 5.3 机械方法中使用的擦除剂[3]

名称	分子式	熔点（℃）	黏度（cP @25℃）	毒性
水	H_2O	0	0.894	无
乙醇	CH_3CH_2OH	−114	1.074	无
甲醇	CH_3OH	−97.6	0.544	有
丙酮	CH_3CHO	−95	0.306	有
甲酸	$HCOOH$	8.40	1.57	有
苯	C_6H_6	5.53	0.604	有

从上面的比较分析可以看出,液态金属擦除器的擦除效果是由如下两个因素决定[3]:一是擦除剂的黏度;二是擦除剂和液态金属之间的润湿能力。这表明机械方法强烈地依赖于选择一种合适的擦除剂。一种好的擦除剂应具有较低的黏度,并且和液态金属之间具有好的润湿性。

5.3.2　化学方法

应用化学方法来擦除液态金属电路的基本思路是[4]:选择一种化学物质与镓的氧化物起反应,降低液态金属与基片之间的润湿性,或者选择一种化学物质直接与液态金属本身起反应,破坏液态金属本身。选用的化学材料必须无毒、环保、不与基片反应,并且不影响周围电路。此外,化学反应残余物还必须易清除。

镓的润湿能力与其氧化物含量强烈相关,虽然镓及其合金通常不会润湿大多数材料,但当部分镓被氧化后,却能润湿大部分材料[11]。基于此,在打印电子技术中镓基液态金属通常都会被预先部分氧化以增强其润湿能力[10,12]。

镓的化学性质与铝类似,它也是一种两性物质,与碱和酸都能起反应。所以人们可以用碱溶液或者酸溶液来擦除镓基合金。

1. 碱溶液

最常用的可溶性碱有氢氧化钠(NaOH)和氢氧化钾(KOH)。这里选用NaOH溶液为例来说明如何用碱溶液移除镓基液态金属。

NaOH 与 Ga_2O_3,以及 NaOH 与 Ga 的化学反应方程式如下[3]:

$$Ga_2O_3 + 2NaOH \longrightarrow 2NaGaO_2 + H_2O \tag{5.1}$$

$$2Ga + 2NaOH + 2H_2O \longrightarrow 3H_2 + 2NaGaO_2 \tag{5.2}$$

$$2Ga + 6NaOH + xH_2O \longrightarrow 3H_2 + 2Na_3GaO_3 + xH_2O \tag{5.3}$$

$$2Ga + 2NaOH + 6H_2O \rightarrow 3H_2 + 2NaGa(OH)_4 \tag{5.4}$$

实验中使用的 NaOH 溶液的浓度为 6 mol/L,用注射器直接将溶液滴到需要擦除的电路上。

图 5.5a 显示在光学显微镜下拍到的液态金属电路。用液态金属手写笔在 PVC 基底上直接写出这些 $GaIn_{24.5}$ 电路。图 5.5b 显示了用一个注射器针头将一滴 NaOH 溶液滴到中间的电路上去,$GaIn_{24.5}$ 电路立刻发生断裂并随着时间的增长快速收缩(图 5.5c 和图 5.5d)。20 s 后,中间的电路收缩到电路

的末端(图 5.5e)。在吸走 NaOH 溶液后,可清楚地看到中间的 $GaIn_{24.5}$ 电路被完全移除(图 5.5f)。因此,用浓度为 6 mol/L 的 NaOH 溶液能够很容易地移除精细的液态 $GaIn_{24.5}$ 电路。原因在于碱能与氧化镓起反应[4],从而降低电路与基底之间的润湿能力,导致液态金属 $GaIn_{24.5}$ 电路在基底上发生收缩并从 PVC 基底上被移除。

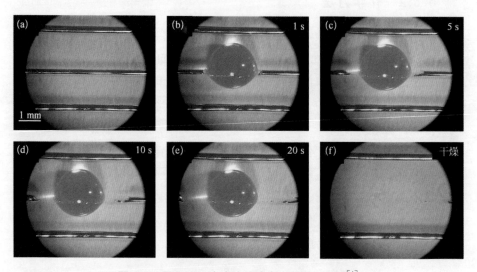

图 5.5　用 NaOH 溶液移除液态 $GaIn_{24.5}$ 电路[4]

a. 在 PVC 基底上原位制备的液态 $GaIn_{24.5}$ 电路;b. 用注射器的针头将一滴浓度为 6 mol/L 的 NaOH 溶液滴到中间的电路上去;c - e. 分别为 NaOH 溶液滴到中间电路上后经过 5 s、10 s 及 20 s 后的 $GaIn_{24.5}$ 电路照片;f. 用棉花吸干 NaOH 溶液后,中间的电路被完全移除。

2. 酸溶液

从化学知识里可知镓及其氧化物也能够与强酸,包括盐酸(HCl)、高氯酸($HClO_4$)、氢溴酸(HBr)、氢碘酸(HI)、硝酸(HNO_3)及硫酸(H_2SO_4)等起反应。这表明在实践过程中,也可以利用酸来移除镓基液态金属。这里选用 HCl 为例来说明如何用酸溶液来移除镓基液态金属。

HCl 与 Ga_2O_3、Ga 的化学反应方程式分别为[4]:

$$Ga_2O_3 + 6HCl \longrightarrow 2GaCl_3 + 3H_2O \tag{5.5}$$

$$2Ga + 6HCl \longrightarrow 2GaCl_3 + 3H_2O \tag{5.6}$$

实验中使用的 HCl 溶液的浓度为 6 mol/L,用注射器直接将溶液滴到需要移除的电路上。

图 5.6a 为光学显微镜拍摄的液态金属电路的照片[3]。用液态金属手写笔将 GaIn$_{24.5}$ 在 PVC 基底上直接写出电路（与碱溶液实验中使用过的类似）。图 5.6b 显示用一个注射器的针尖将一滴 HCl 溶液滴到中间的电路上，GaIn$_{24.5}$ 电路立刻断裂并开始向两边收缩（图 5.6c）。在 HCl 溶液滴到 GaIn$_{24.5}$ 电路上 10 s 以后，GaIn$_{24.5}$ 电路被完全移除（图 5.6d）。图 5.6d 进一步显示出 HCl 不仅腐蚀目标电路，也能腐蚀周边电路。相同的现象也在 HNO$_3$ 中被观察到。这个现象可归因于酸的挥发性，即酸挥发出来以后飘散到附近的电路上，从而与附近电路上的氧化镓和镓起反应，导致电路收缩。这表明挥发性酸不适合用作移除精细打印的液态金属电路。

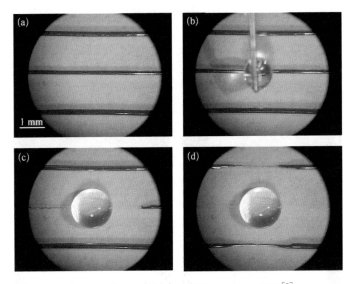

图 5.6　用 HCl 溶液移除液态 GaIn$_{24.5}$ 电路[3]

a. PVC 基底上原位生长的液态 GaIn$_{24.5}$ 电路；b. 用一个注射器的针尖将一滴浓度为 6 mol/L 的 HCl 溶液滴到中间电路上；c. 在 HCl 溶液滴到中间的电路 1 s 后的液态 GaIn$_{24.5}$ 电路的照片；d. 在 HCl 溶液滴到中间的电路 10 s 后的液态 GaIn$_{24.5}$ 电路的照片，周边的电路也被腐蚀。

5.3.3　电化学方法

最后，我们讨论如何用电化学方法来移除液态 GaIn$_{24.5}$ 薄膜和电路。这种方法是基于笔者实验室发现的一个有趣现象[13]：在外加电压的作用下，被溶液覆盖的镓基液态金属薄膜会自动收缩。

与 GaIn$_{24.5}$ 薄膜和电路有关的电化学过程包括如下反应方程式[3]：

$$2Ga_2O_3 \longrightarrow 4Ga + 3O_2 \tag{5.7}$$

或者

$$4Ga^{3+} + 12e^- \longrightarrow 4Ga \tag{5.8}$$

这个方程式表明电化学过程能将氧化镓还原成镓。它意味着电化学过程能降低 $GaIn_{24.5}$ 薄膜与基底之间的润湿能力。因而人们可以用电化学过程移除(和收集)液态金属薄膜。实验中使用了一个额定电压为 20 V 的电压源来供电。

图 5.7a 为在光学显微镜下拍摄的被擦除前的液态 $GaIn_{24.5}$ 薄膜照片。该液态 $GaIn_{24.5}$ 薄膜是用所谓的直写方法在玻璃基底上直接写出的。在测试过程中,薄膜上覆盖了一层水以使电化学过程得以发生[4]。在 $GaIn_{24.5}$ 薄膜的中部施加了一个 15 V 电压(图 5.7b)。两个电极之间的薄膜开始向阴极收缩(图 5.7c)。经过 6 s 以后,$GaIn_{24.5}$ 薄膜被移除(图 5.7d)。

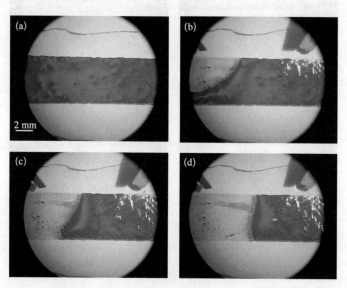

图 5.7　电化学方法移除液态 $GaIn_{24.5}$ 薄膜[4]

a. 在玻璃基底上制备的弱吸附液态 $GaIn_{24.5}$ 薄膜;b. 在薄膜上施加 15 V 电压 2 s 后的照片(两个电极之间的薄膜向阴极收缩);c. 在薄膜上施加 15 V 电压 4 s 后的照片;d. 在薄膜上施加 15 V 电压 6 s 后的照片(薄膜被完全移除)。

电化学方法的原理可简单叙述如下[3]:在通电以后,电化学反应还原了氧化镓,降低了镓基液态金属与基底之间的润湿能力;接着液态金属薄膜在自身强表面张力的作用下向阴极发生收缩;最终液态金属薄膜得以移除。

5.4　各种擦除方法比较

5.4.1　技术方面

机械方法简单容易[3]，它依赖于选择合适的擦除剂，使得人们在使用这种方法时有很大的自由度。另一方面，由于在目前阶段制备小尺寸的擦除器比较困难，所以机械方法只适用于擦除大面积的液态金属薄膜和电路，不适用于擦除精细打印的电路。此外，机械方法要求液态金属具有较好的流动性，即不能用来擦除固态薄膜和固态电路。但镓基合金的熔点一般在 7.6℃ 以上[14]，在低于这个温度时，上述条件通常不能被满足。所以机械方法不能在低温下使用。

化学方法可有效清除液态和固态的薄膜及电路[3]，但是化学方法需要用化学材料来移除直写或者精细打印的电路（液态和固态电路）。考虑到化学材料也可能会腐蚀基片材料，人们需要根据不同的基底材料选用不同的腐蚀剂来移除基底上的液态金属。比如，玻璃和硅都可以与碱起反应，但不与酸起反应。所以，需要选用酸来移除制备在玻璃和硅片上的镓基液态金属薄膜（电路）。然而，还需要提及挥发性酸，比如 HCl 和 HNO_3，不能用来移除精细打印的电路，因为这些酸具有挥发性，会腐蚀周边的电路。

电化学方法可以控制液态金属的收缩方向（向阴极收缩，图 5.7）。然而，在电化学过程中产生的移除力很微弱。因此，电化学方法只能用来移除微弱吸附的液态金属薄膜和电路，不能用来移除强烈吸附的薄膜和固态电路。不过这种方法可以与另外两种方法配合使用以获得更好的擦除效果。

以上方法中，尚需考虑的因素还有基材本身，这是因为在不同材质基底上，液态金属的黏附性甚至渗透性也会有所差异[15]。因此，选择不同擦除方法时需区别对待。

5.4.2　材料和设备成本

机械方法简单容易，它只需要清洁剂和简单的设备[3]。所以，机械方法是一种经济实用的擦除液态金属的方法。

化学方法需要碱、酸等消耗品。它还需要精密的耐腐蚀的设备以输送腐蚀剂。所以化学方法的成本要比机械方法高。

电化学方法不需要消耗品,但需要直流电源来产生电化学反应。所以成本也比机械方法要高,限制了其应用领域。

5.4.3　环保和安全问题

机械方法依赖于选择一种合适的清洁剂。当选择无毒害的清洁剂时,比如水和酒精,就不会引起环保和安全问题;但是,当选择有毒害的清洁剂时(表5.3),则会引起环保和安全问题。

化学方法需要强碱和强酸等腐蚀剂,这些材料有强腐蚀性。所以化学方法会带入新的化学污染物,这会对环境造成不良影响,使用不当时还会引起安全问题。

电化学方法不会带入新的化学污染物[参见电化学反应方程式(5.7)和(5.8)],因此电化学方法比较环保。

5.5　小结

由于液态金属结构易被破坏,为保证其结构及功能稳定性,本章对液态金属柔性封装技术进行了介绍。可以看到,705 硅橡胶、PDMS 以及 Ecoflex 系列固化胶固化前后分别为液体和弹性体,十分适合于液态金属的柔性封装。

此外,本章还讨论了擦除镓基液态金属薄膜和电路的原理,并剖析了 3 种典型的擦除方法:(1) 机械方法。适合于擦除大面积的液态金属薄膜和电路,但不适合于擦除精细打印的液态金属薄膜电路和固态电路。乙醇是机械方法中一种很好的擦除剂。(2) 化学方法。适合于移除精细打印的电路。该方法能够移除液态和固态电路,但会带入化学污染物。NaOH 溶液是该方法中一种很好的腐蚀剂。(3) 电化学方法。这是一种干净、环保的方法,但它只能用来移除微弱吸附的液态金属薄膜和电路。

-------------------------------- **参 考 文 献** --------------------------------

[1] Aziz H, Popovic Z, Xie S, et al. Humidity-induced crystallization of tris (8-hydroxyquinoline) aluminum layers in organic light-emitting devices. Appl Phys Lett, 1998, 72(7): 756~758.

［2］郑义.液态金属电子电路接触式打印方法的研究(硕士学位论文).北京：中国科学院大学,中国科学院理化技术研究所,2014.

［3］马荣超.镓基液态金属的物理性能研究(博士后出站报告).北京：中国科学院理化技术研究所,2014.

［4］Ma R, Zhou Y, Liu J. Erasing and correction of liquid metal printed electronics made of gallium alloy ink from the substrate. arXiv：1706.01457, 2017.

［5］李海燕,刘静.基于液态金属墨水的直写式可拉伸变阻器.电子机械工程,2014,30(1)：29～33.

［6］陈欣,曾小波.单组分室温硫化硅橡胶制备及应用.化工生产与技术,2012,19(2)：49～51.

［7］王韵然,罗廷纲,夏志伟,等.硅橡胶老化性能的研究进展.有机硅材料,2011,25(1)：58～61.

［8］Fleger M, Neyer A. PDMS microfluidic chip with integrated waveguides for optical detection. Elsevier Science Ltd, 2006, 1291～1293.

［9］Siegenthaler K O, Künkel A, Skupin G, et al. Ecoflex and Ecovio：Biodegradable, Performance-Enabling Plastics. Springer Berlin Heidelberg, 2011, 91～136.

［10］Zheng Y, Zhang Q, Liu J. Pervasive liquid metal based direct writing electronics with roller-ball pen. AIP Advances, 2013, 3：112117.

［11］Liu T Y, Sen P, Kim C J. Characterization of Nontoxic Liquid-Metal Alloy Galinstan for Applications in Microdevices. J Microelectromech S, 2012, 21(2)：443～450.

［12］Zheng Y, He Z Z, Yang J, et al. Personal electronics printing via tapping mode composite liquid metal ink delivery and adhesion mechanism. Sci Rep-Uk, 2014, 4(6179)：4588.

［13］Sheng L, Zhang J, Liu J. Diverse Transformations of Liquid Metals Between Different Morphologies. Adv Mater, 2014, 26(34)：6036～6042.

［14］Regan M J, Tostmann H, Pershan P S, et al. X-ray study of the oxidation of liquid-gallium surfaces. Phys Rev B, 1997, 55(16)：10786～10790.

［15］Gao Y X, Liu J. Gallium-based thermal interface material with high compliance and wettability. Appl Phys a-Mater, 2012, 107(3)：701～708.

第6章
液态金属电子手写方法

6.1 引言

前面章节介绍了液态金属墨水的相关物性参数,如室温条件下为液态、黏度低、电导率高、具有简易的合金配制工艺及适中的成本,因此,液态金属墨水在印刷电子技术领域特别是柔性电子领域具有巨大应用潜力。基于书写笔的独特优势,笔者实验室将印刷电子材料与圆珠笔或类似笔结构相结合,开发出能直接绘制电子器件或导电结构的液态金属电子手写笔[1-3],推出的技术产品已得到实际工业应用。在传统的途径中,学术界将配制的黏度合适的电子油墨替代原有的通用油墨,并将所配置的电子油墨注入空的笔芯或类似结构中,实现电子器件的直接书写,相关研究成果已形成纳米银墨水圆珠笔[4]或毛细管电子书写笔[5],可在基底上书写制作不同的电子结构,但这类书写笔用于液态金属时需要作相应改进,主要是液态金属墨水与传统纳米类电子油墨的物理性质相差很大。液态金属电子手写笔技术的实现,打开了诸多灵活的应用空间。借助独特的毛细管结构,液态金属电子材料可与有机导体和半导体材料联合使用,提供了一种方便、廉价的大面积电子制造方法,有较大的潜在应用及扩展价值。本章内容介绍基于液态金属墨水的电子手写技术,并针对室温液态金属墨水和高温液态金属墨水,分别解读液态金属电子手写笔和液态金属加热手写笔技术[2,3]。

6.2 液态金属电子手写笔

6.2.1 电子手写笔结构

液态金属电子手写笔(以下简称手写笔)由笔芯笔杆和机械传动等部件组

成[2]。笔芯是手写笔的主要部件,主要由球珠、笔头、笔管、液态金属油墨和浮塞等五部分组成。球珠位于笔芯尖端书写处,主要由不锈钢或硬质合金制成,在书写时由于书写基底的摩擦力而发生滚动,从而带出液态金属形成导电图案。

手写笔制作可按如下步骤实现:利用注射器或类似工具吸取适量液态金属墨水,并在注射器尖端装上细针头,将液态金属缓缓注入洁净的普通圆珠空笔芯内(笔头不锈钢珠直径可为 0.7 mm 和 1.0 mm),并轻轻甩动笔芯,使液态金属墨水逐渐汇聚在笔芯管内前端[2]。图 6.1a 为所制作的手写笔,图 6.1b与 6.1c 为手写笔笔头滚珠的光学显微镜图,直径约为 1.0 mm。图 6.1d 为利用手写笔在 PVC 薄膜上书写的液态金属直线、曲线、折现以及文字等,展示了手写笔能够连续书写出液态金属墨水的情况。

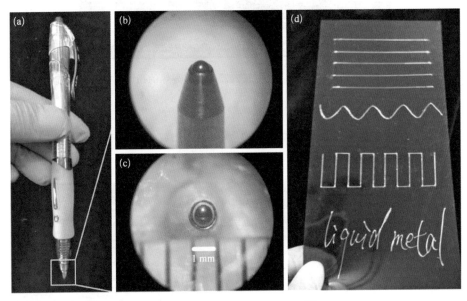

图 6.1　液态金属电子手写笔[2]

a. 手写笔实物图;b、c. 手写笔笔头圆珠;d. 手写笔所书写的液态金属图案。

6.2.2　绘制导电图案性能

为充分了解该液态金属电子手写笔的相关性能效果,笔者实验室利用扫描电子显微镜测试了在 PVC 基底上所书写的液态金属导线的宽度以及厚度(滚珠直径大小为 1 mm 左右)。测试的效果图如图 6.2 所示[2],在随机书写(自然书写压力条件下)时,该手写笔所书写的液态金属线宽大约为 220 μm,

书写厚度大约为 80 μm,且所书写的金属导线的连续性及均匀性都较好。总的说来,所制作的液态金属电子手写笔能满足一定的使用要求。

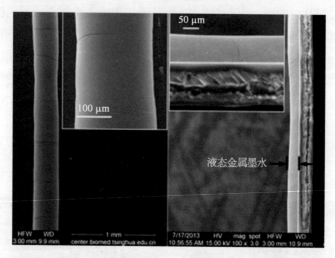

图 6.2   在 PVC 基底上所书写的液态金属导线的扫描电镜图[2]

为体现液态金属电子手写笔的应用价值及潜力,借助如直尺之类的结构工具,使用手写笔在润湿相容性好的 PVC 基底上,在自然书写压力条件下可直接制作液态金属导电结构[2]。如图 6.3 所示,利用直尺的辅助作用,简便快

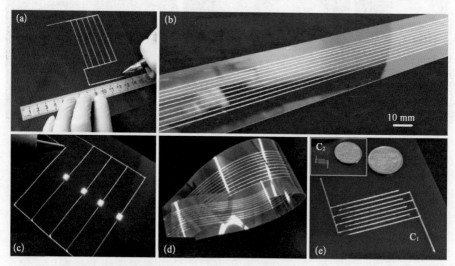

图 6.3   使用液态金属电子手写笔简便快捷制作的各种导电结构[2]

a. 液态金属手写笔绘制图案;b. 液态金属柔性导电排线;c. 简易并联 LED 电路;d、e. 大小不同的叉式电容器。

捷画出了液态金属柔性导电排线、简易并联 LED 电路及大小不同的叉式电容器(利用数字电桥所测得的电容值分别为 $C_1 = 2.0$ pF, $C_2 = 0.55$ pF)。事实上,借助更多各种结构的辅助工具,利用液态金属电子手写笔,可快速绘制出导电结构或简易电子元器件,如电感、电阻、各种印刷天线、RFID 天线等。该液态金属电子手写笔制作简单、携带方便、价格低,特别适合于 DIY 个性化简易电子结构绘制。绘制好所需的电路结构后,只需将不同的功能元器件插入相应位置,并利用固化胶封装后,便能高效、环保地制造出柔性功能电路。近年来,此方面技术已发展成可见的实际产品(图 6.4)。

图 6.4　已发展成商用化的液态金属电子手写笔

6.3　液态金属电子手写笔书写理论

当用液态金属电子手写笔书写时,笔头滚珠会受到手的压力(P)以及横向的驱动力(F)、基底的摩擦力(f)。受力简易示意如图 6.5。笔头的滚珠会在摩擦力(f)的作用下滚动,其顶端与来自微槽道的液态金属接触并适当吸附[1],与此同时,密度较大的液态金属会在滚珠的转动作用下,沿着滚珠转移至滚珠底端,表面液态金属随之与基底接触并被吸附。在滚珠整个滚动过程中,液态金属首先与滚珠吸附,随后脱离其表面被书写基底吸附,从而实现液态金属墨水的转印书写过程。液态金属与基底以及与滚珠之间的润湿性,决定了书写过程的成败与效果。事实上,在该吸附—脱离—吸附过程中,液态金属对书写基底与不锈钢的润湿性是一个关键因素,液态金属对基底的润湿性要好于对不锈钢滚珠的润湿性,即液态金属与基底的表面张力(γ_{sub-lm})必须小于其与滚珠之间的表面张力（γ_{sub-sp}），才能实现吸附—脱离—吸附过程，从而顺利转印到基底材料上。相同的压力条件下，液态金属对基底的润湿性最好的是 PVC 柔性薄膜，其次是不锈钢材料，办公打印纸则是最差。书写时，滚珠会对黏附在基底上的液态金属提供一个压力，该压力会显著促进液态金属与 PVC 基底材料的润湿性，由此使液态金属从滚珠表面转印到 PVC 基底上[6]。

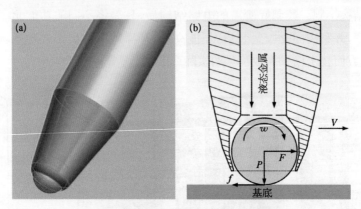

图 6.5　手写笔笔头及滚珠受力简易示意图[6]

a. 手写笔笔头模型；b. 手写笔滚珠受力示意。

如果 $\gamma_{sub-lm} < \gamma_{sub-sp}$，增大液态金属与基底接触面积，有助于整个系统能量最小化，也有助于液态金属从滚珠表面脱离[1]。实现这一目的方法之一就是提高接触压力（P），使滚珠与基底充分接触，带动液态金属与基底接触。但是增大 P 有可能阻碍滚动过程，引起滚珠滑动，导致打印失败。因此，选择合适的接触压力对打印效果至关重要，书写时使用自然的手写压力即可。

滚珠（半径为 R）与球座之间的间距为 h，角速度为 w。在滚动过程中，滚珠带出的液态金属流量可以近似为：

$$Q = \pi \omega h \left(R + \frac{h}{2} \right)^2 \tag{6.1}$$

如果已知笔头前行速度为 V，则黏附在基底上液态金属导线的横截面 $A = Q/V$。对于一个固定的横截面来说，液态金属与基底的热力学平衡由 Young 等式决定：

$$\gamma_{sub} = \gamma_{sub-lm} + \gamma_{lm}\cos(\theta) \tag{6.2}$$

由能量最小化原理，可推导出稳态下液态金属导线与基底接触的宽度 L：

$$L = \frac{2\sin(\theta)}{\sqrt{\theta - \sin(\theta)\cos(\theta)}} \sqrt{A}$$

$$= \frac{2\sin(\theta)}{\sqrt{\theta - \sin(\theta)\cos(\theta)}} \left(R + \frac{h}{2}\right) \sqrt{\frac{\pi\omega h}{V}} \tag{6.3}$$

$$L' = L / \sqrt{A} \tag{6.4}$$

图 6.6 展示了 L' 随 θ 的函数关系变化趋势。从图中可以发现,液态金属与基底之间的润湿性对线宽具有重要的影响,选择润湿性好的基底是一个关键,它能适当提升书写质量[6]。在实际工作中,具有良好润湿性的书写技术以及适合打印的基材还需进一步发掘。

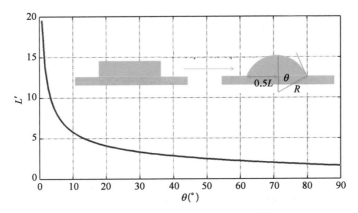

图 6.6　液态金属与基底相互作用[1]

6.4　液态金属加热手写笔

6.4.1　墨水配置

使用镓基合金作为电子墨水时,由于其在常温下为液态,易于擦除。若采用熔点更高的金属墨水,则可在一定程度上避免此问题。为此,笔者实验室引入了 $Bi_{35}In_{48.6}Sn_{16}Zn_{0.4}$ 打印墨水,其熔点略低于 Bi-In-Sn 共晶合金(约 $60\,^{\circ}C$)。$Bi_{35}In_{48.6}Sn_{16}Zn_{0.4}$ 是一种无毒金属材料,四种组分的纯金属在日常生活中都有应用,相关研究表明它们都具有很好的生物兼容性[7,8]。这种金属墨水的制备过程远比银纳米粒子墨水[9]简单,批量制备时更是如此。室温

下 $Bi_{35}In_{48.6}Sn_{16}Zn_{0.4}$ 的电导率为 7.31×10^6 S·m，相对较高的电导率使其更适合于打印导电线路。也由于熔点稍高，此类墨水的书写需要特制的加热机构。

6.4.2 加热手写笔结构

由于 $Bi_{35}In_{48.6}Sn_{16}Zn_{0.4}$ 的熔点高于室温，装有这种墨水的笔需要进行加热[3,10]。所制成的加热笔应用场景如图 6.7 所示：一支装有液态金属墨水的笔芯装入铝加热笔筒中，在笔芯的尾部加一个塞子以防止金属墨水倒流，铝加热笔筒外表面缠绕一层康铜丝，在康铜丝两端施加直流电压来对铝块加热。当对康铜丝施加电压时，产生的焦耳热会加热铝笔筒和液态金属墨水，加热笔的温度由一个 K 型热电偶进行监测，并由一个温度控制器进行调节。当加热笔的温度太低时，墨水由于黏度太高而不能顺利流出，而当温度太高时，墨水又会因为黏度太低而难以控制地从笔尖流出，由于墨水的黏度和温度直接相关，因而对墨水黏度的控制是通过温度控制来实现的。根据实验经验，为了实现顺利书写，加热笔的温度应当调整在 $70\sim80$℃，对应的动力黏度范围是 $4.1\sim3.9$ mPa·s。将加热笔固定在移动平台上，可制作出较为复杂精准的线路或图案。首先将需要打印的图案文件导入打印机软件，然后利用机器控制加热笔的二维移动，从而在基底上打印出导电线路[3,10]。

图 6.7　利用液态金属加热手写笔写出后直接形成固体电路示意[3]

6.4.3　金属图案和电路的打印

图 6.8a 显示了使用墨水为 $Bi_{35}In_{48.6}Sn_{16}Zn_{0.4}$ 的加热笔,借助于钢尺直接在 PVC 基底上书写的线条图案[3],笔尖滚珠的直径为 0.7 mm。图 6.8b 和 6.8c 分别为线条宽度和厚度的扫描电镜图片。线条上的印痕是金属墨水固化时收缩所引起的,宽度和厚度测量值分别为 109.3 μm 和 57.7 μm,尺寸显著小于先前采用直写式打印方法的研究结果。显然,使用更细的笔尖时将能得到更高的分辨率。采用这种手写式的方法可以很方便地绘制电子线路,快捷灵活,即写即用,具有很好的应用前景。

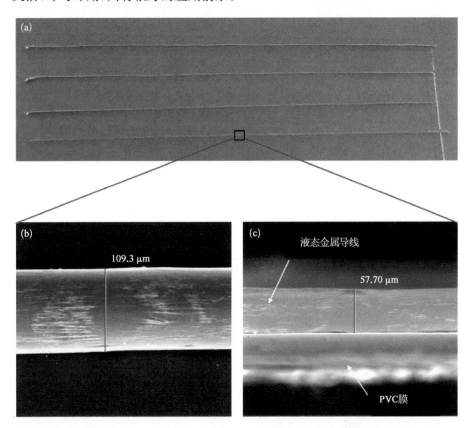

图 6.8　由 $Bi_{35}In_{48.6}Sn_{16}Zn_{0.4}$ 金属加热笔书写的导电线条[3]

a. 在 PVC 基底上书写的固体导电线条;b、c. 分别为线条宽度和厚度的 ESEM 图像。

图 6.9a 显示了一个打印的帆船图案,表明使用这种金属墨水制作复杂图案的可行性[3]。图 6.9b 显示了一个采用直写式方法制作的印刷电路板,只需

将元器件放在电路板上相应的位置并用导电黏结剂接合,即可制作出功能电路,线路打印过程只要数分钟,与传统复杂的电路板制作工艺相比,极大地缩短了时间。

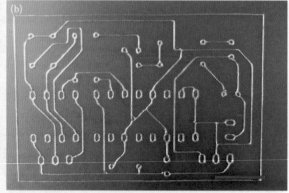

图 6.9　液态金属加热手写笔直写的液态金属固体金属图案[3]

a. 帆船图案;b. 电路板图案。标尺长度均为 2 cm。

相比之前采用 $GaIn_{24.5}$ 制作的液态金属图案,使用 $Bi_{35}In_{48.6}Sn_{16}Zn_{0.4}$ 墨水制作的图案柔性不强,所以这种墨水更适合于在固态基底上快速制作 PCB板。如果在长时间使用之后线路上出现裂纹,只需将线路加热至墨水熔点以上使其复合即可。另外,采用 $Bi_{35}In_{48.6}Sn_{16}Zn_{0.4}$ 墨水的直写式技术所制备的打印物品易于回收,几乎不会对环境造成污染。图 6.10 比较了 $GaIn_{24.5}$ 和 $Bi_{35}In_{48.6}Sn_{16}Zn_{0.4}$ 墨水回收区别,从图中可以看出很难将 $GaIn_{24.5}$ 墨水从基底

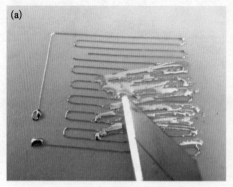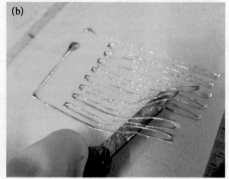

图 6.10　两种液态金属墨水打印线路的回收比较[3]

a. $GaIn_{24.5}$ 线路;b. $Bi_{35}In_{48.6}Sn_{16}Zn_{0.4}$ 线路。

上直接去除，它也容易黏附到皮肤上而对健康造成潜在影响，这是因为金属表面镓氧化物会提高液态金属和基底之间的润湿性及黏附性。与之不同的是，固态的 $Bi_{35}In_{48.6}Sn_{16}Zn_{0.4}$ 墨水易于从基底上剥离、收集并熔化回收，既不污染环境，又节约了墨水材料。

上述技术已促成实用技术产品的开发（图 6.11），对应装置甚至可用于三维电子器件的书写和制作。

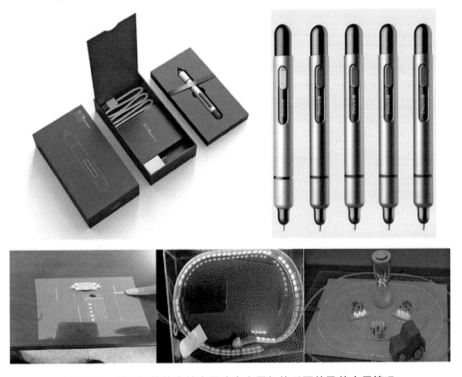

图 6.11　基于加热技术的商用液态金属加热手写笔及其应用情况

6.5　小结

液态金属电子手写笔和加热手写笔分别利用室温液态金属墨水和高温液态金属墨水作为导电油墨，通过书写方式直接写出电路，是一种可携带的、快捷、简易及廉价的电子器件直写技术。液态金属电子手写方法非常适用于电路设计和修补，在个性化电子制造及电子电路教育教学等方面具有较大应用潜力。

同时,基于该液态金属手写技术及相容性良好的承印基底,结合进一步技术改进,还可开发出形式多样的电子直写技术,从而满足更高精度、更低成本以及更多性能的要求。总体上,液态金属电子手写技术为个性化快速实现电子器件打下了重要的基础。

参 考 文 献

[1] 郑义. 液态金属电子电路接触式打印方法的研究(硕士学位论文). 北京:中国科学院大学,中国科学院理化技术研究所,2014.

[2] Zheng Y, Zhang Q, Liu J. Pervasive liquid metal based direct writing electronics with roller-ball pen. AIP Adv, 2013, 3(11):2123.

[3] Wang L, Liu J. Printing low-melting-point alloy ink to directly make a solidified circuit or functional device with a heating pen. P Roy Soc a-Math Phy, 2014, 470 (2172):20140609.

[4] Russo A, Ahn B Y, Adams J J, et al. Pen-on-paper flexible electronics. Adv Mater, 2011, 23(30):3426~3430.

[5] Kang B, Min H, Seo U, et al. Directly drawn organic transistors by capillary pen:A new facile patterning method using capillary action for soluble organic materials. Adv Mater, 2013, 25(30):4117~4122.

[6] Zheng Y, He Z Z, Yang J, et al. Personal electronics printing via tapping mode composite liquid metal ink delivery and adhesion mechanism. Scientific Reports, 2014, 4:4588.

[7] Mohan R. Green bismuth. Nat Chem, 2010, 2(4):336.

[8] Tanaka A, Hirata M, Kiyohara Y, et al. Review of pulmonary toxicity of indium compounds to animals and humans. Thin Solid Films, 2010, 518(11):2934~2936.

[9] Shen W F, Zhang X P, Huang Q J, et al. Preparation of solid silver nanoparticles for inkjet printed flexible electronics with high conductivity. Nanoscale, 2014, 6(3):1622~1628.

[10] 王磊. 面向增材制造的液态金属功能材料特性研究与应用(博士学位论文). 北京:中国科学院大学,中国科学院理化技术研究所,2015.

第7章
液态金属平面打印电子技术

7.1 引言

第 6 章介绍的液态金属电子手写笔提供了一种简便、随性、低成本的个性化简易电子结构的制造方法,充分展示了室温液态金属材料在印刷电子领域的巨大应用潜力。但由于液态金属墨水手写笔的手工直写特点,限制了其在印刷电子制造领域的深入应用。为满足印刷电子产品日益增长的需求,实现真正的液态金属全自动打印并发展具有普适意义的电子制造设备,笔者实验室多年来一直围绕液态金属印刷技术进行探索,先后研发出一系列在工业界逐步得到规模化应用的装备。由于内在可调的电子墨水性质,液态金属已被充分证明是新一代性能出众的印刷导电材料[1]。根据其物性特点,笔者实验室对多种潜在可行的打印原理设备进行了大量对比研究[2-19],先后考察了气压驱动、微接触印刷技术、丝网印刷技术、卷对卷印刷技术、热泡式与压电式喷墨打印技术、激光打印、针式打印技术等,但发现传统方法大多不适用于液态金属的驱动和打印。对于当前热泡式喷墨打印机,由于液态金属的沸点超过 2 000℃,就目前来说该印刷原理显然难以实现;对于压电式喷墨打印机,由于液态金属较大的表面张力,很难依靠所使用的压电效应通过打印喷头的微米甚至纳米级的小孔,在实用化研究方面也进展不大;我们也先后研究了针式打印机、丝网印刷等原理,但结果仍不令人满意。总体上,所形成的机构或是无法驱动金属墨水,或是自动化程度不高,或是整套打印设备成本过于高昂而无法进入千家万户。毫无疑问,若能实现像使用办公软件那样快速简便打印文件,将液态金属电子结构便捷、高效、廉价地打印在承印基材上,将极大促进液态金属印刷电子技术及柔性电子材料应用的巨大进步。

基于对多种打印原理[4,7-12,14]、材料[3,5,6,13-18]和功能器件[3,19]制造方法的研究,笔者实验室研发出了基于打印头轻敲模式的独特液态金属打印原型机[10,19],可实现低成本、高效率、便捷的室温液态金属电子自动打印。该打印机由计算机软件控制并驱动,使用者只需在软件中绘制所需的电子结构或将所需要的电路结构文档导入计算机软件,点击输出即可在匹配的基材上快速打印出所需的液态金属导电结构。

7.2 液态金属全自动复合打印设备

7.2.1 打印机结构

液态金属全自动复合打印机(以下简称打印机)的实物如图 7.1 所示[10,19]。该打印机主要由运动导轨、装有数控元件的驱动模块、基底走纸滑轮、打印头、设定模块等组成。设定模块用于设置打印的坐标原点、速度、压力

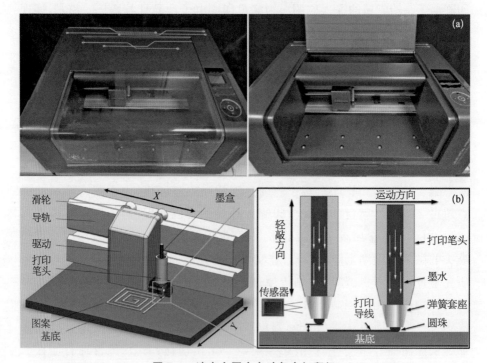

图 7.1 液态金属全自动复合打印机

a. 实物[19];b. 打印原理示意[10]。

等;基底走纸滚轮用于固定基底材料并驱动其沿着前后运动;打印头类似于笔式结构,用于装载液态金属墨水,并在承印基底上实现电子图案的快速打印;驱动模块用于固定打印头(固定于驱动模块中能上下运动的夹具上),并驱使打印笔头沿着运动滑轨左右运动和实现笔头的抬起及放下打印等运动。驱动模块能根据计算机软件所发出的控制指令沿着运动导轨(即 X 轴)运动,进而带动打印头的左右移动,其内的数控原件会根据计算机软件指令控制打印头的抬起及放下打印运动,基底滑轮同样会根据计算机的控制指令控制基底沿着 Y 轴前后往复运动。设定好打印参数并点击打印指令后,打印机驱动模块、走纸滑轮、打印笔头会协调工作,由此简单快速地在承印基底上打印出所需的液态金属电子结构。

7.2.2　打印机工作原理

液态金属打印机的工作原理是基于一种滚珠敲击—滚动—转移—黏附—压印复合打印原理。根据前文相关研究,镓铟液态合金氧化后其黏附性得到一定提升,但其流动性会受到很大影响[13]。液态金属打印机对液态金属墨水的流动性有较高要求,为使镓铟合金墨水在打印过程中顺利流过打印头,该打印机的金属墨水并没有人为进行氧化。从控制软件中插入所需结构图片,点击打印输出后,计算机驱动及软件向打印机发出指令,驱动模块与基底走纸滚轮开始协调运动,完成打印过程[10]。当打印开始后,打印笔头受力情况与前文的手写笔书写原理类似,只是多了敲打机制。开始打印后,打印头移动至指定位置,向下敲击打印头(促使墨水流出)并开始移动。驱动模块给笔头一个向下的压力(P)以及驱动力(F)。此后打印头以设定好的速度(V)移动,笔头的滚珠会在基底的摩擦力(f)作用下以角速度(w)滚动旋转。液态金属墨水在笔尖滚珠的带动下,以及受自身较大重力(密度 6 280 kg/m^3)及控制机构敲打的共同作用下流出。当接触到润湿相容性较好的承印基底后(如 PVC 柔性薄片),液态金属开始从笔头滚珠转移并黏附在基底材料上,同时笔尖所施加的压力会进一步促进液态金属墨水更好地压印于基底上,随着打印头走动即会形成所需的金属电子结构。不难看到,液态金属与承印基底之间的润湿性是决定液态金属打印机印刷质量的关键因素。值得注意的是,液态金属与基底的润湿相容性需比液态金属与滚珠的相容性要好,才能将金属墨水顺利印到承印基底上。

7.3 液态金属打印电路制造与分析

7.3.1 液态金属图案的快速制作

笔者实验室利用所研发的液态金属全自动复合打印机,演示了快速制造各种电子结构的情况,如图 7.2 所示,所研发的打印机能在相匹配的 PVC 基底上顺利完成文字打印。

图 7.2　利用所研发的液态金属打印机打印的中英文字[10]

图 7.3 为快速制造的各种电路图[10],其中图 7.3a 展示了打印过程,导入计算机软件所需的结构电子文档,在计算机控制下短时间内(约 30 min)就可以直接将电路印制在基底上;图 7.3b 为所制造的 RFID 天线电路;图 7.3c 为电子芯片电路;图 7.3d 为液态金属打印机在 PVC 基底上快速印制的柔性集成电路板;图 7.3e 展现了其良好的柔性特点;图 7.3f 为圣诞树形状的电子贺卡结构。

除了打印电路,液态金属打印机还可用于打印艺术图案。图 7.4 展示了利用液态金属打印机快速制作的液态金属人像结构。图 7.5 进一步展示了制作的各种艺术风景电路结构。以上快速印制的液态金属结构,充分显示了液态金属打印机简便、高效、高性能等特点,使其在个人消费电子特别是 DIY 电子设计与制造领域有着广阔的应用前景。

7.3.2 液态金属打印电路精度分析

印制电路的精度是印刷电子技术中的一项重要参数。虽然利用该液态金属打印机能顺利在 PVC 柔性基底上制造相关电子结构,但还需进一步分析所印制的液态金属电路的相关精度,并研究不同的设定压力、打印速度对液态金

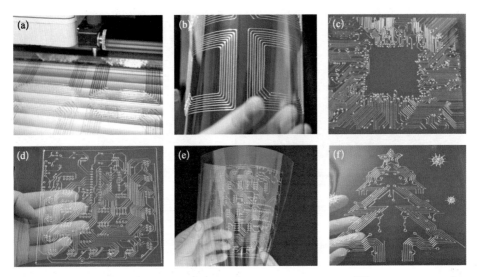

图 7.3 液态金属打印机快速印制的各种电路图[10]

a. 电路打印过程;b. RFID 天线电路;c. 电子芯片结构;d. 柔性集成电路板;e. 电路板可弯曲;f. 圣诞树形状的电子贺卡电路。

图 7.4 使用液态金属打印机快速打印的液态金属人像结构[10]

图 7.5　利用液态金属打印机制作的各种艺术风景电路结构[10]

属印刷电路精度及质量的影响[10]。当前主要的印刷电子技术的性能参数如表 7.1 所示，其打印精度均在 $100~\mu m$ 以内，而应用最广泛的喷墨打印技术的打印速度相对较慢，为 $1\sim100~m/min$。

虽然该液态金属打印机的速度可设定为 $0\sim400~mm/s$，压力可设定为 $0\sim800~g$。但研究发现当速度过快时（大于 $200~mm/s$），打印机打印的液态金属电子结构的印刷质量会受到较大影响。此外，打印精度与印刷速度、印刷压力也

表 7.1　当前主要打印技术的参数比较[20]

打印技术	打印精度(μm)	打印速度(m·min^{-1})	油墨黏度(m·Pa·s)
柔版印刷	30～75	50～500	50～500
凹版印刷	20～75	20～1 000	50～200
平版印刷	20～50	15～1 000	20 000～100 000
丝网印刷	50～100	10～100	500～50 000
喷墨印刷	20～50	1～100	1～40

有一定关系,在不同的设定压力、打印速度条件下,利用扫描电子显微镜(SEM)分析了相应的印刷液态金属电路线宽[10],如图 7.6 所示。图 7.6a 为打印压力设定为 90(对应 282 g)时,印刷液态金属电路精度与打印速度的关系。从图中可以看出,随着打印速度的加快,液态金属电路线宽逐步减小。但是对于该接触式打印技术来说,速度过快会对印刷质量产生较大影响,即液态金属油墨没有足够的时间润湿转印在 PVC 柔性打印基底上。从图 7.6b 可以看出,随着打印压力的增加,印刷电路线宽略微增加,经研究发现其对打印质量无较大影响。图内插入的是速度、压力分别设定为 30、90 以及 10、60 时液态金属导线的 SEM 图,从中可以看出液态金属导线均有较好的均匀性。因此,为保证打印质量,推荐的打印速度范围为 0～200 mm/s,对压力则无特别要求,只要不对柔性基底带来损坏即可。

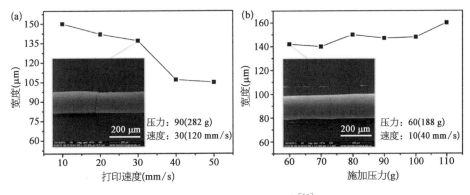

图 7.6　电路宽度影响因素[10]

a. 电路宽度与设定打印速度之间的关系;b. 电路宽度与压力之间的关系。内置 SEM 图为相应打印速度、压力打印条件下液态金属电路扫描电镜图。

印刷电子技术除了对印刷电路的打印精度有相关要求之外,对其空间精度即所能印制的导电线路间的距离也有一定要求。由于液态金属具有较大的表面张力,线与线之间间隔过小会黏合在一块,因此考虑到机器本身的打印精度,该液态金属打印机的空间精度如图 7.7a 所示,可达到 200 μm 级别,已能满足部分电子器件特别是大尺寸电子结构的要求。

印刷电子对于印制导线的宽度需求是多样性的,有时需要宽导线以增加电流负载能力,有时为了布线密集又需要特别精细的导线。实验中分别考察了采用 1. 00 mm、0. 70 mm、0. 50 mm、0. 38 mm、0. 35 mm、0. 30 mm、0. 28 mm、0. 20 mm 等 8 种不同直径打印笔头的运行情况。将液态金属打印机的打印速度和压力调节到常用的参数,每一种笔头都打印了 10 条 10 mm 的导线。通过 SEM 对液态金属打印机所印刷出的导线的表面形态进行分析,并利用 SEM 测量了每种笔头所打印的 10 条导线线宽,结果如图 7.7b 所示。从图中可以看出,笔头直径越大,打印出的线宽越宽,且导线宽度的波动随着导线宽度的减小有减小的趋势。通过使用直径不同的笔头,获得了从 100 μm 到 600 μm 的导线宽度,同时结合不同的打印速度和压力,可以从几十到几百微米的范围内印刷出任意想要的线宽,扩展了液态金属打印机的适用范围。

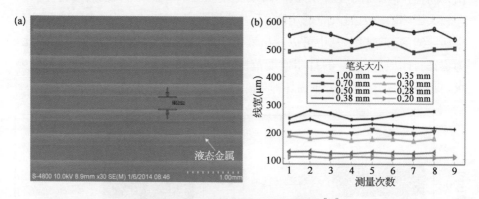

图 7.7 液态金属印刷导线打印精度[10]

a. 液态金属印刷导线的线与线之间的间距;b. 不同大小笔头对应的导线线宽。

7.3.3 打印次数的影响

印制电路的精度除了与打印机设定的打印速度、压力有一定关系外,还与打印所执行的次数有较大关系。随着打印次数的增加,液态金属电路的宽度、膜厚也会逐渐增大,从而使其电学性能也会相应地发生变化。

因此,为探索打印次数对液态金属导线的电学性能、打印精度的影响,用该液态金属打印机印制了长度相同但打印次数不同的导电线路,如图 7.8 所示。图 7.8a 为使用不同打印次数在 PVC 基底上所印刷的相同长度(140 mm)的液态金属线路。图 7.8b 为液态金属电路的电学性能、精度与打印频次的关系。从图 7.8a 中可以用清楚地看出随着打印次数的增加,金属线逐渐变粗。从图 7.8b 中可以发现,随着打印次数的增加,金属导线的电阻值先开始迅速下降,随后缓慢趋于平缓;金属线宽逐渐变大,随后也趋于平稳。

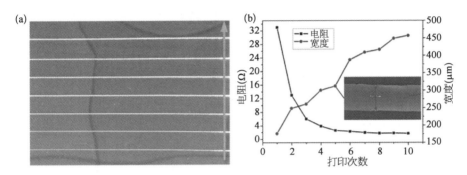

图 7.8　液态金属导线电阻、宽度与打印次数的关系[10]

a. 长度相同但打印次数不同的导电线路;b. 液态金属导线电阻宽度与打印次数的关系。

根据电阻公式

$$R = \rho \cdot \frac{L}{S} \tag{7.1}$$

其中,R 为电阻,ρ 为电阻率,L 为电路的长度,S 为电路的横截面积。当 ρ 以及 L 保持不变时,随着 S 的增大,R 逐渐变小。因而随着打印次数的增加,由于室温液态金属的液态特性,金属导线宽度、厚度逐渐增大。但随着导线金属墨水的积累,其会阻碍金属墨水从打印头流出,使得横截面积增大趋势逐渐平缓,进而电阻值的减小趋势也逐渐趋于平缓。综合电学性能、打印精度以及成本问题考虑,推荐的打印次数为 2~5 次。

7.3.4　安全载流量

导线的电阻值过大会带来电能的损耗,根据焦耳定律,损耗的电能主要转换成了热能,在电流较小的情况下,产生的热量可及时散入环境中,并不会造成任何问题。然而当电流很大时,产生热量的功率急剧增大,电阻值的变化也变得相当敏感,进而导致导线的温度快速上升,可引起外包绝缘层或基底的损坏甚至燃烧[16]。导线的安全载流量指的是当导线散发的热量恰好平衡掉电流通过导线所产生的热量时,导线的温度不再升高,这时通过导线的电流量就是该导线的安全载流量。因此,安全载流量主要跟导线的基底和电子元器件所承受的安全温度相关。以常用的 PVC 基底为例,一般认为 PVC 在 80℃左右时会发生软化,在 150℃左右时会发生分解[21]。常见的电子元器件如玻璃和陶瓷电容所承受的高温约为 125℃,碳膜电阻为 90℃,集成芯片约为 90℃[22]。因此,综合考虑 PVC 基底和电子元器件所承受的最高温度,液态金属导线所能维持的最高温度不应超过 90℃。

利用 0.7 mm 的笔头打印一条长度为 10 cm 的直线,横截面积约为 0.39 mm²。将这条导线用普通的铜导线接入电流源,以此给液态金属导线施加稳定的电流。在给液态金属导线通电流的同时,使用红外摄像机拍摄导线温度的变化,并保存为视频。图 7.9 展示了施加 3.02 A 电流时,液态金属导线在不同时间点的温度变化图。从图中可以看出,开始阶段温度上升特别快,9 s 时温度已升高至 60℃左右。随后温度增长率变小,最后稳定在 90℃左右。导线的温度分布也不是完全一样,表现为两端和中间温度较高。为满足不同的安全温度需求,实验中还测量多组电流大小下导线温度的变化,并将其最大温度值的变化绘制成曲线(图 7.10)。

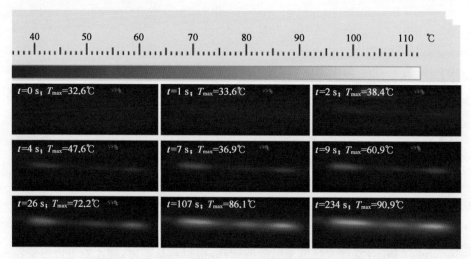

图 7.9　电流为 3.02 A 时导线红外图随时间的变化[16]

从图 7.10 可以看出,无论电流大小如何,液态金属导线温度的上升趋势都是先快后慢[16]。这可以解释为随着导线温度升高,其与环境的热交换加快,在产热不变的情况下,温升变慢,直到最后散热产热平衡,温度保持不变。电流越大,相同阶段的温升越快,这是因为电流越大产热越大,最后的平衡温度也越高。当电流大小为 2.79 A 时,导线的最终温度小于 80℃,因此如果考虑要使 PVC 胶片长期使用不变形的话,应该使电流值小于 2.79 A。当电流为3.19 A 时,导线的最高温度达到 100℃,这超过芯片通常允许的最高温度,因此必须防止。实验中还测试了施加电流为 3.54 A 时的温升情况,从图中可见,液态金属导线的温度上升极其迅速,在 20 s 内即超过了 100℃。可以推断,当电流更大时,升温会更快。这也能够解释以前在没有过流保护的情况下,家庭电路会发生燃烧的情况。

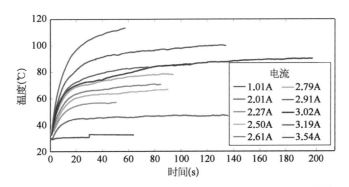

图 7.10　液态金属导线在不同电流大小下最高温度的变化[16]

7.4　基于相变转印的液态金属柔性电路制造

7.4.1　液态金属柔性电路制造方法

将液态金属与具有生物相容性的柔性材料聚二甲基硅氧烷(PDMS)结合,既能够保持液态金属的柔性,又可在接触体表及其他使用中保护液态金属线路,但由于液态金属材料较强的表面张力及对基底较弱的润湿性,加之PDMS 等柔性材料表面弹性和摩擦力较大,直写、打印以及掩模喷涂、涂抹等方式都难以形成精细、复杂且附着稳定的电路;而通过模板在 PDMS 刻蚀出槽道的方法,在 PDMS 与模板分离时,由于槽道承载力的变化容易发生尺寸收缩形变和精细结构损坏。若上述问题得不到解决,就会使得利用液态金属加工柔性电路不仅繁琐耗时、成功率低,更难以实现真正稳定且具有实际应用价值的柔性功能电路和传感器。

基于此,笔者实验室 Wang 等[23,24] 提出了基于相变转印原理的液态金属柔性电路制造方法(图 7.11)。首先,将液态金属电路直接打印在 PVC 基底上,倒入适量 PDMS 溶液(需要先抽真空)将液态金属电路全部覆盖。然后将其放入干燥箱中,在 70℃ 下加热约 2 h,以使液态 PDMS 固化成型,形成"PVC-液态金属-PDMS"相联的三层结构。此时,对这一结构进行降温,当温度低于液态金属熔点时,金属即发生相变成为固体,此时即可将 PDMS 与 PVC 分离,由于固体金属与两层基底材料的附着力不同,在这一过程中就会全部转印到 PDMS 基底上。待恢复至常温后,即可得到完美附着于 PDMS 基底的液态金属电路。

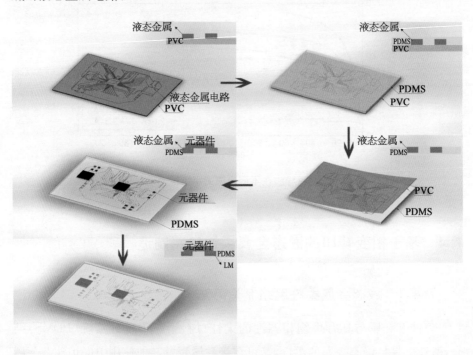

图 7.11 基于相变转印的液态金属柔性电路制备流程,
元器件放置采用"转印后"操作[23]

在实际操作中,电路元器件可以选择在两个不同节点进行放置,即 PDMS 与 PVC 分离之前或之后,因此可进一步划分为"转印后"与"转印前"两种操作方法。"转印后"操作法步骤如图 7.11 所示,用液态金属将镜像的电路图案印制在 PVC 基底上,待完成 PDMS 转印分离后,再将元器件依次嵌入到电路中。由于液态金属对于元器件引脚的金属也具有一定的润湿性,因此在电路中不仅起到导线的作用,同时也发挥了传统电路中焊锡的连接作用。

"转印前"操作法的步骤如图 7.12 所示,与"转印后"操作法不同的是,印制在 PVC 基底上的电路无需镜像,在印制后即直接在电路上放置元器件,完成后再覆盖 PDMS 溶液。这样,当 PVC 与 PDMS 分离时,元器件已经直接封装在 PDMS 基底内并完成了与液态金属的连接。但是,与第一种方法相比,由于元器件的存在,加大了 PDMS 分离的难度,如果有部分金属线位于元器件下方,在相变分离过程中也可能出现断裂的情况。

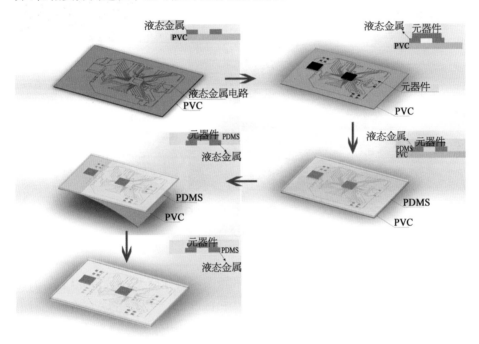

**图 7. 12　基于相变转印的液态金属柔性电路制备流程,
元器件放置采用"转印前"操作[23]**

采用两种操作步骤均可获得所需的电路,在完成转印分离和元器件布置后,可在其上再覆盖一层 PDMS 膜,待其固化之后,就能够获得连接可靠稳定,且可拉伸的液态金属柔性电路。

7.4.2　液态金属导线性能评估

图 7.13a 是通过上述方法制备的 PDMS 基底的液态金属电路。通过对制备方法的描述可以知道,PDMS 固化的过程实际上是将液态金属嵌入其中,反

向形成了液态金属槽道。在扫描电镜下观察液态金属线形态,结果如图 7.13b,从图中可见液态金属线整体路径笔直,但与 PDMS 接触的边缘部分呈现一定的不规则凸出。图 7.13c 显示了液态金属线路的截面,嵌入在 PDMS 基底中的液态金属线保持了印制在 PVC 膜时的基本形状,与 PDMS 的接触面呈弧形,整个截面则呈半椭圆形。

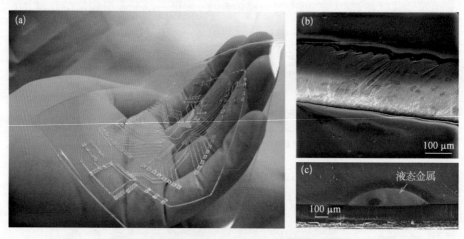

图 7.13 液态金属转印线路及其扫描电镜图[23]

a. 转印至 PDMS 的液态金属电路;b. 转印后液态金属线正面的扫描电镜图;c. 转印后液态金属线截面的扫描电镜图。

在制备过程中,由于涉及温度变化和液态金属、PDMS 的固液相转换,因此有几个环节可能会导致转印出的线路产生机械形变。一个是 PDMS 在固化时由液态转变为固态时发生微小的收缩,另一个则是转印分离时 PDMS 和液态金属受温度影响发生的形变,PDMS 受冷收缩,而液态金属受冷变为固态时则会出现体积膨胀。为了评估通过上述方法制备电路的可靠性和准确性,打印出两组液态金属线,一组包括 6 条不同线宽的液态金属线,另一组则是由 8 条不同边缘间距的液态金属线组成。利用液态金属打印机完成 PVC 膜上的印制后,在显微镜下观察并采集各组金属线的图像,然后用降温相变的方法将液态金属线转印至 PDMS 基底,再次在显微镜下采集图像。随后,使用 ImageJ 软件测量转印前和转印后液态金属线的线宽和线距,结果如图 7.14 所示。图 7.14a 横坐标是转印前液态金属的线宽,纵坐标是转印后液态金属的线宽。延长折线与坐标轴相交,交点近似为原点,而折线的斜率近似为 1。图 7.14b 横坐标是转印前液态金属的线距,纵坐标是转印后的液态金属的线距,结果与图 7.14a 相似,即延长线与坐标轴交点近似为原点,折线的斜率近似为 1。通过对数据的分析,可精确计算出转印后的线宽和线距缩小距离均在 10 μm 以内。以上结果表明,转印后的液态金属线无论是线宽还是线距都没有发生显著改变。

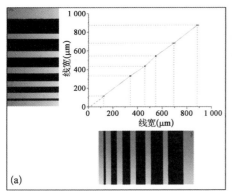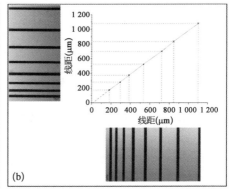

图 7.14 相变转印前后液态金属线宽、线距变化的测量结果[23]

a. 线宽不同、线距相同的 6 条液态金属线;b. 线宽相同、线距不同的 8 条液态金属线。

在基底整体拉伸或扭曲时,液态金属的流动性使得其可随所处的 PDMS 槽道的形变而变化,因此保证了柔性电路在拉伸或弯曲时线路连接的稳定性。将转印有液态金属线的 PDMS 沿着线条的轴向和径向各拉伸 100 次,轴向拉伸幅度为 25%,径向拉伸幅度为 10%,然后在扫描电镜下观察,结果如图 7.15 所示。图 7.15a 是经过 100 次轴向拉伸的液态金属线,产生了许多垂直于轴向褶皱;图 7.15b 是经过 100 次径向拉伸后的液态金属线,在相应的方向上也产生了褶皱。由于液态金属线的表面是裸露在空气中的,因此表面会产生氧化层,而褶皱的产生正是由于拉伸中氧化层破裂后再度氧化所造成的,因而也证明了液态金属在拉伸过程中能够随同发生形变。

沿图 7.16 所示轴向和径向拉伸方向多次拉伸液态金属线,每拉伸 50 次,待液态金属线恢复到初始长度后,用 Agilent 34420A 纳伏/微欧表测量多次形变之后的电阻变化。测量中的液态金属线封在 PDMS 中,在拉伸过程中不会发生氧化。实验分为三组,一组沿轴向拉伸 40%,一组沿轴向拉伸 20%,第三组沿径向拉伸 20%,每组包括三个实验样品,电阻测量后计算相对电阻变化值,即 $\Delta R/R$,其中 R 为拉伸前初始电阻值,ΔR 为拉伸后电阻值与初始电阻值之差,结果如图 7.16 所示。从图中可以看出,由于液态金属不同于固体金属,在拉伸过程中会发生流动,虽然 PDMS 恢复到原始长度,但是液态金属的分布

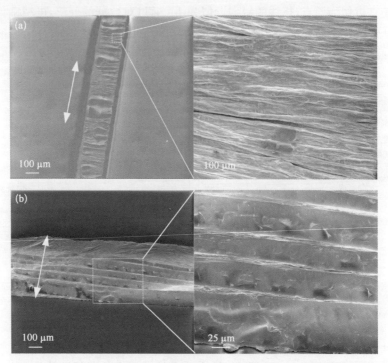

图 7.15   转印至 PDMS 的液态金属线拉伸形变后的表面扫描电镜图[23]

a. 沿轴向拉伸 100 次后的液态金属线表面及局部放大；b. 沿径向拉伸 100 次后的液态金属线表面及局部放大。

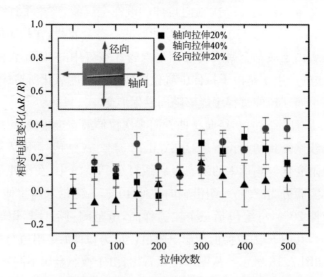

图 7.16   液态金属线多次拉伸后相对电阻的变化，小图表示拉伸方向[23]

会在拉伸的过程中发生微小变动,从而引起电阻值的不规则的变化。另一方面,从图中也可以看出电阻值变化范围最大到 40%,这对电路的影响在可接受范围之内。

7.4.3　相变转印原理分析

在电路制备过程中,"PVC -液态金属- PDMS"三层结构的转印分离是关键[23]。如图 7.17a 所示,如果在常温下直接对这一结构进行分离,处于液相的金属由于自身流动性和对 PVC 膜的润湿性,并不能以一个整体转印到 PDMS基底上,而是会在分离的过程中发生粘连、溢出、断线,破坏电路结构的完整性。而在低温下,液态金属在转为固相后会形成整体,并且其弧形上表面被完全包裹在 PDMS 基底内,PDMS、液态金属也更易于与 PVC 膜相分离,因此很容易就能实现液态金属电路的完全转印。图 7.17b 说明冷分离是转印过程中的关键步骤。温度降低时,PDMS 膜和 PVC 膜会发生收缩,然而由于收缩系数不同,在两者交界面上会产生热应力。当热应力大于两层膜连接的黏力时,就会发生自动分离现象。进一步,还可探索液态金属在转印过程中完全跟随PDMS 膜的原因。

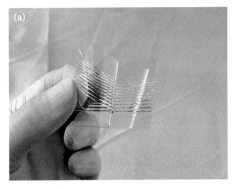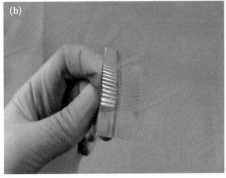

图 7.17　不同条件下分离"PVC -液态金属- PDMS"三层结构的效果[23]

a. 金属在室温处于液态时的分离结果,两侧基底都有粘连;b. 金属在低温处于固态时的分离结果,完整转印至 PDMS 基底。

在体视显微镜下分别观察液态金属线与 PVC 基底和 PDMS 基底的接触面,如图 7.18 所示,液态金属与 PVC 的接触面较为平滑,而与 PDMS 接触的表面呈凸起的弧形,接触面积更大,表面也相对更加粗糙。进一步在金属固化时将其从分离开的 PDMS 中取出,通过原子力显微镜观察和测量 PVC 与

PDMS 接触面的表面粗糙度。图 7.18b 和图 7.18d 所示为两种接触面的典型结果,扫描区域为一个边长为 2 μm 的正方形,其中 PVC 与金属接触面的粗糙度为 4.09 nm,而 PDMS 接触面的粗糙度为 62 nm,二者相差一个数量级。

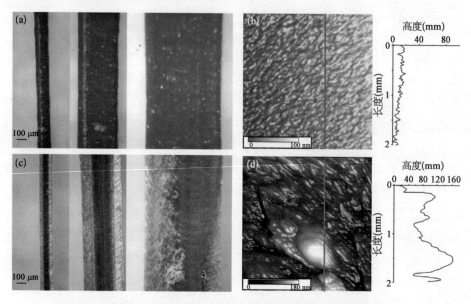

图 7.18　体视显微镜和原子力显微镜下的液态金属上下表面形貌[23]

a. 体视显微镜观察的液态金属与 PVC 接触面;b. 原子力显微镜观察的 PVC 与液态金属接触面,区域为边长 2 μm 的正方形,粗糙度为 4.09 nm;c. 体视显微镜观察的液态金属与 PDMS 接触面;d. 原子力显微镜观察的 PDMS 与液态金属接触面,区域为边长 2 μm 的正方形,粗糙度为 62 nm。

接下来,利用 ANSYS 对降温过程中 PDMS 和液态金属进行热应力仿真,低温下液态金属转换为固体,体积发生膨胀,而 PDMS 膜在低温下体积发生收缩。仿真中所使用材料参数如表 7.2 所示,根据图 7.13c 将问题简化为如图 7.19a 所示模型,根据该问题的对称性,选择图 7.19c 所示的矩形截面作为几

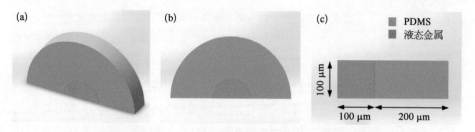

图 7.19　液态金属与 PDMS 在温度降低过程中的热应力仿真模型示意[23]

a. 三维模型;b. 二维平面;c. 模型矩形截面及尺寸。

何模型,采用直接耦合法求解热应力,热力耦合单元选择 PLANE13,设 PDMS
与液态金属接触面的摩擦系数为 0.1。

表 7.2　材料性能参数

材料	热导率 (W/m·℃)	膨胀系数 (℃⁻¹)	泊松比	弹性模量 (GPa)
PDMS	0.17	9E-4	0.47	1.8E-3
液态金属合金	40.6	−1.8E-5*	0.47	200

*注:液态金属受冷变为固体,体积膨胀。

　　矩形截面仿真完成后,对模型结果进行 180°对称扩展,热应力结果如图
7.20 所示。由于 PDMS 向内收缩,交界面有向内收缩的趋势,而液体金属向
外膨胀,交界面有向外扩张的趋势,但是由于 PDMS 收缩系数较大,因此,最终
交界面向内略收缩,因此,径向热应力最大点比原交接点小,如图 7.20c 所示。

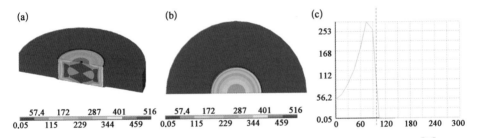

图 7.20　液态金属与 PDMS 在温度降低过程中的热应力分布(单位为 MPa)[23]

a. 三维等效应力场分布结果;b. 二维平面应力场分布等值线图;c. 径向热应力曲线。

　　热应力的存在会导致 PDMS 和液态金属发生形变,如图 7.21 所示,
PDMS 在热应力的作用下向中心收缩,使得 PDMS 紧紧包裹液态金属,同时热
应力会产生向上的拉力,使得 PDMS 包裹液态金属向上移动。考虑图 7.18 所
示的表面形貌和粗糙度分析,可知由于 PDMS 和液态金属交界面有一定的粗
糙度,当有热应力产生时,两者结合更加紧密,同时热应力也会造成其发生机
械形变,从而导致分离。

7.4.4　基于相变转印方法的液态金属柔性电路

　　为了制备柔性生物传感器,我们首先设计了一个基本的可编程电路,用以
验证相变转印法在制备柔性功能电路上的可行性。电路原理和 PCB 图如图
7.22 所示,电路采用 STC12LE2052 单片机,CPU 频率为 17.432 MHz,8 个 IO

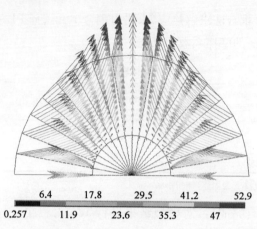

6.4　　17.8　　29.5　　41.2　　52.9

0.257　　11.9　　23.6　　35.3　　47

图 7. 21　液态金属与 PDMS 在温度降低过程中的由热应力所引起的机械形变向量(单位为 μm)[23]

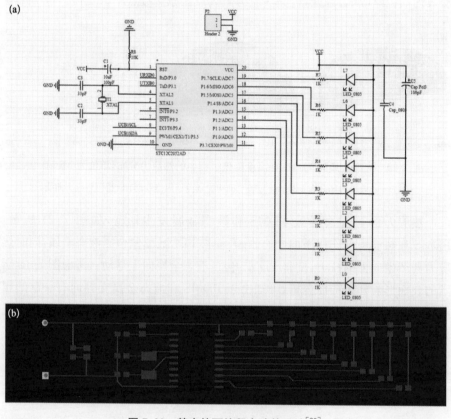

图 7. 22　基本的可编程电路的设计[23]

a. 电路原理；b. 电路板布线。

口各自连接一个贴片 LED,使用 3 V 纽扣锂电池供电。单片机程序的内容为依照特定的序列设置 IO 口的高低电平,以实现 LED 按照特定顺序自动闪烁,在元器件放置前程序已经烧写在单片机中,上电即可自动执行。为了同时测试电路的柔性,电路的布线被设计成带状,这样就可以在加工后将其弯成一个手环形状。

为了充分验证相变转印方法的可靠性,分别采用"转印前"和"转印后"两种元器件放置顺序来完成电路的制备。在"转印后"操作法中,首先将已经镜像的电路打印到 PVC 基底(图 7.23a),放置于模具底并倒入 PDMS 溶液覆盖于其上(图 7.23b),在 PDMS 经过升温固化后,利用相变分离 PVC 并完成转印,再分别将单片机、晶振、LED、电阻电容以及锂电池座嵌入到液态金属线中,最后覆盖一层 PDMS 溶液并固化,得到如图 7.23c 所示的透明柔性电路。同样,如图 7.23d 所示,"转印前"操作法中,无需镜像即可直接打印电路,待元器件依次放置好后,放入模具中并覆盖 PDMS 溶液(图 7.23e),在 PDMS 固化、PVC 分离并完成最终封装后,同样也得到了功能一致的透明柔性电路(图 7.23f)。受模具尺寸影响,整个电路长约 20 cm,宽约 2 cm。当锂电池放入电

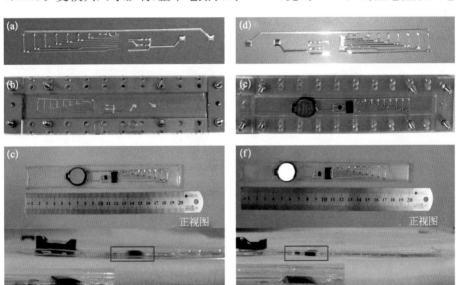

图 7.23　基于相变转印,分别利用元器件后置和前置操作法所加工的柔性电路[23]

a. 镜像后打印在 PVC 膜上的电路图形;b. 在模具中将电路覆盖上 PDMS;c. 完成转印、元器件放置及封装的柔性电路;d. 直接打印在 PVC 膜上的电路图形;e. 放置元器件后在模具中覆盖上 PDMS;f. 完成转印及封装的柔性电路。

图 7.24 贴片电阻两端引脚在液态金属线路之间连接的扫描电镜图[23]

池座时,8 个与单片机 IO 引脚连接的 LED 就会根据下载程序开始闪烁。

在扫描电镜下进一步观察电路中液态金属与元器件引脚之间的连接情况,图 7.24 所示是一个 0805 贴片电阻,可以看到电阻两端的金属引脚被液态金属很好地覆盖包裹住,这保证了即使在基底变形的情况下连接也具有相当的可靠性。

由于 PDMS 具有柔性和可拉伸性,而流动的液态金属又被完全封闭在 PDMS 腔道中,因此所制备的电路整体也具有非常好的柔性。如图 7.25 所示,在弯曲、扭转、拉伸时,电路依然能够正常工作。有趣的是,如此制备出的电路可以弯成环形,像腕带一样戴在手腕上。这一工作也为今后穿戴式传感器的拓展打下了基础。

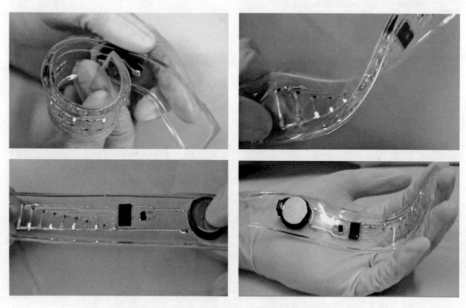

图 7.25 基于相变转印效应制备的液态金属柔性电路在卷曲、扭转、拉伸及柔软顺应状态下均能正常工作[23]

7.5　小结

　　本章介绍了液态金属平面打印技术及根据其原理研发的全自动液态金属打印机,并描述了自动化打印机的机械构造、打印原理等。为探索该设备的性能,在不同的设定打印速度、压力以及打印次数下对所印刷的液态金属导线的电学特性、打印精度、空间精度进行了相关分析。为确保印刷质量而明确了合适的打印速度、压力以及打印次数。之后介绍了利用液态金属自动打印机印制大面积柔性复杂 PCB、电学传感器、电子艺术、电子装饰、电子化建筑设计、人物肖像、电路单元、电子贺卡、电子图案等的应用情况。这一技术攻克了制约液态金属打印技术通向实用化道路中的关键科学与技术问题,为所建立的全新原理的室温液态金属全自动高效打印方法打开了许多应用的大门。与此同时,本章还结合液态金属打印机,介绍了相变转印的方法,该技术较好地解决了利用液态金属打印机很难直接将液态金属图案印制到 PDMS 基底上的问题。

参 考 文 献

［1］Wang Q, Yu Y, Liu J. Preparations, characteristics and applications of the functional liquid metal materials. Advanced Engineering Materials,2017,1700781.

［2］Zhang Q, Zheng Y, Liu J. Direct writing of electronics based on alloy and metal (DREAM) ink: a newly emerging area and its impact on energy, environment and health sciences. Frontiers in Energy, 2012, 4: 311~340.

［3］Li H Y, Yang Y, Liu J. Printable tiny thermocouple by liquid metal gallium and its matching metal. Applied Physics Letters, 2012, 101: 073511.

［4］Zheng Y, He Z Z, Yang J, et al. Direct desktop Printed-Circuits-on-Paper flexible electronics. Scientific Report, 2013, 3: 1786.

［5］刘静,杨阳,邓中山. 一种含有液体金属的复合型面料. 中国发明专利: ZL201010219755.2,2010.

［6］刘静,李海燕. 一种液态金属印刷电路板机器制备方法. 中国发明专利: ZL201110140156.6,2011.

［7］刘静,郑义. 一种全自动电子打印设备及打印方法. 中国发明专利: ZL201310571804.2,2013.

［8］刘静,何志祝. 电子器件印刷装置. 中国发明专利: ZL201210362945.9,2012.

［9］刘静. 印刷式半导体器件及制作方法. 中国发明专利: ZL201210357280.2,2012.

[10] Zheng Y，He Z Z，Yang J，et al. Personal electronics printing via tapping mode composite liquid metal ink delivery and adhesion mechanism. Sci Rep，2014，4 (6179)：4588.

[11] Zhang Q，Gao Y X，Liu J. Atomized spraying of liquid metal droplets on desired substrate surfaces as a generalized way for ubiquitous printed electronics. Applied Physics A，2014，116(3)：1091~1097.

[12] Zheng Y，Zhang Q，Liu J. Pervasive liquid metal based direct writing electronics with roller-ball pen. AIP Adv，2013，3(11)：2123.

[13] 郑义. 液态金属电子电路接触式打印方法的研究(硕士学位论文). 北京：中国科学院大学，中国科学院理化技术研究所，2014.

[14] Gao Y X，Li H Y，Liu J. Direct writing of flexible flectronics through room temperature liquid metal ink. PLoS One，2012，7(9)：45485.

[15] 李海燕. 液态金属直写式印刷电子学方法的理论与应用研究(博士学位论文). 北京：中国科学院大学，中国科学院理化技术研究所，2013.

[16] 杨骏. 液态金属个人电子电路打印机机理及应用研究(硕士学位论文). 北京：中国科学院大学，中国科学院理化技术研究所，2015.

[17] 张琴. 液态金属雾化喷墨式印刷电子技术的研究(硕士学位论文). 北京：中国科学院大学，中国科学院理化技术研究所，2014.

[18] 王磊. 面向增材制造的液态金属功能材料特性研究与应用(博士学位论文). 北京：中国科学院大学，中国科学院理化技术研究所，2015.

[19] Yang J，Yang Y，He Z Z，et al. A personal desktop liquid-metal printer as a pervasive electronics manufacturing tool for society in the near future. Engineering，2015，1 (4)：506~512.

[20] Tobjork D，Osterbacka R. Paper Electronics. Adv Mater，2011，23(17)：1935~1961.

[21] 刘海. 耐热抗冲 PVC 复合材料的制备、结构与性能(博士学位论文). 武汉：武汉理工大学，2012.

[22] 王耀霆. 电子元件热分析应用研究(硕士学位论文). 西安：西北工业大学，2004.

[23] Wang Q，Yu Y，Yang J，et al. Fast fabrication of flexible functional circuits based on liquid metal dual-trans printing. Adv Mater，2015，27(44)：7109~7116.

[24] 于洋. 基于移动平台的普适性微型全科生理检测方法的研究(博士学位论文). 北京：清华大学，2015.

第8章
液态金属喷墨印刷技术

8.1 引言

在印刷技术中,喷涂打印是一种新兴的批量制造大面积柔性电子器件的有效方法,Siegel 等[1] 使用喷涂沉积方法在纸基底上制造了印刷电路板,Akhavan 等[2] 采用喷覆铜铟硒纳米晶方法在玻璃和塑料基底上制备出光伏器件,Kim 等[3] 使用喷覆方法在 PDMS 基底上制备出碳纳米管器件。

第 7 章介绍了一种液态金属平面打印技术,并解决了液态金属墨水表面张力高难以通过常规方法平稳驱动的难题,但是这种方法并不适合所有材质基底,非平面基底也无法利用液态金属平面打印机进行大规模制造。针对这个问题,本章介绍一类有一定普适意义的液态金属喷墨印刷技术,它几乎可以在任意固体表面和材质上直接制造液态金属电子电路[4-7]。

8.2 液态金属雾化喷墨式印刷

8.2.1 制备方法

液态金属喷雾技术原理如图 8.1 所示,整个实验装置由喷笔、气泵、掩膜和基底构成。将 $GaIn_{24.5}$ 合金置于喷笔中,液态金属在重力的作用下由盛料容器进入喷嘴,并在环柱状空气的作用下喷射而出,由气泵产生的高压气体撕碎液态金属,使之离散成小液滴。整个过程可用伯努利方程解释。盛料容器旁边的开关可用于控制液态金属的供给流速。液态金属液滴尺寸主要由液体流速、气体流速、雾化气体压力、喷嘴直径及黏度决定。喷嘴直径为 0.3 mm,气泵供应的气压大概为 350 kPa,喷嘴到基底的距离控制在 5~10 mm。为了

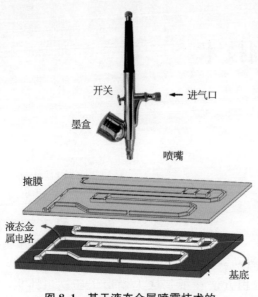

图 8.1 基于液态金属喷雾技术的快速印刷电路方法原理[7]

保持液态金属的质量流率不变，喷笔开关一直保持最大开度。

事实上，为了获得一些特定的形状结构，可使用特殊制作的掩膜，这也使得快速成型电子器件成为可能。在掩膜的遮挡下，设计好的线型和性状能够精确地印刷到基底之上。可通过微加工方法设计和制作掩膜。然而，需要注意的是，为了获得清晰的印刷边界，掩膜必须紧贴基底。这是因为雾化液滴的尺寸小，并且速度方向分布较广，一些液滴会通过掩膜与基底之间的缝隙，使得印刷边缘模糊不清。一些贴片电子元器件的位置可以提前预留，以便后续安装电子元器件。

8.2.2 印刷原理分析

液态金属喷雾印刷电子器件的过程可以划分为两个最基本的过程。一个是液态金属在高速气流的剪切作用下变成小液滴的过程，在这个过程中，小液滴的表面会迅速形成一层氧化薄膜。这一层氧化薄膜对液态金属液滴能够黏附在基底上有着重要的贡献。另一个则是液态金属微液滴撞击并黏附在基底上的过程。不同于以前的液态金属直写技术，对于目前印刷原理，液态金属不再需要被提前氧化以实现其在难润湿的表面上的应用。笔者实验室研究证实[7]，任何镓铟锡共晶合金暴露在甚至只有 0.2% 的氧气含量的空气中，在其表面也会形成一层氧化薄膜，其成分主要为镓氧化物，阻止合金进一步被氧化[8]。同镓相比，暴露在氧气环境中的氧化铟含量非常低[9]。本章所介绍的液态金属都是 $GaIn_{24.5}$，但采用这种方法印刷的材料并不限于 $GaIn_{24.5}$，也可根据实际需求如使用温区、导电性等需求替换成其他镓基合金。所述氧化机理为表面氧化物的形成提供了较好的分析说明，在雾化后，液态金属流体被打碎成小液滴，其表面在空气中迅速被氧化。这一层氧化物对液滴碰撞铺展并黏附在基底材料上有重要影响,同时,表面氧化并未影响到液滴内部的纯净,从某种程度来说保证了导电性。

从单个液滴看,液滴表面的氧化物能够维持液滴的形状,这一点由液态金属下落时带"尾巴"这一事实便可看出[10],虽然是一层薄薄的氧化膜,但直接影响到液滴在撞击过程中的形态变化。而氧化物的黏附性比纯净的液态金属好得多。从整体上来看,随着液态金属液滴尺寸的变小,氧化物的含量逐渐变大,而液态金属对基底的黏附作用是随着氧化物含量的增多而变强的。

这里引入黏附功的概念,黏附功可被用来衡量液体、固体之间的吸引力,或者说将固液间的界面分离所需要的能量。黏附功越大,则固液之间的吸引力越强,即黏附得越好。固体壁面上单个液滴的黏附功可以用 Young - Dupre 方程描述[4]:

$$W = \gamma_L(1 + \cos\theta) \tag{8.1}$$

其中,W 为黏附功,γ_L 为液体的表面张力,θ 为接触角,由公式可以看出,γ_L 越大,θ 越小,则 W 越大,越容易黏附在基底上。为了测试氧化物对黏附性的影响,利用悬滴法测量液滴的表面张力(误差为 0.15%),利用 5 点拟合法测得接触角(误差为 0.5°),使用的设备为接触角测量仪。可以通过在室温下连续搅拌以获得氧化了的液态金属,而氧含量可以通过搅拌前后的质量差获得。如图 8.2 所示,随着氧含量增加,表面张力明显增大,但接触角的变化并不算明显,未经氧化的液滴在玻璃上的接触角为 153.8°,而经过 30 min 搅拌后液态金属的接触角会变小 3°。根据公式 8.1 可知,随着氧化物含量的增加,黏附功将会增大。总体而言,液态金属喷雾过程可以将液态金属改性过程和液态金属印刷过程同步起来,这对能源领域及电路制造技术都将产生积极影响。

为了在微尺度乃至更大尺度上获得更高质量、更均匀的薄膜,在液滴撞击前确定和调整喷雾条件很有必要。Fritsching[11]证实,具有某些特定物性的液滴是可以被设计的,这些特性包括液滴尺寸分布、液滴形状和液滴形态等。前人的工作为室温下液态金属喷雾印刷的精确控制提供了理论依据。喷雾的液滴会发生碰撞,喷雾涂层的机械性质依赖于单个液滴的飞溅形状。除此以外,飞溅和不完全铺展都会降低涂层的质量,这是因为它们的存在将形成空隙,最终导致涂层的多孔性[12]。在不考虑氧化物的情况下,液态金属液滴极易发生弹跳,而接触角设定得较小时,液态金属液滴能够顺利地平铺在基底上。然而,实际应用的液态金属液滴在空气中会迅速氧化,这与普通的液滴截然不

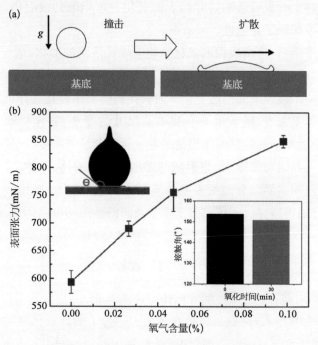

图8.2　液态金属液滴撞击基底行为[7]

a. 单个液滴在平面上的铺展过程；b. 表面张力随氧含量的变化
规律，插入图片为氧化前后接触角的变化。

同，液态金属液滴的一部分表面能被弹性存储在表面氧化层之中[13]。在压力
作用下，接触角并不是一成不变的，当压力为 2 g 时，液态金属液滴的接触角将
小于 80°。当然，对液滴撞击平面的研究不应该仅限于坚硬平面，还应该扩展
到柔性基底、球面甚至液态金属液膜上。液态金属除了如上所述以液滴方式
直接雾化打印外，还可提前做成纳米颗粒溶液以实现打印[14]，当然此方面对适
合用作打印的基材会有一定要求。

8.3　适用基底材料及形状

为了证明选择合适的图形，打印剪裁得到预期的掩膜，将制得的掩膜贴合
目标基底，然后采用上一节介绍的方法即可制得如图 8.3 所示的液态金属形
状。这里选择了日常生活中常常接触到的材料[7]，包括光滑的 PVC（图 8.3a）、
粗糙的 PVC（图 8.3b）、多孔橡胶（图 8.3c）、打印纸（图 8.3d）、棉布（图 8.3e）、

树叶(图 8.3f)及玻璃(图 8.3g)等。这些材料的表面粗糙度、材料属性相差非
常大,但液态金属仍然能够黏附在其上面,充分证明了新型打印方法的普适
性。图 8.3g 为使用喷雾方法在玻璃表面上制得的薄膜在扫描电子显微镜
(SEM)下的表面形貌,从图片上可以看出,所获得的薄膜表面较为均匀。随后
在玻璃上进行一次快速喷雾,获得了零散的液态金属液滴,通过 SEM 观察,可
以看出当前控制参数条件下可获得最小至纳米级的液滴,通过反复观察和统

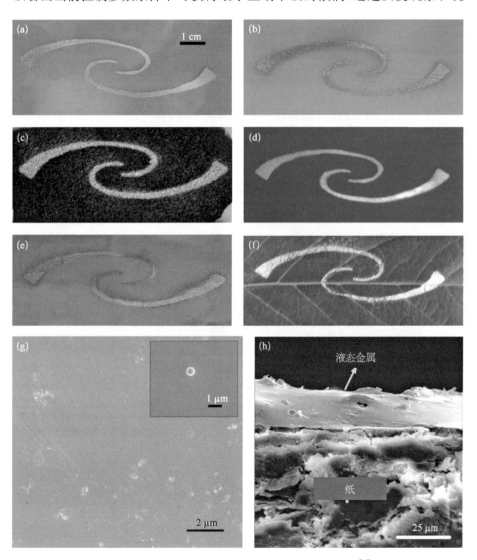

图 8.3　液态金属液滴喷雾技术可适用于不同材料[7]

a. 光滑的 PVC;b. 粗糙的 PVC;c. 多孔橡胶;d. 打印纸;e. 棉布;f. 树叶;g. 玻璃;h. 纸。

计发现，液滴尺寸控制在 700 nm～50 μm 之间。图 8.3h 为 SEM 下液态金属薄膜的界面，从图上可以看出，液态金属导线紧密黏附在纸张上，厚度大致为 20 μm。对于液态金属，由于整个过程都没有涉及沉积材料的固化过程，对基底的选择不再会受到温度的限制。从这个意义上来说，该技术为柔性、可折叠、可方便携带的电子提供了新的选择。

值得注意的是，这种新型液态金属喷雾方法不仅适用于平面柔性印刷，还适用于三维结构[7]。图 8.4 展示了利用新方法在三维结构上制作的不同形状的液态金属导线，其线宽大概为 3 mm。在三维结构液态金属导线的制作过程中同样需要掩膜。这里可采用柔性掩膜，并需要与基底形成良好的贴合性以保持印刷边缘清晰。可获得的最小印刷线宽，主要由掩膜的尺寸及液滴的最小尺寸等因素共同决定。同传统的打印方法相比，该方法不再受限于二维平面且具有广泛的使用范围，可为不同基底材料的三维电路的制作开辟了一条新途径，能够满足各种特殊情况下的实际需求。图 8.5 所示为不同材料的基底上制作的液态金属膜。

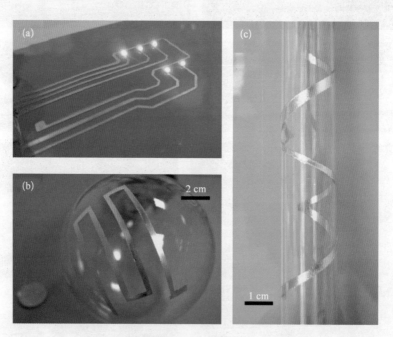

图 8.4　液态金属液滴喷雾技术从二维平面到三维曲面的使用[7]

a. 在普通塑料薄膜上印刷液态金属电路；b. 在玻璃球面上印刷液态金属导线；
c. 在玻璃柱面上印刷液态金属导线。

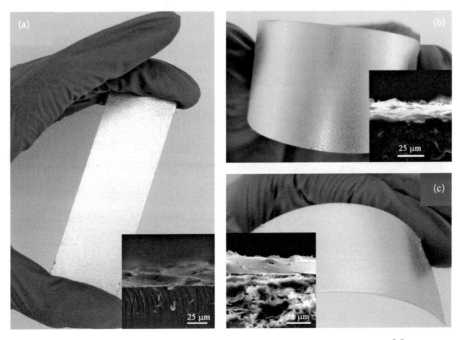

图 8.5　玻璃(a)、塑料胶片(b)及纸片(c)基底上制作的液态金属膜[7]

8.4　液态金属丝网印刷

8.4.1　制备方法

虽然镂空模板制作快速,但它只能形成简单的图案,即使像字母"P"也很难通过镂空印刷的方法打印出来,为此可采用能做出复杂图案的丝网模板[6]。图 8.6a 和 8.6b 是一张孔雀图案的丝网模板及网孔的 SEM 图,开孔部分组成要打印的图案,其余部分的网孔使用感光胶封堵。在打印时,为了使金属微液滴能通过网孔,微液滴的直径(通常是几百纳米到几十微米之间)应当小于网孔孔径(如图中孔径为 75 μm)。

液态金属丝网印刷技术的打印流程如图 8.6c 所示,在打印之前丝网模板需与基底直接接触,喷枪中被气流雾化的金属微液滴沉积在丝网模板上[6],部分液滴透过模板上开孔的网孔区域,感光胶封堵的部分则阻止墨水通过。沉积在基底和丝网模板上的液态金属微液滴将开孔网孔的间隙填满,在打印完毕移除丝网模板之后,相邻网孔的液态金属墨水同样会由于表面张力而相互

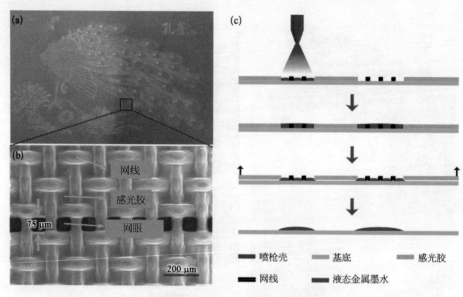

图 8.6 丝网印刷原理示意[6]

a. 有孔雀图案的丝网模板;b. 丝网网孔的 SEM 图片;c. 液态金属丝网印刷技术的流程图。

融合,最终在基底上形成液态金属图案。丝网模板起到了很重要的作用,模板的图案决定最终打印的图形,在打印过程中丝网模板应当紧密贴合基底,否则由气流推动的金属微液滴会落入模板感光胶部分的下面,从而影响打印精度。

为了研究液态金属丝网印刷技术在不同粗糙度基底上打印的可行性,实验中选用了不同粗糙度的基底材料,包括硅片、玻璃、PVC、PDMS 和纸。这 5 种基底的均方根粗糙度分别为 1.05 nm、1.09 nm、3.81 nm、22.6 nm 和 202 nm,金属液滴与它们的接触角通过一台接触角仪测得,测量值分别是 119.2°、125.7°、111.4°、134.1°和 136.3°。

8.4.2 液态金属图案表面的化学成分和形貌

对墨水分别为 $GaIn_{24.5}$ 和 $Ga_{68.5}In_{21.5}Sn_{10}$ 的液态金属图案进行了能量散射 X 射线(energy dispersive X-ray, EDX)分析[6],结果如图 8.7a。从图中可以看出,对于墨水 $GaIn_{24.5}$,金属图案表面包含 3 种元素:Ga、In 和 O,质量分数分别为 74.93%、24.41%和 0.66%,Ga、In 的百分比含量与墨水中两种元素的百分比含量非常接近,O 成分主要是由于液态金属图案表面氧化物的存在。同样,对于墨水为 $Ga_{68.5}In_{21.5}Sn_{10}$ 的液态金属图案,表面存在 Ga、In、Sn、O 4 种元素,其质量分数分别为 68.11%、21.86%、9.73%、0.30%。墨水为

$GaIn_{24.5}$ 的液态金属图案的 X 射线光电子能谱（X-ray photoelectron spectroscopy，XPS，Mg Kα x 射线源）的分析结果显示在图 8.7b 中。光电子谱主峰对应的结合能为 18.2 eV，对应的成分为纯 Ga；而另外两个峰对应的结合能为 20.8 eV 和 19.8 eV，分别是 Ga_2O_3 和 Ga_2O 的特征线；此外，对应 16.3 eV 的峰是 In 4d(In^0) 的特征线（图 8.7c）。

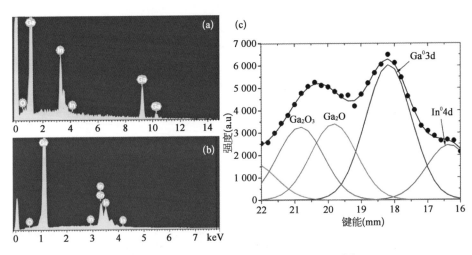

图 8.7　液态金属图案表面的化学成分分析[6]

a. 墨水为 $GaIn_{24.5}$ 的能谱分析图；b. 墨水为 $Ga_{68.5}In_{21.5}Sn_{10}$ 的能谱分析图；c. Ga 3d 的 XPS 谱。

液态金属图案表面的 SEM 图像显示在图 8.8 中，从图中可以看出表面存在散乱的小颗粒，这主要是在基底上未融合的液态金属微液滴；表面的不平整是由于液态金属氧化物的存在降低了其流动性。使用光学轮廓仪（NT9100M）测量金属图案的表面形貌，显示于图 8.9a 中，测量的均方根粗糙度为 1.27 μm，表面的沟槽可能是由于液滴的溅射所致。更细致的表面形貌显示于图 8.9b 中，测量工具为原子力显微镜（Veeco Dimension D3100 AFM），均方根粗糙度和平均粗糙度测量值分别是 115 nm 和 90.2 nm。在纳米尺度上液态金属图案仍存在着表面起伏。

为了观察单个液态金属微液滴的形貌，笔者实验室进行了如下实验[6]：将液态金属 $GaIn_{24.5}$ 置于去离子水中，使用一台超声破碎仪对液态金属进行破碎，去离子水中由于分散了金属小颗粒而变得浑浊，用吸管取出水溶液滴在 TEM 铜网上后采用透射电子显微镜观察，TEM 图像如图 8.10 所示。从图中可以看出，液态金属微液滴呈球形，原因在于 $GaIn_{24.5}$ 有较大的表面张力（0.624 N·m^{-1}）。

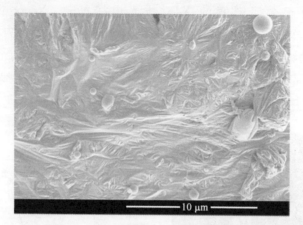

图 8.8 液态金属图案表面的 SEM 图片[6]

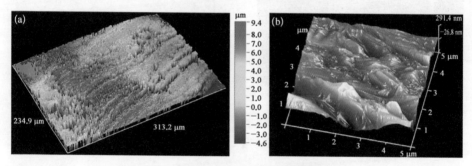

图 8.9 液态金属图案的三维表面形貌图[6]

a. 光学轮廓仪测量；b. 原子力显微镜测量。

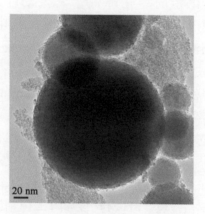

图 8.10 GaIn$_{24.5}$ 液滴的 TEM 图[6]

8.4.3　液态金属打印图案的表征

图 8.11a 显示了使用镂空印刷方法打印的液态金属图案侧视图,从图中可以看出在线条表面分散着许多具有微小尺寸的金属液滴[6],厚度测量值只有 20.94 μm。图 8.11b 是对一条在 PVC 基底上打印的液态金属线条宽度的测量值,线条的平均宽度为 2.035 mm,标准差为 0.02 mm,宽度只有微小的起伏变化,表明所打印的线条具有较高的均匀度。

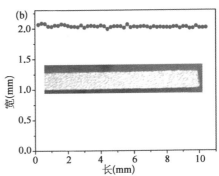

图 8.11　打印图案[6]

a. 采用镂空印刷技术打印的液态金属图案侧视图;b. 采用镂空印刷技术在 PVC 基底上打印的液态金属线条宽度的变化,插图为线条的实物图。

采用液态金属丝网印刷技术打印线条的 SEM 图像显示于图 8.12 中[6],线条上的结节是因网格形状所致,线条的平均宽度为 233.7 μm,最宽和最窄处分别为 259.4 μm 和 208.0 μm,线条厚度较为均匀,约为 94.5 μm。与镂空印刷方法相比,采用丝网印刷方法打印的线条表面没有太多的小颗粒。

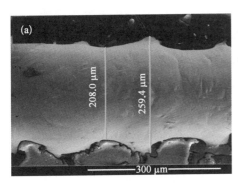

图 8.12　采用丝网印刷技术打印液态金属线条的俯视图(a)和侧视图(b)[6]

图 8.13 显示了 5 种使用不同丝网模板打印的线条,所用丝网模板的网孔孔径分别为 75 μm、150 μm、225 μm、300 μm 和 375 μm,图中红点表示理论值,即为网孔孔径。随着孔径的增大,打印线条的宽度越来越接近理论值,这是由于实际上丝网模板不能完全接触基底而毫无空隙,因而会影响打印图案边缘的整齐度,打印线条越细,边缘空隙的影响越大,反之亦然。

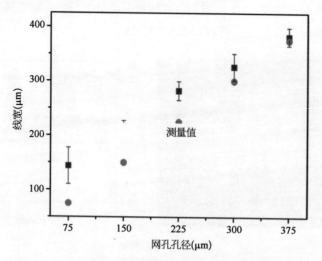

图 8.13　使用不同网孔孔径的丝网模板所打印线条的宽度[6]

8.5　喷涂印刷电子线路与器件的打印和测试

8.5.1　打印导线的可靠性测量

在使用液态金属丝网印刷方法制作电子线路时,线路的电气稳定性是一项重要的研究内容[6]。图 8.14a 显示了打印的一个线电阻器和一个插式电容器的电阻—温度、电容—温度曲线图,在温度从 26.5℃变化到 45.5℃时,电阻器的电阻值从 3.800 Ω 上升到 3.844 Ω,而电容器的电容值则从 2.408 nF 下降到 2.344 nF。这个变化现象可以解释如下:温度升高时,液态金属原子的无规则运动加剧,从而阻碍了自由电子的运动,因此导致金属导电性的降低,即电导率变小,电阻率变大。为了测量金属导电线路的长期稳定性,对一个打印的线电阻器进行了 18 h 的电阻连续测量,结果显示在图 8.14b 中,电阻的测量平均值和标准差分别为 5.123 Ω 和 0.013 Ω,显示出其稳定的电学性能。

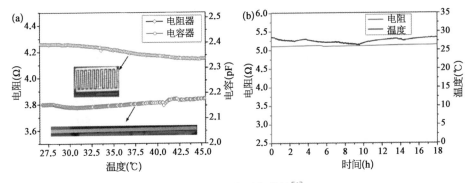

图 8.14 打印对象特性[6]

a. 打印电阻器的电阻-温度曲线和打印电容器的电容-温度曲线,上、下插图分别为打印的插式电容和线电阻,标尺长度分别为 10 mm 和 5 mm;b. 打印电阻器的耐久性测试曲线。

为了说明液态金属丝网印刷方法在柔性电路制造中应用的可行性,可引入折弯测试来研究弯曲对电路稳定性的影响[6]。将一个打印的线电阻器折弯不同的角度:−180°、−90°、0°、90°、180°,且弯曲半径为 15 mm 时的电阻测量值如图 8.15a 所示。几个弯曲角度的电阻值有一些差异,其原因是在基底弯曲时打印的液态金属导线存在微小的形变,另外也有电路连接线与液态金属之间接触电阻的影响。对电阻器进行重复弯折,每 50 次折弯测量一次电阻值,结果显示于图 8.15b 中。从图中可以看出,在所有的1 000 次弯折中,电阻变化很小(在 2.022 Ω 和 2.240 Ω 之间变动),这表明线电阻器具有很好的机械稳定性,适合用于对线路形变有很高要求的柔性电路中。

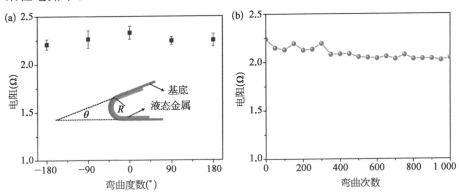

图 8.15 线电阻器在不同弯曲角度和不同弯折次数时的阻值[6]

a. 不同弯曲角度,插图是弯曲角度 θ、半径 R 的示意图;b. 不同弯曲次数。

8.5.2 标签天线的打印和测量

除了打印电子线路,使用液态金属丝网印刷方法也可以制作一些电子器件[6]。图 8.16a 显示了一个打印的 RFID 天线,天线和馈线用铜粉导电胶进行连接,天线反射系数的频率响应测量值通过一台网络分析仪(Agilent N5230A)测量,测量值和仿真值的比较结果如图 8.16b 所示。谐振频率的测量值和仿真值分别为 986.7 MHz 和 955.2 MHz,测量误差是两个数值产生差异的主要原因。由于打印的标签天线在室温下是液体状态,所以需要用 PDMS 或硅橡胶进行封装以避免损坏。除了柔性电子,使用较高熔点的金属墨水制作固态电子器件也具有很大的实际意义。

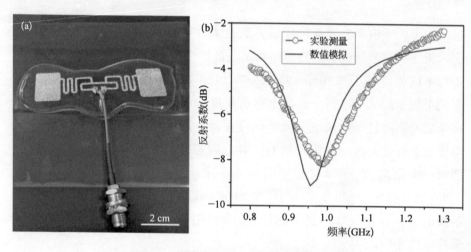

图 8.16　在 PVC 基底上打印的 RFID 天线[6]

a. RFID 实物;b. 打印天线反射系数的测量值和仿真值的比较。

8.5.3 不同基底材料上的打印

以下是用液态金属丝网印刷方法制作的图案或线路[6],图 8.17a 和 8.17b 分别是在 PVC 基底上在平展状态和卷曲状态时的打印图案,由于 PVC 具有很好的柔性,因此可用来制作柔性电路板。图 8.18a 为在光滑硅片基底上打印的电路图案,尽管硅片的粗糙度值非常小,但液态金属液滴在气流的推动下仍然能够沉积在表面上。图 8.18b 是在浅黄纸基底上打印的喜上眉梢图案,图 8.19a 是在黑纸基底上打印的双龙戏珠图案,图

8.19b 是在红纸基底上打印的书法作品。由于纸是一种最常用的材料,可以预见,纸基液态金属丝网印刷方法在制作金属字画、纸基柔性电子方面有很大应用潜力。此外,液态金属也可以打印在其他材料如 PDMS (图 8.19c)和玻璃(图 8.19d)这一软一硬的基底上,值得一提的是,以上这些图案均在 15 s～3 min 之内打印完成,显示出丝网印刷快速制造的特点。

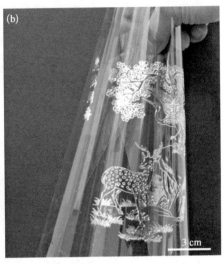

图 8.17 在 PVC 基底上打印的图案[6]

a. PVC 处于平展状态;b. PVC 处于卷曲状态。

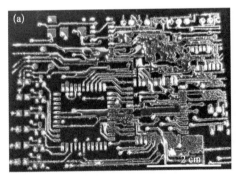

图 8.18 液态金属打印物[6]

a. 在硅片基底上打印的电路图案;b. 在浅黄纸基底上打印的喜上眉梢图案。

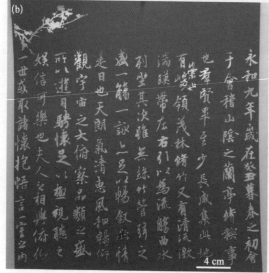

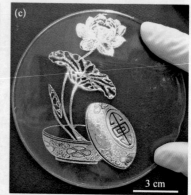

图 8.19 液态金属图案[6]

　　a. 在黑纸基底上打印的双龙戏珠图案;b. 在红纸基底上打印的书法作品;c. 在 PDMS 基底上打印的盆花图案;d. 在玻璃基底上打印的 RFID 天线图案。

8.6 小结

　　本章介绍了液态金属喷涂印刷技术,这是一种具有普适意义的电子印刷方法,不仅适用于平面印刷,也适用于三维曲面印刷,且适应广泛的基底材质,该方法为大面积快速成型电路提供了技术基础,有效节省了大量时间。液态金属被喷出后形成的小液滴将在空气中迅速氧化,这使得其容易黏附在基底上,而不再需要预先氧化搅拌来改善液态金属与基底之间的润湿性。这种方法既保留了液态金属可被直接写出的优点,也保证了涂层与不同基底之间的润湿性。液态金属丝网印刷技术则展示出一种更高精度的快速制备电路或图案的方法,使用该方法可在柔性或硬性基底上数秒至数分钟内打印出复杂的图案,打印图案由模板上开孔的形状决定。不同粗糙度的材料包括硅片、玻璃、PVC、PDMS 和纸均可被选做丝网印刷的基底。

参 考 文 献

[1] Siegel A C, Phillips S T, Dickey M D, et al. Foldable printed circuit boards on paper substrates. Adv Funct Mater, 2010, 20(1): 28~35.

[2] Akhavan V A, Goodfellow B W, Panthani M G, et al. Spray-deposited CuInSe2 nanocrystal photovoltaics. Energ Environ Sci, 2010, 3(10): 1600~1606.

[3] Kim D, Yun K S. Patterning of carbon nanotube films on PDMS using SU‐8 microstructures. Microsyst Technol, 2013, 19(5): 743~748.

[4] 张琴. 液态金属雾化喷墨式印刷电子技术的研究(硕士学位论文). 北京:中国科学院大学,中国科学院理化技术研究所,2014.

[5] 王磊. 面向增材制造的液态金属功能材料特性研究与应用(博士学位论文). 北京:中国科学院大学,中国科学院理化技术研究所,2015.

[6] Wang L, Liu J. Ink Spraying Based Liquid Metal Printed Electronics for Directly Making Smart Home Appliances. Ecs J Solid State Sc, 2015, 4(4): 3057~3062.

[7] Zhang Q, Gao Y X, Liu J. Atomized spraying of liquid metal droplets on desired substrate surfaces as a generalized way for ubiquitous printed electronics. Appl Phys a-Mater, 2014, 116(3): 1091~1097.

[8] Regan M J, Tostmann H, Pershan P S, et al. X-ray study of the oxidation of liquid-gallium surfaces. Phys Rev B, 1997, 55(16): 10786~10790.

[9] Tostmann H, DiMasi E, Pershan P S, et al. Surface structure of liquid metals and the effect of capillary waves: X-ray studies on liquid indium. Phys Rev B, 1999, 59(2): 783~791.

[10] Li H Y, Mei S F, Wang L, et al. Splashing phenomena of room temperature liquid metal droplet striking on the pool of the same liquid under ambient air environment. Int. J. Heat and Fluid Flow, 2014, 47: 1~8.

[11] Fritsching U. Droplets and particles in sprays: Tailoring particle properties within spray processes. China Particuology, 2005, 3: 125~133.

[12] Aziz S D, Chandra S. Impact, recoil and splashing of molten metal droplets. Int J Heat Mass Tran, 2000, 43(16): 2841~2857.

[13] Xu Q, Brown E, Jaeger H M. Impact dynamics of oxidized liquid metal drops. Phys Rev E, 2013, 87(4): 043012.

[14] Boley J W, White E L, Kramer R K. Mechanically sintered gallium-indium nanoparticles. Adv. Mater, 2015, 27(14): 2270.

第9章
液态金属纸上印刷技术

9.1 引言

众所周知,纸质材料是一种可回收的"绿色"基底材料,因其具有低成本、可折叠性、良好的柔性及便携性等优点,至目前为止,已是日常生活中最廉价和使用最为广泛的柔性承印基底。纸基印刷电子是印刷电子制造领域一个十分重要的发展方向,近几年来已逐渐被引入到印刷电子技术研究领域[1-5],用以制作低成本、柔性、用完即弃的器件,以及卷起来或折叠成 3D 结构。如 Russo 等[3]用填充有银墨水的笔在黏性纸上画出 3D 天线,证明了在纸上直接写出电路的可能性。

前几章介绍的打印技术中,液态金属直接接触的基底主要是聚合物,如 PVC、PET、PDMS 等。普通的液态金属墨水被印刷于纸张上,尤其是办公打印纸上时,由于表面张力高,液态金属易于团聚形成液滴。在第 3 章中,我们提到将液态金属与金属颗粒混合来制备高黏附性液态金属墨水的方法,由此获得的液态金属墨水比较适用于纸上印刷,从而可在办公纸上形成薄且均匀的液态金属电子电路。本章内容重点介绍基于纸基底的液态金属直接印刷技术[6-8]。

9.2 纸基底

与传统印刷电路板(printed-circuits-on-board,PCB)相对应,文献[7]提出了具有一定普遍意义的纸上印刷电子(printed-circuits-on-paper,PCP)概念。为展示不同纸质材料表面的黏附性,并筛选出黏附性好的纸质基底,笔者实验室 Zheng 等[7]利用高速摄影仪(设定 500 张/秒),记录了液态金属液滴在 3 种倾斜角为 30° 的纸质材料表面滚落的过程,为确保液体的流动特性,使用的是未经人为氧化的液滴。相同大小的液滴(由注射泵产生,10 ml/h)均从静态开始下落,取液滴开始下落时为 $t = 0$ 时刻,下落实物图如图 9.1 所示。大小相同的液态金属液滴分别沿着办公打印纸、布纹纸以及铜版纸表面滑落,3 种纸均可在市场上买到且价格较为低廉。布纹纸是表面有一些纹络的纸基底,表面较为粗糙;办公打印纸则为常见的办公室复印纸;铜版纸(红钻彩色喷墨打印纸,规格为 200 g/m²)为表面添加了色素化合物层的纸材料,表面较为平整光滑。均取在纸斜面下滑的位移为 60 mm 的数据,分析位移与下落时间的关系。

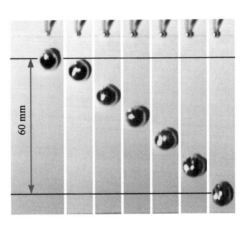

图 9.1　使用高速摄影仪拍摄的液态金属液滴在倾斜角为 30° 的纸面滑落图[7]

　　所得位移与时间关系如图 9.2 所示,内置图片为液滴在斜面的受力分析示意。在滚落过程中,液滴近似于一个球体,沿着斜面做匀加速直线运动。液滴主要受力为重力 G、支持力 N 及总阻力 f,沿斜面加速度为 a。

　　根据牛顿第二定律和匀加速直线运动公式:

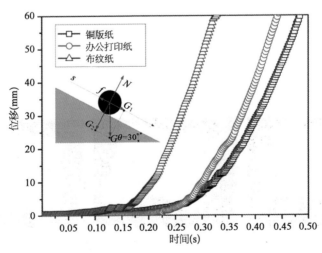

图 9.2　金属液滴在倾角为 30° 纸基底斜面滑落过程中位移与时间的关系[7]

$$s = \frac{1}{2}at^2 ; \tag{9.1}$$

$$G_1 - f = ma ; \tag{9.2}$$

根据式(9.2)可得液滴沿斜面的加速度 a 为：

$$a = \frac{G_1 - f}{m} = \frac{mg\sin\theta - f}{m} = g\sin\theta - \frac{f}{m} \tag{9.3}$$

式中，$\theta = 30°$ 为倾斜角（纸斜面与水平面的夹角）；g 为重力加速度；m 为液滴质量。根据所获得的位移与时间关系，液滴沿斜面加速度 a 存在如下关系：

$$a_{布纹纸} > a_{办公打印纸} > a_{铜版纸} \tag{9.4}$$

据此，结合式(9.3)可知总阻力 f 有如下关系：

$$f_{布纹纸} < f_{办公打印纸} < f_{铜版纸} \tag{9.5}$$

为进一步分析纸表面的摩擦力关系，利用原子力显微镜对 3 种纸表面粗糙度进行了评估，所测得的布纹纸、办公打印纸、铜版纸的平均表面粗糙度分别为 120.8 nm、70.7 nm 和 12.9 nm，表面粗糙度测量结果如图 9.3 所示。因此，表面摩擦力 f_1 的大小关系应该为：

$$f_{1布纹纸} > f_{1办公打印纸} > f_{1铜版纸} \tag{9.6}$$

这一结论与总阻力相矛盾。结合纸张表面的宏观特性，我们认为液态金属液滴与纸表面存在不同的黏附性阻力，且黏附性阻力 f_2 的大小关系为：

$$f_{2布纹纸} < f_{2办公打印纸} < f_{2铜版纸} \tag{9.7}$$

因此，在 3 种材料中，铜版纸是与液态金属液滴黏附性最好的纸基底。

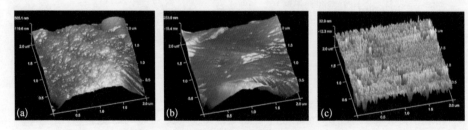

图 9.3　不同基底表面粗糙度 AFM 三维图[7]

a. 布纹纸；b. 办公打印纸；c. 铜版纸。

为进一步证实铜版纸具有较好的黏附性,笔者实验室 Zheng 等[7]使用能量色散谱(EDS)对其表面成分进行了分析,图 9.4 给出了表面主要元素的含量。从中可见,氧和硅元素均占有较大比例。事实上,铜版纸表面化合物层主要包括研磨碳酸钙($CaCO_3$)、沉淀碳酸钙霰石($CaCO_3$)、高岭土(主要成分为 $Al_2O_3 \cdot 2SiO_2 \cdot H_2O$)以及化学添加剂如分散剂、树脂、聚丙烯酸钠、聚(苯乙烯-丁二烯)(SB)胶乳黏合剂等,这些添加剂能增加纸表面的黏附性[9-11]。

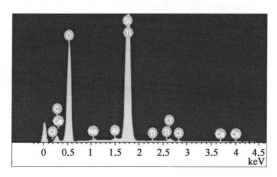

图 9.4　所用铜版纸表面能谱图[7]

9.3　GIN 电子墨水

9.3.1　GIN 电子墨水制备方法

如图 9.5a 所示,首先将重量为 $4\sim12$ g 的镍粉添加到含有 20 ml $GaIn_{24.5}$ 合金的烧杯中[6]。虽然镍的密度高于 $GaIn_{24.5}$ 合金,但是由于液态金属表面张力高,镍粉刚添加到 $GaIn_{24.5}$ 合金中会浮在液态金属表面(第一阶段);随着不断搅拌(100 rpm),部分镍粉逐渐凝聚并沉浸到 $GaIn_{24.5}$ 合金中(第二阶段);在室温下大约搅拌 10 min,烧杯内的液体会分成两层,下层流体和 $GaIn_{24.5}$ 合金没有差异,而上层液体更加黏稠(第三阶段);之后,将样品静置 10 h,上层流体黏性进一步增强且更加黯淡(第四阶段),这层材料称之为 GIN 墨水[6]。

分别对两层液体的组成元素进行分析,结果分别如图 9.6a(下层)和图 9.6b(上层)所示。结果表明,镍粉主要分布在上层的 GIN 墨水中,而下层的液体几乎都是普通的 $GaIn_{24.5}$ 合金。磁性实验也表明,大多数镍粉分布在上层物质中。在上述合成过程中,为了便于搅拌,$GaIn_{24.5}$ 液态金属是过量的。

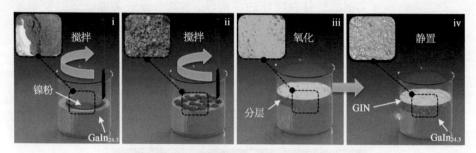

图 9.5 GIN 墨水制备过程示意[6]

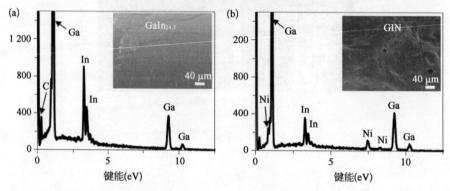

图 9.6 下层(a)和上层(b)物质的 SEM 图片及 EDS 元素分析[6]

图 9.7a 显示了添加不同含量的镍粉最终所能获得的 GIN 墨水中镍粉的比例[6],并分别测量了不同质量比的 GIN 墨水的电阻率,结果如图 9.7b 所示。数据表明,同样是 20 mL GaIn$_{24.5}$ 液态金属,添加 4~12 g 的镍粉最终获得的 GIN 墨水质量比和电阻率没有明显差异。

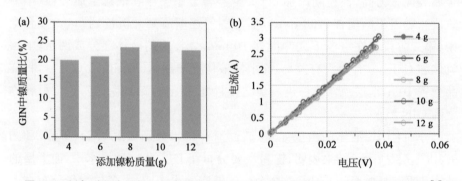

图 9.7 制备过程中添加不同含量镍粉后 GIN 中镍的质量比(a)和电阻率曲线(b)[6]

9.3.2　润湿性和黏附力

GIN 墨水是一种非牛顿流体[6]，镍粉添加比例越高，流动性越低，黏度越大。图 9.8a 和 9.8b 分别显示了 $GaIn_{24.5}$ 合金和 GIN 墨水在打印纸上的润湿性能。显然，后者润湿性更好，铺展面更加均匀光滑。图 9.8c 和 9.8d 分别是涂覆了厚度为 10 μm 和 20 μm 的 GIN 墨水的打印纸的横截面图像，可以看出，GIN 墨水厚度一致。当 $GaIn_{24.5}$ 墨水被印在打印纸上时，由于表面张力高，液态金属易于团聚形成液滴，如图 9.8e 所示，而 GIN 墨水能很好地解决这一问题，如图 9.8f 所示。图 9.8g 和 9.8h 为使用 GIN 墨水结合模板在打印纸上印制的具有多个锐角或光滑圆弧的复杂图案。

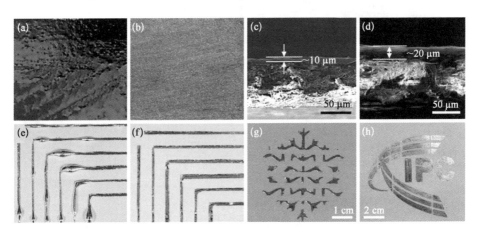

图 9.8　$GaIn_{24.5}$ 和 GIN 墨水在打印纸上的润湿性比较[6]

a. $GaIn_{24.5}$ 在打印纸上的铺展形态；b. GIN 在打印纸上的铺展形态；c. 涂覆 10 μm 厚度 GIN 墨水的打印纸横截面扫描电镜图像；d. 涂覆 20 μm 厚度 GIN 墨水的打印纸横截面扫描电镜图像；e. 在打印纸上印刷的 $GaIn_{24.5}$ 导线；f. 在打印纸上印刷的 GIN 导线；g、h 使用 GIN 墨水在打印纸上印制的具有许多锐角和光滑圆弧的图案。

为了进一步评估 GIN 墨水的高黏附性[6]，将打印机纸黏贴在支撑板上，在倾斜的纸面上放置等量的 $GaIn_{24.5}$ 和 GIN 液滴，结果如图 9.9a 和 9.9b 所示。当打印纸倾斜到 30°时，$GaIn_{24.5}$ 液滴开始滑落，而 GIN 液滴则一直黏附在打印纸上，即使倾斜角度超过 90°，GIN 液滴也不会滑落。此外，如图 9.9c 所示，将一张空白的纸条浸入充满液态金属的试样池中，然后反方向拉回纸条，直到纸条与液态金属分离，测量这一过程中拉力的变化。纸条最初浸没深度为 1.5 mm、2.5 mm 和 3.5 mm，液态金属分别为 $GaIn_{24.5}$ 墨水和 GIN 墨水,测量结果如图 9.9d 和 9.9e 所示。拉纸时所获得的最大拉力可以看作是样品和纸之间的黏附关系的定量测量,在 3 个浸入深度中,GIN 的拉力值都远大于 $GaIn_{24.5}$ 墨水的拉力值。

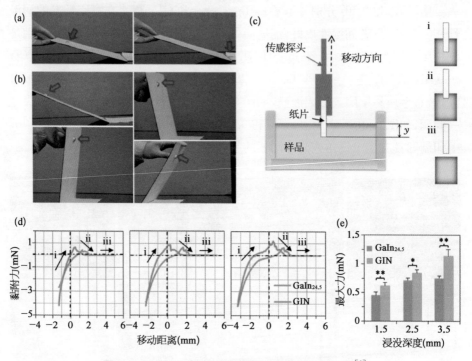

图 9.9 $GaIn_{24.5}$ 和 GIN 在打印纸上的黏附性比较[6]

a. 纸坡度角为 30°时 $GaIn_{24.5}$ 液滴开始滑落;b. 打印纸倾斜角度数从 0°到 180°后,GIN 液滴依然黏附在打印纸上;c. 黏附力测量装置示意;d. 相同条件下,GIN 和 $GaIn_{24.5}$ 墨水的黏附功-移动距离曲线;e. 不同浸没深度下 GIN 和 $GaIn_{24.5}$ 墨水所测得最大黏附力($*:P<0.05$,$**:P<0.01$)。

9.3.3 电学性能

图 9.5 中所配置的 GIN 墨水的电阻率[6],经测量为 $5.7\pm0.4\times10^{-7}$ Ω・m,略高于 $GaIn_{24.5}$ 导电墨水(2.94×10^{-7} Ω・m)。虽然电阻率增加,但印刷到纸基后的稳定性却显著提升。如图 9.10 所示,在打印纸上用 $GaIn_{24.5}$ 墨水和 GIN 墨水分别印刷 3 条导线,同上一节结论一致的是,GIN 墨水涂抹均匀,而 $GaIn_{24.5}$ 墨水在打印纸上的导线厚度不均匀。用硬笔尖在这些线上划两下,$GaIn_{24.5}$ 墨水导线电阻发生明显变化,甚至发生断路,而 GIN 墨水导线则非常稳定,依然保持电路连同,电阻值略有增加。

印刷有 GIN 墨水的打印纸在不同弯曲程度下电阻基本保持不变(图 9.10b)。同时,在弯曲 180°的情况下,连续弯曲 100 次,电阻依然保持稳定(图 9.10c)。

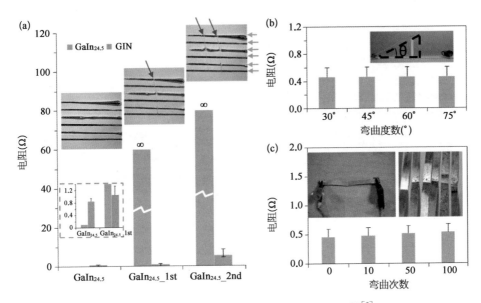

图 9.10　GaIn$_{24.5}$ 和 GIN 纸基电极电学性能比较[6]

a. 切割后 GaIn$_{24.5}$ 和 GIN 墨水的电学稳定性对比;b. 不同弯曲度数下 GIN 纸基电极的电阻值;c. 不同弯曲次数下 GIN 纸基电极的电阻值。

9.3.4　材料形成机制

为了揭示 GIN 墨水的合成机理,笔者实验室作了进一步研究[6]。图 9.11a 和 9.11b 放大后的图显示出 GaIn$_{24.5}$ 合金处于连续的液态状态,而 GIN 墨水中分散着大量的颗粒或气孔。刚配置的 GIN 墨水在真空下放置 10 min 后会发生膨胀,形成多孔且尺寸增大,如图 9.11d 所示。这一现象表明,GIN 内部存在有大量的气体。通过扫描电镜,可以看出 GaIn$_{24.5}$ 墨水表面有一层光滑的氧化膜(图 9.11e),而 GIN 墨水则有很多不规则颗粒分布在液态金属中(图 9.11f),而且有许多凹陷的空腔分布在表面(图 9.11g 和 9.11h),在这些空腔中,镍颗粒保持着原始形态。

利用 XPS 测定 GIN 墨水不同部位的成分,结果如图 9.12a - c 所示,不同于普通的 GaIn$_{24.5}$ 墨水,GIN 内部也存在大量的镓氧化物,如 Ga$_2$O$_3$ 和 Ga$_2$O,其内部组成与表面几乎相同。为了进一步了解镍颗粒内化后发生了什么变

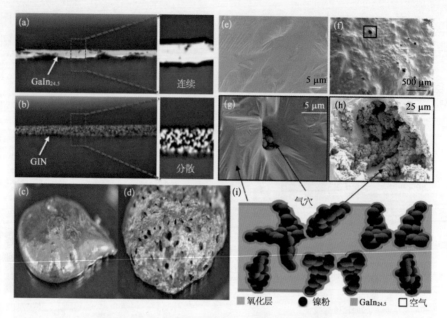

图 9.11 GIN 墨水与普通 GaIn$_{24.5}$ 墨水氧化物分布比较[6]

a. GaIn$_{24.5}$ 的表面显微照片显示连续状态；b. GIN 表面显微照片,显示颗粒分散在 GaIn$_{24.5}$ 合金中；c. 正常 GIN 墨水；d. GIN 墨水置于真空下后变为多孔结构；e. GaIn$_{24.5}$ 表面均匀的氧化膜；f. 在 GIN 墨水中分散的不规则颗粒和气穴；g. 放大的气穴图像；h. 在 GIN 气穴中聚集的镍粉颗粒；i. GIN 氧化物骨架和镍颗粒分布示意。

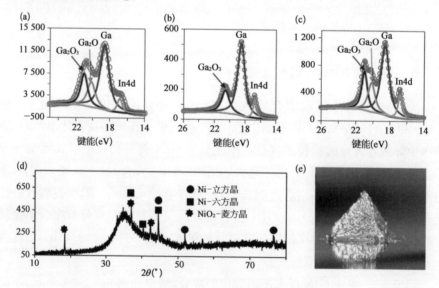

图 9.12 GIN 墨水的氧化物成分及其可塑性[6]

a. GIN 墨水内部 XPS 结果；b. GIN 气穴位置材料的 XPS 结果；c. GIN 表面 XPS 结果；d. XRD 分析表明在 GIN 中不存在 GaNi 合金相；e. GIN 墨水的可塑性,可形成一个独立的金字塔。

化,我们采用了 XRD 分析。结果表明,GIN 墨水中不存在 GaNi 合金相(如图 9.12d 所示)$^{[7]}$。因此,在混合过程中,镍粉溶于 $GaIn_{24.5}$ 液态金属中,只是单纯的混合,并且产生更多的氧化镓。这一过程中并没有形成合金。

9.4 纸上打印设备

9.4.1 设备原理

为了实现液态金属的机械化打印,笔者实验室首先采用一种打印原理与液态金属属性潜在匹配的运动控制机构(移动速度 $0.1 \sim 400$ mm/s),并开发出特定的打印针头,实物如图 9.13 所示$^{[7]}$。该系统主要由教导盒、压力控制器、气管、油墨针筒、驱动体、可移动玻璃承印平台及高压储气罐等组成。其中教导盒用于输入与所需打印结构相应的打印头行走程序,其上带有控制驱动体移动的控制键以及输出键;压力控制器用于控制气体对油墨针筒的施加压力;气管用于使储气罐内的高压气体(如氮气)通过压力控制器并进入油墨针筒从而提供压力;油墨针筒用于储存金属材料,底端装有打印针头,油墨针筒固定于带有针筒夹具的驱动体上,驱动体可根据所输入的程序沿 X 方向左右运动;可移动玻璃承印平台用于承载并固定打印基底,并可沿 Y 方向往复运动。油墨针筒中的移动浮塞可产生压力效应,为下方的液态金属油墨提供沉积驱动力。该系统在设置好气体压力并输入所需结构的相应程序后,即可开始打印。驱动体以及可移动玻璃承印平台在程序控制下协调运动,液态金属油墨即在压力作用下逐渐沉积在打印基底上。

根据第 3 章所述润湿特性,外加压力会极大促进液态金属在匹配的基底材料上的润湿性。因此,利用上述的毛刷多孔针头可以实现这种压印的打印机理。毛刷针头结构如图 9.14 所示,所标内部通道直径大小为 0.51 mm,针尖处为类似于刷子的毛质材料。打印时含少量氧化物的液

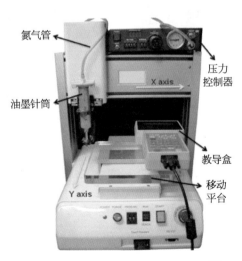

图 9.13 液态金属纸上气动打印系统$^{[7]}$

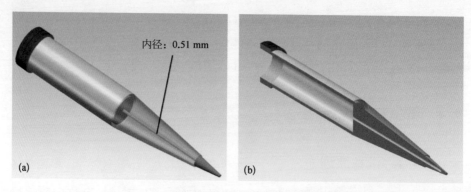

图 9.14　毛刷多孔针头的结构示意(a)及剖面(b)[7]

态金属在压力作用下流至毛刷处,然后在毛刷的作用下被压印于基底上。

　　通过在教导盒上设定相应的运行程序,利用装有毛刷针头的气动机构在铜版纸上进行液态金属墨水(所用金属墨水为含 0.1 wt%的氧的 $GaIn_{24.5}$ 合金)直接印刷,为保证印刷质量,设定打印速度为 10 mm/s,压力为 10~30 psi。图 9.15 为使用该方法制作纸上液态金属导电乃至封装结构的原理图[7],基本的打印过程为:首先利用液态金属油墨在铜版纸上成型,之后再进一步打印室温固化硅橡胶来进行覆盖封装。

图 9.15　气动打印系统的打印过程示意[7]

9.4.2　纸上液态金属结构打印

　　图 9.16 为利用该液态金属气动打印系统直接印刷而成的液态金属电子结构[7]。其中图 9.16a1 为金属弯曲导线打印过程;图 9.16a2 为印刷的直导线,包括用硅橡胶封装完好的液态金属导线;图 9.16a3 为利用绝缘硅橡胶作为中间层所制作的多层结构,可以达到简化电路的目的;图 9.16a4 为纸上 3D

金属结构，其展示出良好的柔性特点；图 9.16a5 为制作的简易 LED 电路手
环。图 9.16b1 为印刷的液态金属电感线圈；图 9.16b2 为打印的 RFID 线圈
或天线；图 9.16b3 为封装后的金属天线结构的柔性展示图。

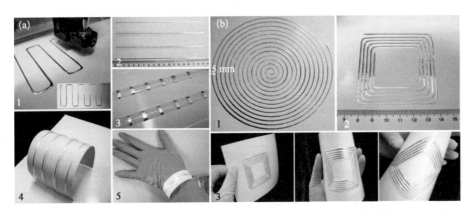

图 9.16 利用毛刷多孔气动系统直接印刷的液态金属结构[7]

同时，为了确保液态金属纸上柔性电路电学性能的稳定性，利用数字电桥
（仪器测量误差为 0.003 Ω，测量频率和电压分别为 1.0 kHz 和 1 V）在不同弯
曲角度下（分别为 0°、90°、180°、−90°、−180°）对其液态金属电路（长 18 mm）
的电阻进行了测量[7]。为减少误差，图中数值均为 3 次测量结果的平均值，结
果如图 9.17 所示。可以发现，液态金属电路基本不受弯曲角度的影响，因而
可在一定程度上保持机械电学稳定性。

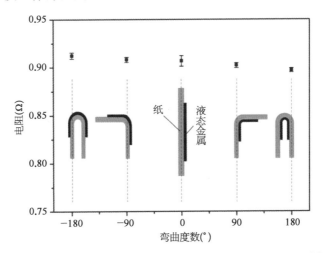

图 9.17 不同弯曲角度下相同液态金属电路的电阻变化情况[7]

9.5 纸上印刷电路

图 9.18 展示了基于 GIN 墨水材料印刷的柔性纸基电子器件[6]。如图 9.18a 所示,在两张打印机纸上涂上一层 GIN 墨水,制备成纸基电极。将一个灯泡和电池放置在两个纸电极之间的缝隙中,电路立即接通。GIN 墨水也可以用于制作 3D 纸基印刷电子,结果如图所示。图 9.18(b)和图 9.18c 展示了纸质电子时钟,绿灯代表时针,红灯代表分针,单片机控制在相应位置的 LED 灯准时亮起。

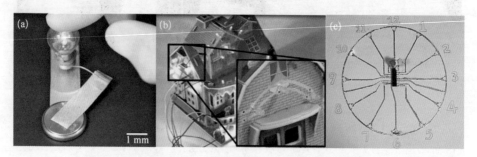

图 9.18 纸基电极(a),房子(b)及时钟(c)上的电子展示[6]

与传统导线材料相比,液态金属墨水有着优越的可修复能力。如图 9.19a 所示,GIN 墨水制作的纸基电极用刀切断以后,可以很快修复好。首先用透明胶带将纸的两面黏在一起,然后在断裂处涂刷一点 GIN 墨水,即可实现简单快速修复,修复后的电路依然可以成功连接和点亮 LED,纸基弯曲也不会产生影响。进一步测量修复前、修复后以及弯曲的纸基电极电阻,显示电阻无显著差异(图 9.19b)。

9.6 小结

本章介绍了通过添加镍纳米颗粒,制备新型液态金属墨水的方法,由此获得了润湿性和黏附性更强的材料,因而可以直接在普通打印纸上印刷。本章还评估了这一纸基墨水的电学性能和应用情况,并进一步解读了 GIN 墨水合成和性能改善的机理。此外,介绍了对应的气动液态金属打印系统,通过在教导盒上设定相应的运行程序,可在气压作用下将纸基液态金属墨水直接印刷

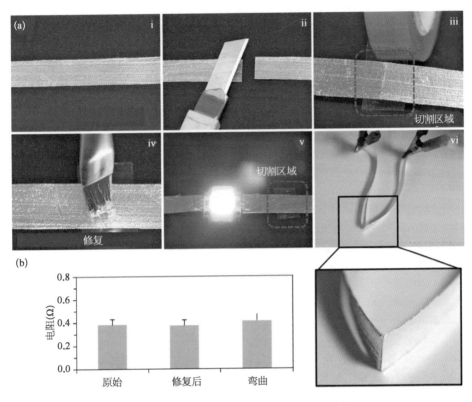

图 9.19　GIN 墨水纸基电路的可修复性[6]

a. 纸基电极的修复过程；b. 修复前后纸基电极的导电性变化。

于基底上，从而制作成预期的包括电路、电感、天线以及多层结构等的导电结构或电子器件。作为对比，普通液态金属墨水也可通过该系统印刷在特定的纸基材料上。最后，本章列举了基于 GIN 墨水制备的几种不同的纸基电路，包括简单的纸电极、3D 电路和可编程的纸上电路。需要说明的是，除了纸基材料以外，GIN 墨水和气动液态金属打印系统同样也可应用于 PDMS、PVC 等其他基底。

参 考 文 献

[1] Tobjork D，Osterbacka R．Paper electronics．Adv Mater，2011，23(17)：1935～1961．

[2] Eder F，Klauk H，Halik M，et al．Organic electronics on paper．Appl Phys Lett，

2004，84(14)：2673～2675.

［3］Russo A，Ahn B Y，Adams J J，et al. Pen-on-paper flexible electronics. Adv Mater，2011，23(30)：3426～3430.

［4］Yang L，Rida A，Vyas R，et al. RFID tag and RF structures on a paper substrate using inkjet-printing technology. IEEE T Microw Theory，2007，55(12)：2894～2901.

［5］Siegel A C，Phillips S T，Dickey M D，et al. Foldable printed circuit boards on paper substrates. Adv Funct Mater，2010，20(1)：28～35.

［6］Chang H，Guo R，Sun Z，et al. Direct writing of repairable paper flexible electronics using nickel-liquid metal ink. Advanced Materials Interfaces，2018. DOI：10. 1002/admi. 201800571.

［7］Zheng Y，He Z Z，Yang J，et al. Direct desktop Printed-Circuits-on-Paper flexible electronics. Scientific Report，2013，3：1786.

［8］郑义. 液态金属电子电路接触式打印方法的研究(硕士学位论文). 北京：中国科学院大学，中国科学院理化技术研究所，2014.

［9］Maattanen A，Ihalainen P，Bollstrom R，et al. Enhanced Surface Wetting of Pigment Coated Paper by UVC Irradiation. Ind Eng Chem Res，2010，49(22)：11351～11356.

［10］Bollstrom R，Maattanen A，Tobjork D，et al. A multilayer coated fiber-based substrate suitable for printed functionality. Org Electron，2009，10(5)，1020～1023.

［11］Chen W X，Tang X Y，Considine J，et al. Effect of Inorganic Fillers in Paper on the Adhesion of Pressure-Sensitive Adhesives. J Adhes Sci Technol，2011，25(6 - 7)：581～596.

第*10*章
电子电路基本元件的液态金属打印

10.1 引言

室温液态金属墨水克服了现有导电墨水的种种弊端,特别是在成本、制备、性能等方面展现出了诸多优势,为印刷电子学领域的发展起到了不容忽视的推动作用。更为有趣的是,作为一项新兴技术,它具有能够影响当前人们生产生活方式的潜力,可望引领电子器件个性化设计潮流,即便是没有电子设计经验的人士也能借助于预先研发并安装于计算机中的控制软件,得心应手地打印出自己所需要的电子器件乃至组装出机电系统。这一有着普适性意义的个性化电子制造技术可望在降低医疗电子成本[1]、发展无线通信与健康监测[2]、微系统技术[3]以及实现各种柔性电子[4]、皮肤电子传感[5]等广泛领域发挥重要作用。

在电子工程学领域,电阻、电容和电感是 3 种最为基本的电子元器件,常被用来组成多种 LC\RC\LCR 振荡电路、器件以及更多其他的功能电路。本章主要以室温液态金属墨水,特别是润湿性和导电性能均比较优异的 $GaIn_{10}$ 液态金属墨水为导电墨水,结合直写式印刷方法,介绍在各种柔性和刚性基底上实现电阻、电容、RFID 电感线圈等电子电路基本元件的基本策略[6-9]。

10.2 直写式印刷方法

以下将以电容为例,详细阐述利用直写式印刷途径,直接绘制 3 种基本电子元器件的方法[8]。图 10.1 为 $GaIn_{10}$ 墨水纸基电子元器件的直写式印刷过程。电容共存在 4 种不同的种类,其中包含 3 种平面式电容以及 1 种三明治式电容,具体尺寸如图 10.1a 所示。这 4 种电容均可通过 $GaIn_{10}$ 墨水在纸基底上实现直接绘制,图 10.1b 为详细的制备过程。共分为 5 步:第 1 步是利用电脑软件设计上述 4 种类型的电容,并打印在纸上。第 2 步是将打印好的电容图案刻成模板。模板的材质采用聚酰亚胺,且模板厚度约为 0.1 mm,模板的主要作用为精确控制图案的形状与大小。第 3 步是选取一张 A4 的打印纸作为基底。由于纸为吸水性材料,因此为避免纸的吸水性对其导电性能产生影响,可选择在纸基底上均匀涂覆一层透明绝缘硅胶。第 4 步是待硅胶干透以后,将上述模板放置在涂覆有硅胶层的纸基底上面,并采用蘸有少量 $GaIn_{10}$ 墨水的毛笔来回涂抹。待涂抹均匀后,将模板剥离纸基底,这样具有一定形状的电容便沉积在纸基底上面。最后,将一层 PVC 薄膜(厚度为 100 μm)覆盖于所绘制的电容之上,即可实现封装。室温下低熔点(289 K)$GaIn_{10}$ 墨水一直处于半液态状态,极易被损坏从而影响其电学性能。PVC 薄膜的加入可以较好地起到保护电路的作用。值得强调的是,对器件测试或应用的时候需要将一根电线的一端和器件的末端相接并封装。电线的另一端可用来外接测试仪器或实现电路连接。图 10.1c 为上述制备方法所绘制的平面电容阵列的 3D 效果图。该器件主要由纸基底、绝缘层、电容阵列以及 PVC 覆盖膜组成。

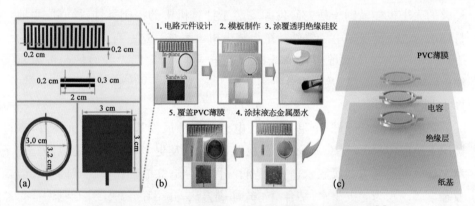

图 10.1 $GaIn_{10}$ 墨水纸基电子元器件的直写式制备过程[8]

a. 4 种平面式电容的具体尺寸;b. 平面式电容的详细的制备过程;c. 平面电容阵列的 3D 效果。

10.3 电子元件形貌特征

10.3.1 微观表征

图 10.2 为通过上述绘制方法绘制的 $GaIn_{10}$ 墨水导电电极的断面和表面

微观形貌表征[8]。从图中可以看出，该薄膜电极的厚度和绝缘硅胶层的厚度分别为 40 μm 和 100 μm。薄膜电极与硅胶层的黏附性非常好，两者结合紧密。

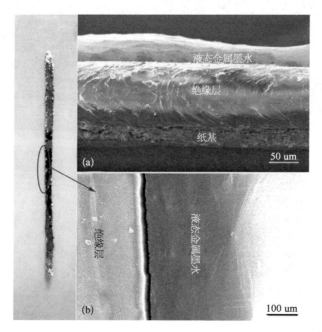

图 10.2　GaIn$_{10}$ 墨水导电电极的断面(a)和表面(b)微观形貌表征[8]

10.3.2　不同基底的绘制

GaIn$_{10}$ 墨水良好的润湿性决定了它可以实现在多种基底上的稳定黏附，而不存在任何漏液及流动现象[8]。图 10.3 为采用该墨水在多种不同基底上分别绘制出的复杂电路、电感线圈以及电极。这些基底均为电子领域常用的材料，如玻璃钢板、纸以及聚酰亚胺等。图 10.3a 和 10.3b 均为在玻璃钢板基底上制得的复杂功能电路；图 10.3c 则为纸基柔性电感的绘制；而图 10.3d 为在聚酰亚胺基底上生成的柔性电路连接线。上述电路绘制方法具有普适性，该方法可实现日益增长的刚性、柔性电路或电子器件印刷需求，且方式简单、成本低廉。只要通过软件设计出任何需要的图案，然后做成掩膜板，即可采用 GaIn$_{10}$ 墨水短时间内实现精确绘制。GaIn$_{10}$ 墨水作为一种新型的导电墨水在柔性和刚性电路板的制作领域发挥出重大的潜力，并将逐渐被推广到更多、更广的应用领域中。

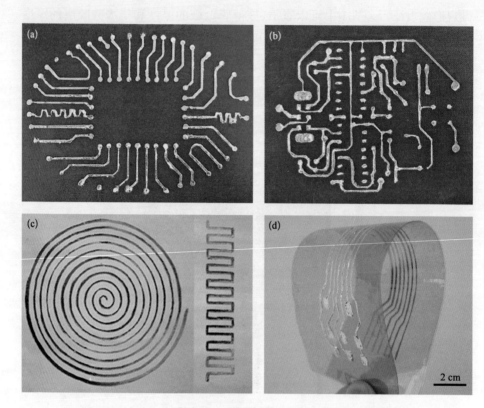

图 10.3 GaIn$_{10}$ 墨水在不同基底绘制的复杂电路及电子元器件[8]

a、b. 玻璃钢；c. 纸；d. 聚酰亚胺。

纸作为一种常见的柔性材料,具有低成本、绿色无污染、可生物降解、随处可得等一系列优点,因此研究 GaIn$_{10}$ 墨水与不同纸基底的润湿特性具有颇为重要的意义。如下选取了 3 种具有不同表面粗糙度的纸作为基底材料,分别为滤纸、打印纸及相片纸[8]。图 10.4 为 GaIn$_{10}$ 墨水与 3 种纸基底的润湿情况。从图中可知,GaIn$_{10}$ 墨水液滴与 3 种不同的纸基底的润湿角没有明显区别,仅有一个微小角度的差异。而由图 10.4c 可知,GaIn$_{10}$ 墨水可在 3 种不同粗糙度的纸基底上均实现良好涂覆。图中的固液界面接触角均大于 150°,接触纸表面时不易铺散,有利于导电线条在纸基底上的精细绘制。

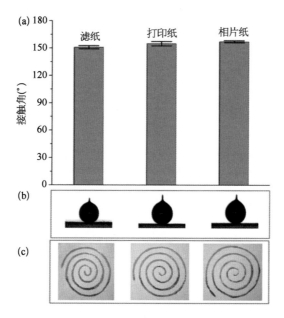

图 10.4　GaIn$_{10}$ 墨水与 3 种不同纸基底的润湿性表征[8]

a. 接触角测试；b. GaIn$_{10}$ 墨水液滴；c. GaIn$_{10}$ 墨水在 3 种不同纸基底上的涂覆。

10.4　稳定性测试

考虑到实际应用的需求，电子元器件的稳定性测试异常重要。可采用 LCR 数字电桥监测所绘制的电容和电感在长时间工作下的稳定性[8]。这里所绘制电感的线圈匝数为 11、线间距为 1 cm、线宽约为 1 mm，并且直写式印刷的不精准性约为 10%。电容采用三明治式，面积为 3 cm×3 cm，介电层采用聚乙烯薄膜，厚度约为 10 μm。图 10.5a 和 10.5b 分别为电感值和电容值随其工作时间的变化曲线。测试时间均选取 48 h，数据采集频率为每 60 s 采集 1 个点，插图为曲线的放大图。经测试，电感平均值和电容平均值分别为 0.838 6 μH 和 2.301 2 nF。由图中可知，所绘制电感和电容随工作时间的增长有着较好的稳定性，其电感值和电容值的微小波动范围分别为 0.043% 和 0.25%，均在可允许的范围之内。此外，还可研究两者随温度的变化曲线，如图 10.5c 和 10.5d 所示。由图可知，随着温度的升高，电感值和电容值并未发生任何变化，3 个温度下的值完全重合在一起。一方面 GaIn$_{10}$ 墨水保持半液态状态,且薄膜电子器件的膜厚为微米量级。另一方面该器件表面覆盖 PVC 薄膜,以确保印刷物得到有效保护。因此,无论工作时间的变化还是温度的变化,都不会影响其结构和性能。电子器件的运行显示出极好的稳定性和广适性,特别适合应用于一些高频电路。

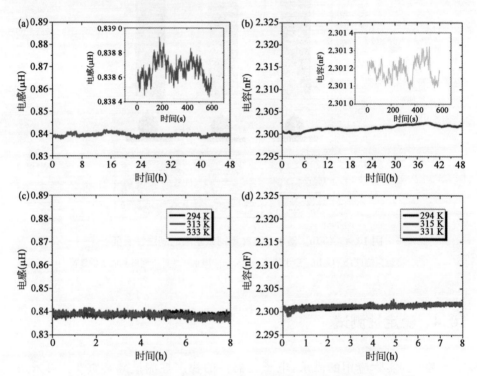

图 10.5　$GaIn_{10}$ 墨水绘制的电容、电感随时间和温度的稳定性测试[8]

a、b. 电感、电容随时间变化曲线;c、d. 电感、电容随温度变化曲线。

表 10.1 列举了电阻、电容和电感的基本参数与计算公式。理论上可以根据这些参数和计算公式设计各种量级的电子元器件。然而,由于直写式印刷的局限性,目前可实现的绘制线条宽度最细为 0.5 mm,最薄的膜厚为 10 μm。在下一步的工作当中,可以通过改变笔尖尺寸来获得更小更精细的尺寸。除了几何尺寸上的调整,电阻率还可以通过控制墨水的组分而改变。例如,对 $GaIn_{10}$ 墨水进行纳米颗粒的掺混。掺杂银或铜纳米颗粒可以实现电阻率的降低,相反,掺杂氧化物或有机物纳米颗粒可实现电阻率的增大。

表 10.1　电阻、电容和电感的基本参数与计算公式[8]

电子元器件	单 位	公 式	说 明
电阻(R)	Ω	$R = \rho \dfrac{L}{S}$	ρ：电阻率($\Omega \cdot \mathrm{m}$) L：长度(m) S：面积(m^2)
电容(C)	F	$C = \dfrac{\varepsilon_0 \varepsilon_r S}{d}$	ε_0：$8.86 \times 10^{-12}(\mathrm{Fm}^{-1})$ ε_r：介电常数 S：有效面积(m^2) d：厚度(m)
电感(L)	H	$L = \dfrac{0.8 r^2 N^2}{6r + 9l + 10d}$	r：平均半径(m) N：匝数 l：线长(m) d：厚度(m)

10.5　纸基 RC 振荡电路的制备

如图 10.6 所示,一个典型的 RC 方波振荡电路由 1 个三明治式电容、2 个电阻、1 个 74HC04 电子芯片以及若干导线组成[8]。除电子芯片之外,其余均由直写式印刷方法完成。电子芯片的供电电源为 5 V 直流电源。电容为 10 nF,采用 GaIn_{10} 墨水直写式印刷而成。电阻分别为 5 kΩ 和 1 kΩ,由于 GaIn_{10} 墨水含有大于 99% 的合金成分,其电阻率较小,不能完成 kΩ 级别电阻的绘制,因此用来绘制电阻的墨水采用高电阻率的导电硅脂墨水。其室温下的电阻率约为 $0.02\ \Omega \cdot \mathrm{cm}$。图 10.6b 为该振荡电路的实物图,从图中可知,当电路运行时,可产生振荡频率为 8.8 kHz 的方波输出,实验结果如图 10.6c 所示。采用电路模拟软件 Multisim 对该电路进行数值模拟,得到其振荡频率约为 9.1 kHz,与实验结果相近。由此可见,这种直写式电阻和电容均能很好地满足振荡电路的需求,且完成整个电路的过程类似于一个充满创造灵感的图画绘制过程。

总之,当前的直写式印刷方法为功能电路在各种基底上的绘制开辟了一条新路径[8]。表 10.2 列举的一些常见的振荡电路(LCR/RC/LC)以及相应的振荡频率计算公式,均可按照上述方法进行绘制并实现稳定工作,这里不再一一列举。理论上,任何功能电路、甚至于功能器件均可以通过 GaIn_{10} 墨水以及其他的功能性墨水,诸如半导体墨水、介电墨水等实现直写式印刷。

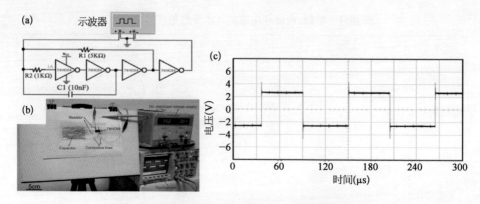

图 10.6　GaIn$_{10}$ 墨水绘制的 RC 方波振荡电路[8]

a. 振荡电路；b. 振荡电路实物；c. 振荡电路实验结果。

表 10.2　典型的振荡电路图及相应频率表达式[8]

种　类	LCR	RC	LC
等效电路	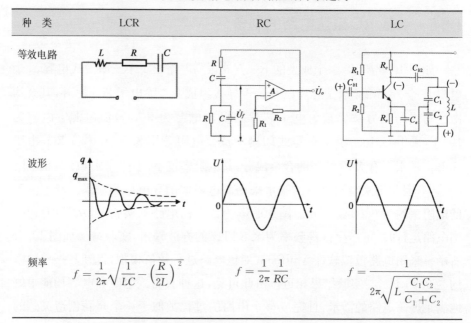		
波形			
频率	$f = \dfrac{1}{2\pi}\sqrt{\dfrac{1}{LC} - \left(\dfrac{R}{2L}\right)^2}$	$f = \dfrac{1}{2\pi}\dfrac{1}{RC}$	$f = \dfrac{1}{2\pi\sqrt{L\dfrac{C_1 C_2}{C_1 + C_2}}}$

10.6　柔性 RFID 电感线圈的制备

10.6.1　制备方法

图 10.7 为 RFID 电感线圈的制备流程图[7,9]。首先选取前文所述的

PDMS 模板。该模板中图案部分是具有固定形状的凹槽,深度约为 $200\ \mu m$。其次,将 $GaIn_{10}$ 液态金属墨水均匀涂覆在 PDMS 基底表面。然后用刮板从基底的一端刮到另一端,这样凹槽的墨水便继续保留在凹槽中,而非凹槽表面上的墨水即被刮走。最后,为了避免表面残留未被刮干净的部分墨水造成线圈间的短路,采用酒精棉球进行擦拭。图 10.7e 为 $GaIn_{10}$ 墨水绘制的 RFID 电感线圈 3D 效果图。由图可见,用该方法制备柔性电感线圈操作便捷,带有微槽道的 PDMS 模板可重复使用,以显著降低成本。笔者实验中电感值以及品质因数的测量均采用 LCR 数字电桥。所用测试电压为 0.3 V,测试频率为 100 kHz。

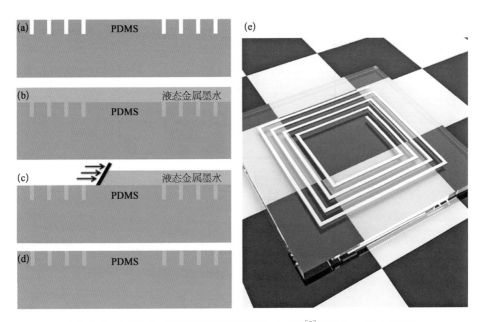

图 10.7　RFID 电感线圈的制备流程图 (a)-(d)[7] 及 $GaIn_{10}$ 墨水 RFID 电感线圈 3D 效果图 (e),其中箭头所指方向为刮板移动方向

10.6.2　线圈匝数对平面螺旋电感性能的影响

为便于比较,笔者实验中的电感线圈线宽和线间距分别取 0.2 mm 和 0.5 mm,线圈的匝数从 2 变化到 6。图 10.8 为矩形和圆形线圈的电感值和品质因数随线圈匝数的变化曲线。从图中可知,随着线圈匝数的增加,两种线圈的电感量都会基本呈线性关系而相应增加。

然而由图 10.8b 可知,其品质因数随匝数的变化无任何规律。原因主要

在于采用 $GaIn_{10}$ 墨水填充电感线圈凹槽的时候未能均匀填满,因此严重影响了线圈电阻的大小。式(10.1)为电感线圈品质因数与线圈电阻的关系式,由此可知,随着匝数的增加,理论上线圈的电阻会随着匝数的增加而线性增加,然而由于填充的随机性,使其品质因数的变化也产生了随机性。

$$Q = \frac{\omega L}{R} = \frac{2\pi f L}{R} \qquad (10.1)$$

式中,f 为频率,L 为线圈电感值,R 为线圈电阻。

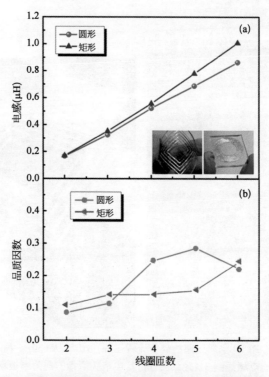

图 10.8 矩形、圆形螺旋线圈电感值(a)和品质因数(b)与线圈匝数的对应关系(其中插图为 $GaIn_{10}$ 墨水在 PDMS 基底上绘制的矩形和圆形电感线圈)[7]

10.6.3 形状对平面螺旋电感性能的影响

同时,图 10.8 也反映了电感线圈形状与电感性能的关系。平面螺旋电感的计算公式为[7]:

$$L = \mu N^2 d c_1 [\ln(c_2/\rho) + c_3\rho + c_4\rho^2]/2 \qquad (10.2)$$

式中：μ 为磁导率；N 为螺旋圈数；d 为内外直径的算术平均值；$\rho = (d_o - d_i)/(d_o + d_i)$ 表示电感的"空心"程度；$c_1 \sim c_4$ 是电感的几何形状系数，由表 10.3 定义。

表 10.3 平面螺旋电感的几何形状关系

形状	c_1	c_2	c_3	c_4
矩形	1.27	2.07	0.18	0.13
圆形	1.00	2.46	0	0.20

从图 10.8 中可以看出，在线宽、线间距以及匝数相同的情况下，矩形线圈的电感值比圆形线圈的大，该结果与由公式(10.2)计算所得结果一致。然而品质因数仍然存在不确定性，仍然为凹槽中墨水填充的随机性所致。

10.6.4 线宽以及线间距对平面螺旋电感性能的影响

由于矩形电感线圈所具备的种种优势，下文的研究主要集中于矩形电感线圈[7]。为便于对比，矩形电感线圈的匝数同为 4，但线宽不同，一组为 0.2 mm，另一组为 0.5 mm。线圈间距主要分为 0.4 mm、0.6 mm、0.8 mm 和 1.0 mm 4 种情况。对每组线圈的多个样本进行测试后取均值。图 10.9 为矩形电感的电感值(a)和品质因数(b)与线圈线宽和线间距的对应关系。由图可知，当线间距相同时，线圈的电感值随着线宽的增加而减小。其原因在于大的线宽会减小螺旋线圈内部的空心面积。当线宽相同时，线圈的电感值随着线间距的减小而增大。然而无论是线宽的变化还是线间距的变化，其品质因数均无规律可循，仍然是由凹槽中液态金属墨水的无规则填充造成的。

在了解了匝数、线宽、线间距对电感性能的影响之后，按照电子标签的应用要求来进一步制作电感量及品质因数均合适的电感。频率范围为 8～16 MHz。

以下以其中一组电感线圈为例来说明问题[7]。电感线圈的匝数为 4，线宽为 0.2 mm，线间距为 0.6 mm。由图 10.10 可知，该线圈的电感值随着频率的增加而缓慢降低，然而品质因数曲线却随着频率的增加而缓慢上升。当测量频率为 13.56 MHz 时，该线圈的电感值与品质因数分别为 1.27 μH 和 13.5，因此可以用作电子标签的天线。

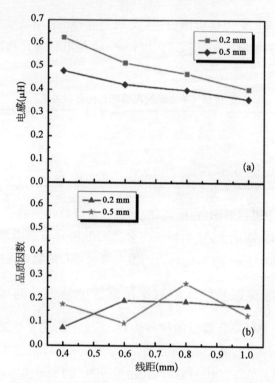

图 10.9　矩形电感的电感值(a)和品质因数(b)与线圈线宽和线间距的对应关系[7]

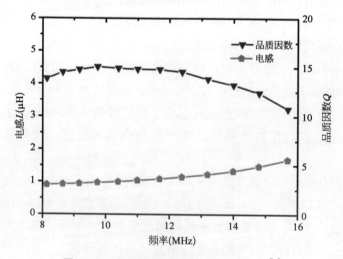

图 10.10　矩形电感线圈的频率特征曲线[9]

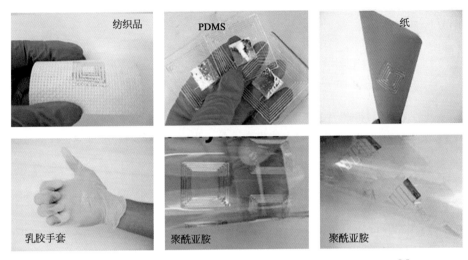

图 10.11　GaIn$_{10}$ 墨水在不同柔性基底上直写 RFID 矩形电感线圈[9]

图 10.11 为 GaIn$_{10}$ 墨水在不同柔性基底上直接绘制 RFID 矩形电感线圈,例如织物、聚酰亚胺、PVC、纸、橡胶等。该电感线圈面积为 2 cm×2 cm,膜厚约为 10 μm。GaIn$_{10}$ 墨水含有极少量的氧化物,使其黏附性得到了较大提高,可实现在各种基底上的快速绘制。因此,柔性电感线圈或天线的制作被有效地简化了。该 RFID 电感线圈的制备技术,很大程度上实现了柔性和低成本电子标签的制作。

10.7　小结

本章介绍了采用直写式印刷方法绘制的 3 种基本电子元器件,即电阻、电容和电感,并对印刷对象的电学特性及运行的稳定性做了系统性测试。实验结果表明,所绘制的薄膜电容和电感的膜厚约为 40 μm,所绘制的电容和电感值分别为 0.838 6 μH 和 2.301 2 nF,在连续工作 48 h 的情况下仍保持良好的稳定性,且随着工作温度的升高,其稳定性未受到影响。分别采用 GaIn$_{10}$ 墨水和较高电阻率的导电硅脂墨水绘制电容和电阻,用以组成一个标准的 RC 方波振荡电路。经测试,该电路的振荡频率为 8.8 kHz,与电路数值模拟软件 Multisim 的模拟结果相近。由此可引申出一系列典型的振荡电路及功能电路,均可以实现直写式印刷。进一步通过设计并采用直写式印刷的方法,可快速制造具有不同几何参数和绕线形式的膜结构电感。显然,新方法的建立开启了一条即时制作电子器件的便捷且低成本的途径[10]，势必在今后各行各业中发挥重要作用。

-------------------------------- 参 考 文 献 --------------------------------

［1］刘静，饶伟，贾得巍. 先进低成本医疗技术. 北京：科学出版社，2010.

［2］刘静，于洋，刘琳. 手机平台上的生物医学工程学：原理及应用. 北京：科学出版社，2011.

［3］刘静. 热学微系统技术. 北京：科学出版社，2008.

［4］Wang X L, Liu J. Recent advancements in liquid metal flexible printed electronics: Properties, technologies, and applications. Micromachines, 2016, 7: 206.

［5］Yu Y, Zhang J, Liu J. Biomedical implementation of liquid metal ink as drawable ECG electrode and skin circuit. PLoS One, 2013, 8(3): 58771.

［6］Gao Y X, Li H Y, Liu J. Direct writing of flexible electronics through room temperature liquid metal ink. PLoS One, 2012, 7(9): 45485.

［7］Gao Y X, Liu R, Wang X P, et al. Flexible RFID tag inductor printed by liquid metal ink printer and its characterization. ASME J Electron Packaging, 2016, 138(3): 031007.

［8］Gao Y X, Li H Y, Liu J. Directly writing resistor, inductor and capacitor to composite functional circuits: A super-simple way for alternative electronics. PLoS One, 2013, 8(8): 69761.

［9］高云霞. 基于 $GaIn_{10}$ 液态金属墨水的直写式印刷方法及其应用研究(博士后出站报告). 北京：中国科学院理化技术研究所，2013.

［10］Guo R, Wang X, Chang H, et al. Ni-GaIn amalgams enabled rapid and customizable fabrication of wearable and wireless healthcare electronics. Adv. Eng. Mater, 2018, DOI: 10. 1002/adem. 201800054.

第11章
功能柔性电子器件液态金属打印

11.1 引言

　　液态金属个人电子电路打印机的成功研发,让极低成本下快速、随意地制作电子电路成为现实,功能电子图案变得所见即所得。从理论上讲,只需要拥有一个电子电路设计图,液态金属打印机就能在数分钟之内将其打印出来,而且能够直接使用,这一过程极为方便、快捷。然而,作为液态金属打印机最主要的功能之一,前文介绍的打印电子电路的功能并没有完整地展现出来,因为所打印的电路仅涉及了电子元件的几个侧面,并没有使用到各类基本的电子元器件如电阻、电容、电感,甚至实现可拉伸、可扭转[1,2],也没有使用到数字电路中必需的晶振和芯片等。直接印制式液态金属柔性电子正体现出日益重要的用途[2,3],因此从实际角度出发,有必要介绍利用液态金属打印机,打印更为复杂和实用的电路的方法,也有利于推动个人电子电路打印机功能被广泛发掘出来。

11.2 液态金属拉伸变阻器

　　变阻器是电学中的常用器件之一,作为可在不断开电路的情况下,分级或均匀地调节电阻大小的装置,将其接在电路中能调整电流的大小[2]。变阻器的主要作用有两个:一是限制电流,保护电路;二是改变电路中电压的分配。

11.2.1 液态金属管式拉伸变阻器

　　首先以常规封装方法测试了液态金属拉伸变阻器的性能,作为参照组[1]。封装用硅胶管的规格为 0.5 mm×100 mm(内径×长度),泊松比为 0.5。将

GaIn$_{24.5}$ 合金灌装入管内,并对管两端加以密封处理。采用标准四探针法,测量了管内灌装液态金属制成的拉伸变阻器电阻。通过标准铜线和鳄鱼夹将管内液态金属和安捷伦 34420A 相连,安捷伦 34420A 实时显示并读取电阻测试值。拉伸实验装置包括一个带有标尺和滑块的基板、用螺母固定在两滑块上的不锈钢螺柱以及套在螺柱上的两个塑料夹子,两个塑料夹子各夹住变阻器两端的封口处(不影响其中液态金属的形状),如图 11.1 所示。实验中将其中一个滑块固定,用另一滑块滑动来控制拉伸长度,拉伸长度可从装置下方的标尺上读出。

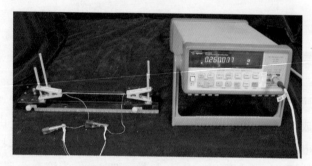

图 11.1 测量拉伸变阻器电学性能的实验装置[1]

硅胶管变阻器从 100%拉伸至 140%(长度定义为管内液态金属部分的长度),每两个测点间隔为 10%的拉伸量,每组实验重复 3 次,拉伸过程中液态金属的电阻变化率和长度变化率的关系如图 11.2 所示。在拉伸过程中,液态金属体积保持一定[2]。

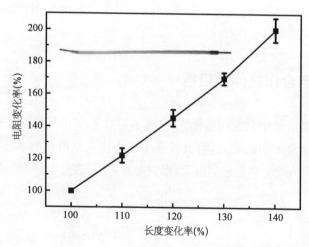

图 11.2 硅胶管拉伸过程中液态金属变阻器的电阻变化[1]

从图11.2中可以看出,将硅胶管拉伸至其原长的140%时,液态金属的电阻值可增加至原来的200%,由于数据点较少,只能近似看出电阻变化率和长度变化率之间的二次曲线关系[2]。

11.2.2　液态金属直写式拉伸变阻器

实验装置仍然如图11.1所示,只是将测试对象更换为表面涂覆有液态金属墨水的弹性橡胶线。橡胶线的泊松比为0.2,弹性模量大,可拉伸至600%,从而使制得的变阻器具有较大的可调电阻范围[2]。实验方法仍为标准四探针法。测得结果如图11.3所示。

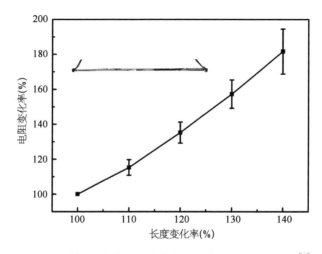

图11.3　弹性线拉伸过程中液态金属变阻器的电阻变化[2]

从图11.3中可以看出,将弹性线拉伸至其原长的140%时,液态金属的电阻值增至原来的180%。电阻变化率和长度变化率之间近似呈二次曲线关系。但明显发现各点误差都大于封装测试的情况,而且各点数值较封装情况都偏小。推测产生这一现象的原因主要是液态金属墨水未封装。在拉伸过程中,随着液态金属膜层变薄,更多液态金属表面暴露在空气中,从而使越来越多的液态金属被氧化,导致其电阻率和体积出现变化[2]。

为进一步得到液态金属直写式拉伸变阻器的可靠性,将橡胶线从100 mm拉伸至200 mm(拉伸200%)再释放,重复数十次,截取其中10次操作得到的电阻性能如图11.4所示。

从图11.4中可以看出,10次拉伸——释放过程中,电阻的最小值和最大

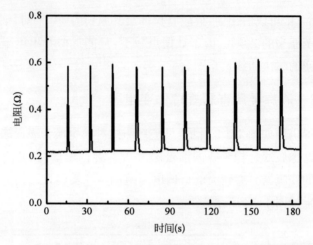

图 11.4　液态金属直写式拉伸变阻器的 10 次拉伸——释放过程[2]

值均在 0.22 Ω 和 0.58 Ω 附近,表现出较好稳定性。但在数十次拉伸——释放的过程中,印刷变阻器的阻值呈现出一定程度的上浮趋势,电阻的最小值和最大值分别从 0.17 Ω 和 0.51 Ω 升至 0.24 Ω 和 0.63 Ω,分别增大了 41% 和 24%。如图 11.5 所示。这一现象在拉伸电子中普遍存在,其原因主要是残余应力的存在,使弹性体无法恢复至原长。

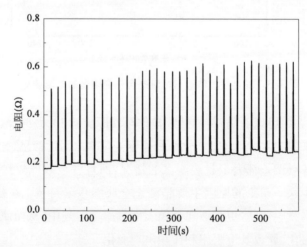

图 11.5　液态金属直写式拉伸变阻器的多次拉伸——释放过程[2]

为了测试液态金属直写式拉伸变阻器的性能,可构建一个简单的 LED 电路系统,旨在通过拉伸变阻器来调节 LED 灯的亮度[2]。LED 灯的工作电压为 2 V,采用一节 4 V 的电池对电路供电。测试中将长为 100 mm 的液态金属直

写式拉伸变阻器接入电路中。用摄影机拍摄变阻器拉伸——释放过程中 LED
灯的亮度变化,分别对释放时刻和拉伸至 200％的时刻截图,如图 11.6 所示。
从图中可以看出,拉伸变阻器后 LED 灯的亮度发生明显变化。从测量变阻器
拉伸前后 LED 灯光强最强处的照射距离,即图中黄色光部分,可知变阻器拉
伸前该距离为 36 mm,而拉伸后该距离为 27 mm。由此可见,制得的拉伸变阻
器可实现调节电路中电流大小的作用。

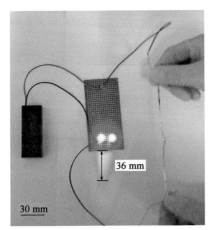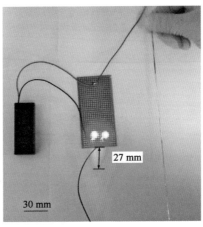

图 11.6 拉伸变阻器的电路实测[2]

实验中还发现一个特别现象[2],即当液态金属墨水薄膜的厚度较薄时,会
出现拉伸时 LED 灯熄灭,再释放时 LED 灯又重新亮起的现象,重复多次亦如
此,如图 11.7 所示。推测出现这种现象的原因是弹性线未拉伸时,液态金属

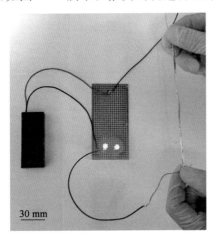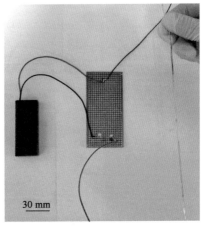

图 11.7 拉伸开关的电路实测[2]

墨水层虽相互连通,但薄膜较薄;一旦拉伸后,薄膜变得更薄,导致部分位置的墨水薄膜断裂,从而使得变阻器的电阻趋于无穷大,即出现断路;再释放时,断路位置又重新连通。这一现象可用于制作液态金属拉伸开关。很明显,存在一个临界膜厚 δ_0,当液态金属墨水薄膜的膜厚 $\delta > \delta_0$ 时,可形成液态金属直写式拉伸变阻器;而当 $\delta < \delta_0$ 时,成为液态金属直写式拉伸开关。

11.3 调频调幅收音机制作

11.3.1 电路图设计

选用如下数字调频芯片 GS1299 作为主要器件,来实现调频调幅(FM)收音机的功能[4,5]。GS1299 是一款立体声收音芯片。该芯片内置 MCU,无需用户编写程序,只需加上几个基本的电子元器件,即可接收调频立体声广播。GS1299 芯片实现了开机关机功能,并且开机关机后能记忆当前的电台频率。此外,它支持的频段为 76~108 MHz,基本上覆盖了世界上所有的 FM 频率。收音机电路原理和布线如图 11.8 所示,在设计布线图时选用贴片式的引脚封装。

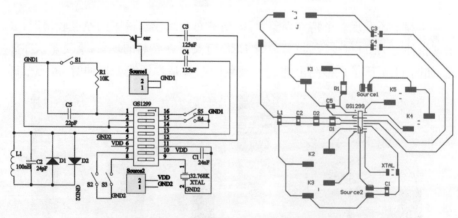

图 11.8 收音机电路原理图(左)和布线图(右)[5]

11.3.2 液态金属电路板制作

区别于传统 PCB 板需要经过打印、转印、蚀刻、清洗等多步操作的方法,液态金属打印机可直接将电路打印在 PVC 或 PET 胶片上。将设计好的 FM

收音机电路布线图导入液态金属打印机控制系统之后,选择合适的串口,然后点击打印即可。在适中的打印速度下,液态金属打印机将在几分钟之内自动完成打印。

　　传统方法需要经过若干复杂步骤获得的电路图,液态金属打印机只需要一步即可实现,这显著降低了制作电路所需要的时间及使用的耗材量。接下来通过安装电子元器件,进一步展示了液态金属作为导电线路的优势[4]。传统 PCB 电路板制作完成之后,需要进行电子元器件的焊接。常用的焊接方法是电热焊,它是在助焊剂的辅助下,利用电烙铁加热焊锡,使焊锡熔化,连接导线和电子元器件的引脚或焊盘。然而,使用液态金属打印机打印出来的导线在室温下呈液态,因此高温焊接已经没有必要,直接将电子元器件贴放在矩形焊盘上并轻轻按压即可。为了增加电子元器件焊盘和液态金属焊盘的接触面积,使用液态金属电子手写笔手动填满不完全填充的焊盘,随后使用该方法安装 FM 收音机所需的电子元器件,结果如图 11.9 所示。

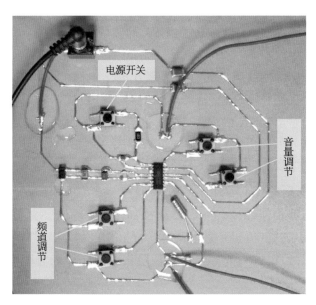

图 11.9　安装电子元器件后的 FM 收音机及其电测试[5]

　　从图中可以看出,除了按键、耳机接口和晶振以外,其他的元器件都是贴片封装的。而按键、耳机接口和晶振本身是直插封装的,但是为了使用方便,将这 3 种元器件当成贴片使用。将晶振平放在基底上,其引脚直接插入打印的焊盘中,即可实现电器连接。将按键和耳机接口的引脚用钳子掰成水平状,然后贴放在基底上,并让引脚与焊盘接触。

11.3.3　FM 收音机测试

安装完电子元器件之后,就可以测试 FM 收音机能否正常工作。测试之前,插入通用的耳机,接上电源(图 11.9)。从图中可以看出,电路外接了两根电源地线,这是因为这两根接地电线在同一个面上不能连接起来,为了避免交叉而外接两根导线。实验表明,通电之后,按下电源开关,FM 收音机就能够正常工作。利用频道调节按钮能够按频率自动向上、向下搜索电台,利用音量调节按钮能够调节音量的大小。实验中,将该 FM 收音机与普通手机自带的收音机进行对比,发现两者声音的清晰度相差无几,能够稳定收到 11 个电台信号[4]。

11.4　LED 显示器

11.4.1　电路图设计

为了进一步验证液态金属打印机制作电子电路的功能,本节介绍使用液态金属打印机制作 LED 显示器的情况[5]。LED 显示器由多个发光二极管点阵模块组成,因此 LED 显示器又称为 LED 点阵,一般用 M×N 表示 LED 阵列的大小,表示 LED 阵列每一行有 N 个 LED 灯,总共有 M 行。对于单色的 LED 阵列来说,制作 M×N 的阵列需要 M×N 个 LED 灯,而全彩色的 LED 阵列则需要其阵列三倍的 LED 灯。不管 LED 阵列的大小如何,其电路原理图都相似,8×8 的 LED 阵列如图 11.11 所示。该 LED 阵列对外有 8+8 个引脚接口,如需要点亮第 3 行第 4 列的 LED 灯,则将第三行的导线接电源正极,第四列的导线接电源负极。用同样的方法可以点亮该阵列中若干个 LED 灯。

LED 阵列原理图有两个特点,第一是导线走线非常规律,重复性很强。第二是存在很多导线交叉的地方,这在单层上是不可避免的。在电路布线图中,对于导线交叉部分,两侧分别留出 1.5 mm 宽空隙。在使用液态金属打印机完成打印之后,将空隙的地方用少量硅胶封装,然后待硅胶固化,手动连接断开的导线。这种方法适合于交叉比较少的电路,或者像 LED 阵列电路中交叉非常有规律的情况。

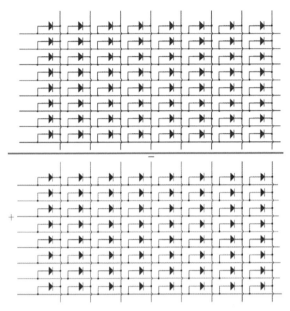

图 11.10　8×8 的 LED 阵列电路原理[6]

11.4.2　LED 阵列电路板制作

如图 11.11,将设计好的电路布线图发送给液态金属打印机,在几分钟之内液态金属打印机会自动完成打印任务。安装 LED 灯的方法同样也很简单,用镊子将 LED 灯贴放在焊盘上,并轻轻按压。安装完 64 个 LED 灯之后,需要连接断开的导线。使用上述描述的方法进行手动连接。

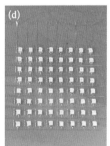

图 11.11　LED 显示器制作过程[6]

　　a. 液态金属打印机打印 LED 阵列电路;b. 打印完成之后的电路布线结果;c. 安装 LED 灯;d. 安装完 LED 灯之后的列阵。

11.4.3　LED 阵列电路板测试

为了让 LED 阵列显示任意图形,必须使用扫描显示方法,即分别显示每一列或行的图形,不停地循环显示,而且这个循环的周期长度要小于人类视觉暂留的时间。这样,每一列或行的图形在人眼中组合起来,就形成了想要显示的图形。有的图形可能会分割成若干个子状态,因此,为了适应各种图形的扫描显示,通常情况下,每个子状态显示的时间为几个毫秒或更短。扫描显示是一个动态且重复的过程,所以需要进行编程控制。测试平台如图 11.12 所示[4],单片机开发板作为 LED 的控制器,需将使用液态金属打印机制作的 8×8 LED 显示的 16 个引脚分别接入点阵模块中的接口中,然后将点阵模块的控制引脚与单片机开发板的相应引脚相连。

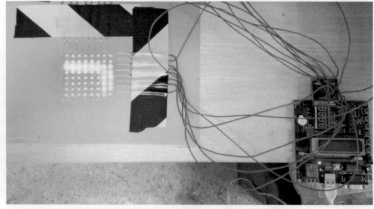

图 11.12　单片机开发板及连接 LED 显示器[4]

使用 μVision 开发的 LED 显示器程序主要代码为两个部分,即图形定义和扫描显示。将编写好的 LED 显示程序烧写入单片机开发板,接通电源之后,在 LED 显示器上会循环显示上述字符和符号(图 11.13)。通过单片机和驱动模块的控制,液体金属打印机制作的 LED 显示器正常地显示出了各类字符和图形,证实该显示器拥有完整的显示功能。

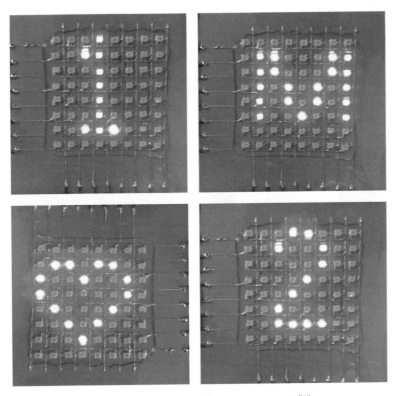

图 11.13　LED 显示器循环显示不同字符[6]

11.5　液态金属透明导电薄膜

透明导电氧化物(TCO)薄膜已经被越来越多地应用于各种各样的重要领域,如液晶显示器[7]、太阳能电池[8]和有机发光器件[9]等。氧化铟、氧化锌和氧化锡等金属氧化物常用来制造 TCO 薄膜。然而,纯 TCO 薄膜由于载体浓度低,通常呈现高电阻率。由于 TCOs 的电性能主要依赖于薄膜中的杂质,所以通常采用掺杂法来降低其电阻率。TCO 薄膜的制备方法包括反应电子束蒸发[10]、磁控溅射蒸发[11]、化学气相沉积[12]、喷雾热解[13]、脉冲激光沉积[8]和溶胶-凝胶法[14],制作方法一般都比较复杂,而且设备昂贵,严重制约了 TCO 薄膜的大规模使用。本节介绍利用液态金属来制作低成本和简单工艺的透明导电薄膜,解读了直接可打印的镓基透明导电(GTC)薄膜[15]。

11.5.1 制作方法

图 11.14 给出了 GTC 薄膜制作过程的示意图[15]。为了获得合适的黏度和润湿性,需将液态镓在 40℃下搅拌 20 min。然后将搅拌后的混合物涂抹在尺寸为 75 mm×25 mm×1 mm 的玻璃基底上,得到一个粗糙的镓膜,用滚筒将镓膜涂抹均匀。将印制好的镓膜在空气中用电加热器进行热处理,温度保持在 400℃,处理时间为 40 min。最后,在空气中冷却,就得到了 GTC 薄膜。

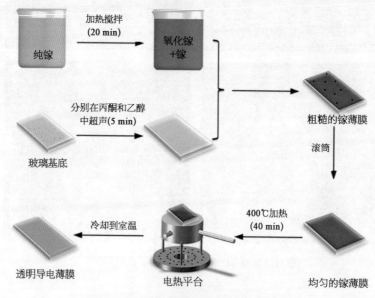

图 11.14 GTC 薄膜的制备工艺原理[15]

图 11.15 展示了 4 个阶段的镓膜,分别为用刷子涂刷于玻璃基底时的镓膜、粗糙的镓膜、用滚筒均匀处理后的镓膜以及最终热处理后的 GTC 薄膜[15]。很明显,用刷子涂过的胶片上有许多固体颗粒。在滚动处理后,大多数固体颗粒可以被清除。在热处理之前,印刷的镓膜就像一面镜子。但在 400℃下处理 40 min 后,薄膜表面变得光洁,透光率增大。因此,GTC 薄膜下方的"TRANSPARENT"字符可以清晰地看到。此外,为了测试 GTC 薄膜的导电性能,还制作了如图 11.15e 的电路,发光二极管表明所获得的透明薄膜是导电的。

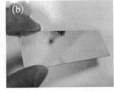

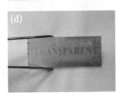
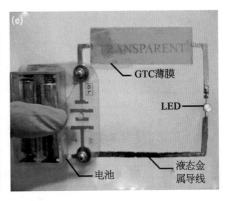

图 11.15 不同阶段的镓膜[15]

a. 用刷子在玻璃基底上(上)和干净的玻璃基底(下)绘制的薄膜;b. 粗糙镓薄膜;c. 印制的对象;d. GTC 薄膜;e. 在电路中以 GTC 薄膜发光。

11.5.2 机理分析

为揭示 GTC 薄膜的光透过率和电导率的机理,利用场效应扫描电镜观察 GTC 薄膜的表面形貌,用能谱分析光谱(EDS)测量 GTC 薄膜的组成元素[15]。图 11.16a 和 11.16b 分别给出了图 11.15c 和 11.15d GTC 薄膜的平面扫描电镜(SEM)图像和横截面 SEM 图像。可以看出,热处理后,原本几乎没有孔洞的膜的光滑表面完全变成了有许多洞的薄膜,得到了一种网状结构形式和多孔膜。图 11.16c 薄膜厚度约 2.5 μm。热处理后,薄膜内部形成了许多孔,因此,厚度略有增加到约 2.8 μm。图 11.16c 和 11.16d 显示了孔外和内部两个不同区域的 EDS 光谱。值得一提的是,在 EDS 分析中使用的玻璃基底是石英玻璃,它比普通玻璃具有更少的杂质元素,如钠、镁和钙。图 11.16c 显示网格状结构(即洞外)由 4 种元素组成:镓、氧、碳和硅。氧的数量很少,这表明在网格状结构中,大部分镓元素以镓金属的形式存在,而不是镓氧化物。作为一种导电体,很明显镓晶格结构是 GTC 膜具有高导电性的主要原因。图 11.16d 表明孔内的元素组成由 3 种元素组成:氧、硅和镓。与图 11.16c 相比,可以发现氧的含量与硅的含量成正比,镓的含量很少。也就是说,洞内的大部分氧和硅元素都来自玻璃基底。因此,当加热时,金属镓内部形成了多孔的网状结构。

这一特殊现象应是黏度、表面张力和液态镓金属的氧化 3 个因素综合作用的结果[15]。当加热时,液态镓表面会形成一层薄薄的氧化镓膜,保护底层的镓层免受进一步氧化。对于底层镓,当薄膜的温度从 30℃ 上升到 400℃ 时,液

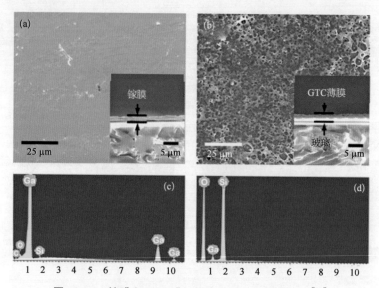

图 11. 16   镓膜和 GTC 膜扫描电镜图像和成分分析[15]

a. 印刷镓膜扫描电镜图(插图为横截面 SEM 图像);b. GTC 膜扫描电镜图(插图为横截面 SEM 图像);c. GTC 膜孔外的 ESD 能谱;d. GTC 膜孔内的 EDS 能谱。

态镓的黏度将从 0. 002 037 下降到 0. 000 885 8 Pa・s,减少到原来的 43%[16]。相反,镓的表面张力基本保持不变[17],仅从 722. 5 mN/m 下降到 692 mN/m。因此,黏度的降低可能是多孔结构形成的主要原因。当加热时,表面张力几乎不变,导致薄膜收缩,从而在薄膜上出现孔洞。高速摄像机记录了薄膜表面形态的动态变化过程。图 11. 17 依次为加热后 4 s、6 s、8 s、10 s、12 s 和 14 s 的画面,可以看到胶片上的透明区域迅速膨胀。

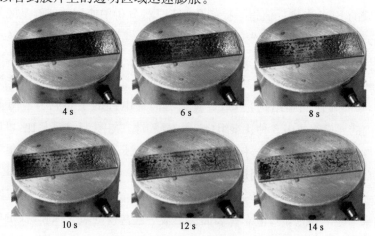

图 11. 17   受电加热器加热后薄膜表面的动态外观[15]

11.5.3　性能评估

薄膜的电阻可以计算为 $R = \rho \times l/s = \rho \times l/(d \times w) = R_{sq} \times l/w$，因此 $R_{sq} = \rho/d$，其中，R 是电阻，ρ 是电阻率，s 是横截面积，R_{sq} 是薄膜电阻，l、d 和 w 分别为薄膜的长度、厚度和宽度。当加热时，GTC 膜的氧含量升高，因为薄膜中的镓氧化物是不良导电物，因此 GTC 薄膜 ρ 升高。另一方面，当加热时，薄膜的收缩会减小这些孔隙附近的膜厚 d，这也增大了 ρ。实验中测得图 11.15c 和 11.15d 中薄膜电阻 $R_{sq} = \rho/d$ 分别为 0.052 Ω/sq 和 16.17 Ω/sq，后者电阻明显大幅增加。与此同时，加热后光透过率也会增加。图 11.18 分别用紫外可见分光光度计分别对玻璃基底、GTC 薄膜和原始镓膜的光学透射率进行了测量，波长范围为 200～800 nm。由于当前的目标是获得可直接打印的透明导电薄膜，可见光范围内的透射率相当重要。测量结果表明，GTC 薄膜在可见区域具有 47% 的光透射率。与光学反射镓膜相比，400℃ 热处理明显提高了薄膜的透光率。

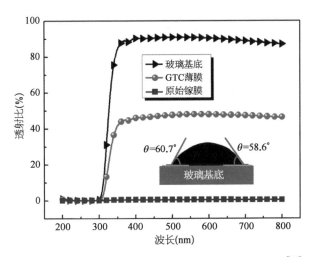

图 11.18　玻璃基底、GTC 薄膜和原始镓膜的光透射率[15]

11.6　液态金属柔性温度检测模块

11.6.1　系统设计

笔者实验室的工作表明，结合手机平台，液态金属可以进行柔性生理检测模块的开发[18]。整个温度监测系统包括红外温度传感器、单片机、蓝牙模块以及手机,该系统的结构如图 11.19 所示,其中温度传感器采用 MLX90615,蓝牙模块是 GC02,选择的微控制单元(MCU)芯片是 STC12LE2052 单片机。红外温度传感器能够通过非接触的方式测量物体表面的温度,温度分辨率为 0.02℃,并且在出厂设置中已经完成了校准。手机用于远程控制温度检测传感模块,通过蓝牙与之建立无线连接。整个系统的通信流程为:应用程序发送一次温度查询请求,通过 RS232 协议模块传输到单片机上,单片机通过 SMBUS 通信协议读取红外传感器的温度数据,再通过蓝牙发送到手机端,由手机程序将数据转换为温度数值,并实时地在屏幕中绘制温度曲线。另外,所选用的电阻和 LED 为 0805 号,供电电压为 3 V。电路原理图和电路板布线图如图 11.20 所示。手机端应用程序是在安卓操作系统上开发,可实现包括选择蓝牙设备、建立蓝牙连接、解码显示温度值、实时绘制温度曲线等多种功能,同时还能够将数据存储于手机中。

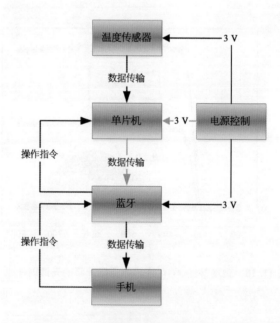

图 11.19　液态金属柔性温度传感系统结构[19]

11.6.2　性能评估

图 11.21a 是笔者实验室制备的柔性温度检测电路,可以贴附于手背上,

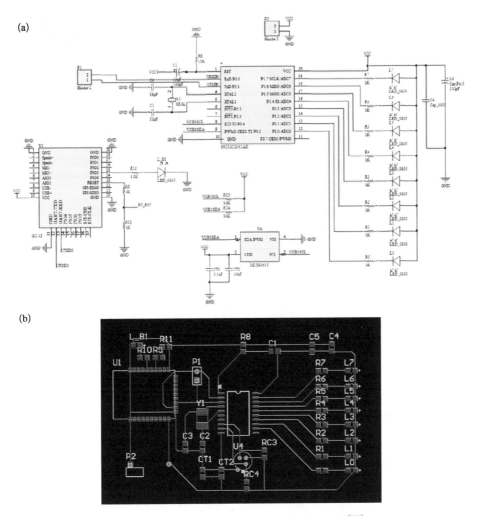

图 11.20　液态金属柔性温度传感模块的设计[18]

a. 电路原理；b. 电路板布线。

并可不受手的运动干扰而正常工作。图 11.21b 是连接手机应用程序的温度检测测试。初始状态下，测得室温为 22℃，当把手放在传感器上方约 5 mm 距离时，屏幕上温度曲线升至 35℃左右。将装有冷水的容器置于传感器上方，可以观察到温度曲线迅速下降，当更换为热水时，温度又再次攀升。

将上述电路的布线和元件摆放进一步密集化，并去除指示灯等额外的电路组成部分，最终可制备出长 65 mm、宽 45 mm 的柔性温度传感模块，如图 11.22a 所示。其中，单片机、蓝牙模块等元器件均被封装在 PDMS 基底中，红

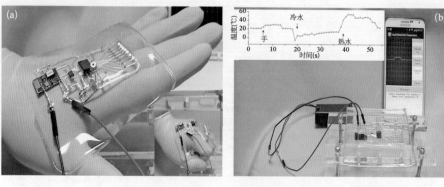

图 11.21　液态金属柔性温度传感系统[18]

　　a. 可以贴附于手背上的柔性温度检测电路；b. 传感模块连接手机进行温度检测测试，温度曲线随传感器测量的物体改变而呈相应上升或下降。

外传感器则仅仅暴露其红外接收区域。模块采用 3 V 外部电源供电。当蓝牙连接成功时，会点亮红色 LED 指示灯。

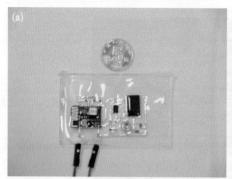

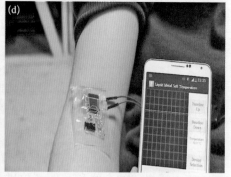

图 11.22　小型液态金属柔性温度传感模块及其在体表温度连续监测的应用[18]

　　a. 液态金属柔性温度传感模块外观；b. 将模块贴附于手掌进行监测；c. 将模块贴附于胸前进行监测；d. 将模块贴附于肘关节进行监测。

使用时,只需将柔性电路板贴附在皮肤任意表面,就可以非常方便地通过手机控制传感模块检测体表温度,如图 11.22b~d 所示,测量位置包括手掌、躯干等。如果选用更小的芯片和电池,柔性传感器甚至还可以用于测量关节的温度变化,从而在不影响关节基本运动的前提下对其进行实时温度测量,这对于运动监测、老人监护、慢性病监控等都将具有重要价值。图 11.23 是使用该柔性电路板测量到的人体手掌、肘关节以及前胸各 2 min 的温度曲线,从中可以看出,该装置性能稳定,温度响应快,并且以较高精度分辨出三处位置的温度差异,测量过程中手掌和肘关节虽都在不断运动,但并不影响测量结果。

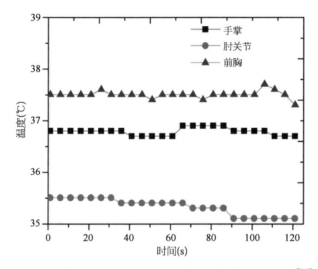

图 11.23　柔性电路板贴于各处皮肤上测量到的温度曲线[18]

黑色方形为手掌处的温度,红色圆形为肘关节处的温度,蓝色三角形为前胸处的温度

11.7　小结

液态金属电子电路打印机为个性化电子制造提供了前所未有的优势。本章介绍了几种不同领域采用液态金属打印机实现的功能电子器件,包括液态金属直写式拉伸变阻器、FM 收音机、LED 显示器、透明导电薄膜及柔性温度检测模块等。不同于传统 PCB 制造方法,通过液态金属打印机打印液态金属功能电路,快捷方便,同时电路上电子元器件的安装并不需要高温焊接工艺和焊接材料,液态金属电路打印在基底之后依然呈液态,同时具有一定的黏性,

因此元器件可以直接贴附在液态金属电路上,这就显著减少了传统焊接方法所需耗费的时间,在电路板的快速制作上展现出了明显的优势,可以说这是一种所见即所得的电子器件制造方法。

参 考 文 献

[1] 李海燕.液态金属直写式印刷电子学方法的理论与应用研究(博士学位论文).北京:中国科学院大学,中国科学院理化技术研究所,2013.

[2] 李海燕,刘静.基于液态金属墨水的直写式可拉伸变阻器.电子机械工程 2014,30(1):29~33.

[3] Lin Y, Ladd C, Wang S, et al. Drawing liquid metal wires at room temperature. Extreme Mechanics Letters, 2017, 7: 55~63.

[4] 杨骏.液态金属个人电子电路打印机机理及应用研究(硕士学位论文).北京:中国科学院大学,中国科学院理化技术研究所,2015.

[5] Yang J, Liu J. Direct printing and assembly of FM radio at the user end via liquid metal printer. Circuit World, 2014, 40(4): 134~140.

[6] Yang J, Yang Y, He Z Z, et al. A personal desktop liquid-metal printer as a pervasive electronics manufacturing tool for society in the near future. Engineering, 2015, 1 (4): 506~512.

[7] Oh B Y, Jeong M C, Moon T H, et al. Transparent conductive Al-doped ZnO films for liquid crystal displays. J Appl Phys, 2006, 99(12): 1348~1419.

[8] Matsubara K, Fons P, Iwata K, et al. ZnO transparent conducting films deposited by pulsed laser deposition for solar cell applications. Thin Solid Films, 2003, 431: 369~372.

[9] Jiang X, Wong F L, Fung M K, et al. Aluminum-doped zinc oxide films as transparent conductive electrode for organic light-emitting devices. Appl Phys Lett, 2003, 83(9): 1875~1877.

[10] Persano L, Del Carro P, Pisignano D. Reversible wettability of electron-beam deposited indium-tin-oxide driven by ns-UV irradiation. Appl Phys Lett, 2012, 100 (15): 151607.

[11] Oka N, Kawase Y, Shigesato Y. High-rate deposition of high-quality Sn-doped In_2O_3 films by reactive magnetron sputtering using alloy targets. Thin Solid Films, 2012, 520(12): 4101~4105.

[12] Mannie G J A, van Deelen J, Niemantsverdriet J W, et al. Transmission electron microscopy of transparent conductive oxide films made by atmospheric pressure chemical vapor deposition. Appl Phys Lett, 2011, 98(5): 204.

[13] Juybari H A, Bagheri-Mohagheghi M M, Shokooh-Saremi M. Nickel-lithium oxide

alloy transparent conducting films deposited by spray pyrolysis technique. J Alloy Compd, 2011, 509(6): 2770~2775.

[14] Tari O, Aronne A, Addonizio M L, et al. Sol-gel synthesis of ZnO transparent and conductive films: A critical approach. Sol Energ Mat Sol C, 2012, 105: 179~186.

[15] Mei S, Gao Y, Li H, et al. Thermally induced porous structures in printed gallium coating to make transparent conductive film. Appl Phys Lett, 2013, 102(4): 041905.

[16] Spells K E. The determination of the viscosity of liquid gallium over an extended range of temperature. P Phys Soc, 1936, 48: 299~311.

[17] Chentsov V P, Shevchenko V G, Mozgovoi A G, et al. Density and surface tension of heavy liquid-metal coolants: Gallium and indium. Inorganic Materials: Applied Research, 2011, 2(5): 468~473.

[18] Wang Q, Yu Y, Yang J, et al. Fast Fabrication of Flexible Functional Circuits Based on Liquid Metal Dual-Trans Printing. Adv Mater, 2015, 27(44): 7109~7116.

[19] 于洋. 基于移动平台的普适性微型全科生理检测方法的研究(博士学位论文). 北京: 清华大学, 2015.

第12章
液态金属传感器与执行器直接打印技术

12.1 引言

　　传感器的应用需求日益增加,印刷电子独特的制备工艺使得导电材料、有机或半导体材料、介质材料能够以更加灵活的方式与基底材料结合在一起,特别是对一些在力、热、光、电、化学方面有着特殊性质的材料更是如此。因此,采用印刷方式制备传感器的方案近年来不断得到探索,所实现器件的性能持续得到改善。液态金属印刷电子技术的出现,为传感器与执行器的快速制备提供了变革性的工具,可由此实现一系列将其他非电信号转换成电信号的传感器。与此同时,具有环保、快捷性、低成本的制备方法,也为日益增长的传感器需求提供了良好的解决方案。采用液态金属印刷电子技术制备传感器与执行器的方法和类型有很多,正成为印刷技术中一个重要的发展方向。

12.2 液态金属热电偶

　　微纳尺度的温度测量在物理、化学和材料科学领域是一个重要问题。在各种温度测量方法中,最常用的是铂温度传感器[1-2]和热电偶(尤其是薄膜热电偶)[3]。但铂是一种贵金属,由其制成的温度传感器虽然精度高,可是价格昂贵。薄膜热电偶具有快速响应特性,但目前常规薄膜热电偶的制作过程十分复杂[4]。实际上,在一些微纳应用场合中,测温只是样机开发的辅助手段,精度要求并不很高,因此,制备成本和时间往往成为制约因素。由此,学术界提出对制作方便、低成本测温方法的需求。鉴于常规的温度测量方法在微纳米尺度受到挑战,近年来,已有学者将目光转向液态金属领域。如采用填充有镓的碳纳米管,观察到了接触电阻和温度的关系[5],将汞随温度增加出现热膨胀的性质用于微流道测温等。但这些测温微器件的制作过程仍然较为复杂。于是,探索尺寸微小、结构简单的测温器件的简易制作方法成为微纳米尺度温度测量的一种趋势[6]。

12.2.1　不同相态镓所构成的热电偶的热电特性

热电效应是热电偶温度传感器(简称热电偶)测温的理论基础[6],它由德国医生塞贝克于 1821 年发现,随后很快就被应用于测温实践。热电偶温度传感器的发展反过来推动了对金属和半导体热电性能的研究。热电偶温度传感器的原理在于:当两种不同成分的导体(或半导体)连接在一起形成闭合回路时,如果两个接点处温度不同,回路中就会产生电动势。

镓是一种特殊的低熔点金属,熔点只有 29.8℃,考虑到其为纯金属,性质比较稳定,所以本章主要介绍镓作为热电极之一的热电偶,即镓基热电偶[7]。为验证镓基热电偶的适用温度范围,可设计相应实验,来测试不同相态的镓所构成热电偶的热电特性[6]。

使用镓墨水和铜电偶丝作为配对金属,先将镓墨水熔化为液态,然后封装进内径为 1.6 mm 的 14♯硅胶管以防止其受到进一步氧化,管两端用 704 硅胶封住。使用双级热电片(型号 TEC2‐31‐126‐7.5,尺寸 50 mm×50 mm×8 mm)作为热端,0℃恒温酒精浴作为冷端。热电偶冷端接入铜丝作为测压线,根据热电偶的中间温度定律,热电偶的两电极材料分别与成分相同的两根连接导线相连,只要热电偶冷端保持在温度 T_c,连接导线接点端保持在温度 T_v,两连接导线间的电压即为 E_{AB}。采用 DH1720A‐1 型直流稳压稳流电源调节热电片温度。经测试在输入电压为 4.5 V 时,热电片最低温度可达 −7℃。采用 T 型热电偶记录系统中各位置的温度,测量精度主要由热电偶精度(±0.5℃)决定。采用安捷伦 34970A 数据采集仪记录温度和电压数据。在环境温度下重复进行了多次测试以检验实验结果的可重复性。

实验开始前先通过热电片的作用,使热电偶热端温度降至10℃,并静置一段时间,待镓墨水完全成为固态后,反接热电片,开始对热电偶的热端加热,并使其持续升温至100℃。

图 12.1 为当热端温度从 10℃升高到 100℃时,镓‐铜热电偶热电势与温差的关系[6]。从图中可明显看出,在 30℃附近有一拐点,在该点左侧,热电势随热端温度升高而线性减小,而在该点右侧,热电势随热端温度升高而线性增加,且斜率较拐点前明显增大。根据前述分析可知,热电势——温度曲线的

斜率即为热电偶的热电势率,而 30℃ 附近恰好是镓的熔点。于是可作如下推断:当镓热电极为固态时,镓-铜热电偶的热电势率为负值,经线性拟合得 $-0.44\ \mu V/℃$;镓热电极为液态时,热电偶的热电势率为正值,经线性拟合得 $2.08\ \mu V/℃$。需要注意的是,对于拐点右侧的情况,由于热电偶冷端一直保持在 0℃,所以当热端的镓熔化为液态时,冷端的镓很可能仍然是固态,所以在镓电极中可能存在两种相态,此时得到的热电势率数据并不能真实代表由液态镓构成的热电偶的热电势率。液态镓构成的热电偶的热电势率将在后文加以介绍。

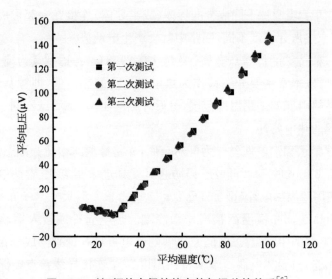

图 12.1　镓-铜热电偶的热电势与温差的关系[6]

固、液相的镓与同一种导体构成的热电偶有着截然不同的热电特性,决定了镓作为热电极材料必须区分固、液两种相态,从而分别加以应用。而由于镓过冷度较大(可达 100℃ 左右),一旦熔化后再对其进行冷却,则可能在远低于熔点的温度下才会凝固,而实际凝固温度无法预判,这会导致固态温度范围不易确定,加之其在固态时的热电势率较小,所以液态镓较固态镓更适合用作热电偶的热电极材料。另外,由于铜对镓的耐蚀性较差,多次升降温实验后铜已明显受到液态金属的腐蚀,故铜也不适合用作与镓配对的热电极材料[6]。

12.2.2　液态镓基热电偶的热电特性

本节介绍的热电偶分别由液态镓和另外几种热电极材料构成,在一定温度范围内对其进行原理性实验,可探索氧化效应对其热电特性的影响,从而得到其热电特性的定量认识,以期为实际应用提供基础性数据。

使用纯度为 99.99% 的镓和镓墨水作为样品,康铜、两种钨铼合金(WRe$_5$ 和 WRe$_{26}$)以及镓铟合金(GaIn$_{21.5}$,Ga 为 78.5 wt.%,In 为 21.5 wt.%)作为配对金属[6]。实验平台采用一插有加热棒的铜块作为热源,通过功率为 50 W 的调压器调节加热棒功率来对铜块升温。由于铜丝在高温时易被镓腐蚀,故热电偶冷端改为接入不易被镓腐蚀的 WRe$_{26}$ 合金丝作为测压线,测压线和热电偶的连接点浸入作为冷源的 40℃ 恒温水浴中。所有液态金属样品都封装进内径为 1.6 mm 的 14♯ 硅胶管以防其受到进一步氧化,管两端用硅橡胶(型号:704,南京大学研制)封住。热电偶热端温度从 40℃ 提升至 240℃。实验装置如图 12.2 所示。同样采用 T 型热电偶记录系统中各位置的温度,安捷伦 34970A 数据采集仪记录温度和电压数据。实验过程中用加热贴覆盖在镓热电极上方使之保持在 40～60℃,从而使整个镓电极保持液态。在环境温度下对每个热电偶重复进行多次测试,以检验实验结果的可重复性。

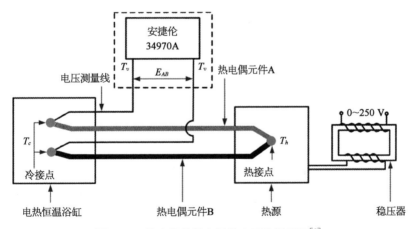

图 12.2　液态镓基热电偶的实验装置原理[6]

1. 改性前的镓构成的热电偶的热电特性

图 12.3 是液态镓与 4 种配对金属材料组成的热电偶的电压-温差曲线[7]。在实验温度范围内,所有热电偶都呈现出明显线性特性,但由于各种配对材料的绝对热电势率不同,导致曲线斜率(即平均热电势率 S_{AB})相差很大,

如表 12.1 所示。其中 β 为线性相关系数，β 的绝对值越大，越接近 1，说明线性度越好。从表 12.1 可见各参数的线性度均较好。曲线拟合得到镓-康铜 (Ga-constantan) 热电偶的平均热电势率为 47.64 μV/℃，这一数值与常用的丝状热电偶非常相近，只比 T 型热电偶的 S_{AB}（51 μV/℃）略小，但比 K 型热电偶的 S_{AB}（41 μV/℃）大。相比之下，Ga-WRe$_{26}$ 和 Ga-GaIn$_{21.5}$ 热电偶的 S_{AB} 相对较小，分别为 1.27 μV/℃ 和 0.11 μV/℃。可以得出 Ga-constantan 热电偶的敏感性更强的结论。主要原因在于 Ga-constantan 的绝对热电势率值相差较大，而 Ga 与 WRe$_{26}$ 的绝对热电势率值相差较小，Ga 和 GaIn$_{21.5}$ 的绝对热电势率值则非常接近。

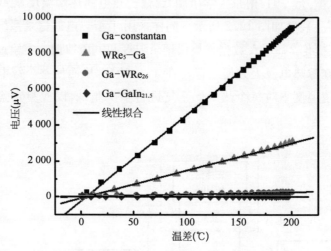

图 12.3　镓及其配对金属的热电势与温差的关系[7]

表 12.1　各热电偶的平均热电势率

参　数	Ga-constantan	WRe$_5$-Ga	Ga-WRe$_{26}$	Ga-GaIn$_{21.5}$
$S_{AB}(\mu V/℃)$	47.64	15.41	1.27	0.11
β^2	0.999 0	0.998 5	0.999 6	0.992 9

对各热电偶的热电特性进行误差分析如下[6]：

（1）已定系统误差：热电极材料的不均匀性引起的测温误差 ε_1，当热电偶热端与冷端温度相等时测得的电势为 E_1，根据标定的热电偶的热电势率 S_{AB}，可将其换算成温度误差，如表 12.2 所示。

表 12.2　各热电偶的系统误差

参　数	Ga – constantan	WRe_5 – Ga	Ga – WRe_{26}	Ga – $GaIn_{21.5}$
$S_{AB}(\mu V/℃)$	47.64	15.41	1.27	0.11
$E_1(\mu V)$	228.958 84	83.908 24	6.589 21	0.357 98
ε_1	4.806 02	5.445 05	5.188 354	3.254 36

（2）线性拟合产生的误差：对于热电偶热电特性关系曲线，线性拟合产生的非线性误差为 E_2，根据热电偶的热电势率 S_{AB}，将其换算成温度误差 ε_2，如表 12.3 所示。

表 12.3　各热电偶的线性拟合误差

参　数	Ga – constantan	WRe_5 – Ga	Ga – WRe_{26}	Ga – $GaIn_{21.5}$
$S_{AB}(\mu V/℃)$	47.64	15.41	1.27	0.11
$E_2(\mu V)$	240.571 1	133.734 3	4.148 206	1.996 876
ε_2	5.049 771	8.678 41	3.266 304	18.153 42

（3）冷端分离引起的测温误差：热电偶冷端分别与测压线相连接，两接点虽然都浸入恒温水浴中，但水浴中因与加热器件位置的远近而存在温度梯度，加之热电偶本身存在测温误差，所以两冷端接点的温度无法保证完全一致。这里冷端分离引起测温误差 ε_3，如表 12.4 所示。由于其中已包含热电偶的测温误差，所以不再另外列出。

表 12.4　各热电偶的冷端测温误差

参　数	Ga – constantan	WRe_5 – Ga	Ga – WRe_{26}	Ga – $GaIn_{21.5}$
ε_3	0.157	0.146	0.138	0.221

（4）总测温误差：根据误差分析与处理理论，系统误差按代数和法合成，未定系统误差及随机误差均按方根法合成。这样得到的测试系统总的测温误差为：

$$\varepsilon = \varepsilon_1 + \sqrt{\varepsilon_2^2 + \varepsilon_3^2} \qquad (12.1)$$

各热电偶的总测温误差如表 12.5 所示。由表可知，Ga – constantan 热电偶和 Ga – WRe_{26} 热电偶的测温误差较小，在 5% 以内，而 WRe_5-Ga 和 Ga – $GaIn_{21.5}$

热电偶的测温误差相对较大。通过误差分析可知,系统误差和线性拟合误差较大是导致总测温误差较大的原因,即热电极材料的不均匀性和曲线的非线性趋势是造成误差的主要原因,可进一步在这两方面加以改进。

表 12.5　各热电偶的总测温误差

参　数	Ga-constantan	WRe$_5$-Ga	Ga-WRe$_{26}$	Ga-GaIn$_{21.5}$
ε	9.858 232	14.124 69	8.457 572	21.409 13
相对误差(%)	4.93	7.06	4.23	10.70

2. 改性后的镓构成的热电偶的热电特性

为实现直写操作,需要对镓和镓铟合金进行微量氧化处理。而微量氧化物的存在是否会对这些液态金属与其他配对金属构成的热电偶的热电特性产生影响,则有必要作进一步研究。选取镓墨水和镓铟合金墨水作为样品,重复上述实验。实验结果表明[7],当与固态金属配对时,对液态镓添加微量氧化物前后热电偶的 S_{AB} 几乎完全相同,而液态镓与液态镓铟构成的热电偶在添加微量氧化物前后,其 S_{AB} 却出现明显区别。图 12.4 为添加微量氧化物前后热电偶的热电势——温差曲线,对前者选取 Ga-WRe$_{26}$ 热电偶作为代表,与Ga-GaIn$_{21.5}$ 热电偶进行对比。仍然可用热电极材料的绝对热电势率大小来对上述现象进行解释。当镓与固态金属构成热电偶时,这些固态金属的绝对热电势率比镓的绝对热电势率大得多或小得多,所以镓的绝对热电势率的微量变化对于 S_{AB} 来说影响很小,S_{AB} 主要取决于固态金属的绝对热电势率。所以,在添加微量氧化物导致镓的绝对热电势率发生微小变化时,热电偶的 S_{AB}

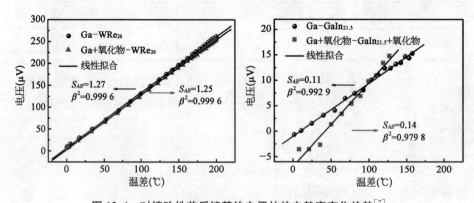

图 12.4　对镓改性前后镓基热电偶的热电势率变化趋势[7]

变化并不明显。但当 Ga 与 GaIn$_{21.5}$ 构成热电偶时,微量氧化物的存在使得热电势-温差曲线的斜率 S_{AB} 增加了 27%。可能的解释是当添加微量氧化物后,Ga 和 GaIn$_{21.5}$ 的热电势率都发生了微小变化,但由于二者本身数值极其相近,所以 S_{AB} 表现出非常明显的变化。

热电响应是温度梯度、热电势率和环境的复杂函数。而 Ga 的绝对热电势率早在半个世纪前就有人研究过[9],该文献指出液态镓在 30℃时的绝对热电势率为 $-0.2\mu V/℃$。在商用 WRe$_5$-WRe$_{26}$ 热电偶中,WRe$_5$ 为正极而 WRe$_{26}$ 为负极,可见不同的钨铼配比会影响到其相应的热电性能。而在 WRe$_5$-Ga 热电偶中,WRe$_5$ 和 Ga 分别为正极和负极。对于 Ga-WRe$_{26}$ 和 Ga-constantan 热电偶,Ga 为正极。根据这些发现,按照塞贝克对多种热电极材料的排序方法,可把实验中涉及的金属按其平均热电势率的大小排列如下:康铜、WRe$_{26}$、GaIn$_{21.5}$、Ga、WRe$_5$。在这一序列中,两种金属相隔越远,则由该两种金属形成的热电偶的热电势率越大。而且,电流方向从序列中排在前面的金属流向排在后面的金属。根据塞贝克的结论,热电极材料在热电序列中的位置取决于温度和材料纯度,所以当使用温度范围超出实验温度范围时,应对其热电性能进一步研究。除镓之外,其他液态金属的热电势率可通过测量或文献获得。因此,其他液态金属和相应配对金属构成的热电偶的热电势率可以用同样的方法推得。另外,由于液态金属在相当宽的温度范围内能保持液态,所以可推测只要采用真空罩隔绝氧气,液态金属热电偶的测温范围可以扩展到超过 2 000℃。

由于钨铼热电偶在惰性气体和氢气中的测温范围为 0~2 800℃,可推测液态金属和钨铼合金构成的热电偶是高温环境中微纳尺度温度测量的极佳选择。但环境条件(如压力、化学腐蚀、辐射等)可能会影响沿热电极材料长度方向的分子结构,从而引入误差。比如,镓在高温下会受到严重氧化,从而令测温出现一定程度的偏差。所以,在实际应用中,如果应用于高温测量,有必要对液态金属热电极采取一定的绝缘和保护措施(如加装绝缘材料和保护管)。而且,液态金属饱和蒸汽压低,不易蒸发,适于高温真空中使用。总之,基于纯液态金属的热电偶具有流动性和出色的线性温度特性,精度高,适用于微流体管路中的精确测量;而由含有微量氧化物的液态金属墨水构成的热电偶可制成直写式热电偶,其精度可通过标度来保证,从而促使直写式热电偶温度传感器的出现。

12.2.3 液态金属直写式热电偶

1. 液态金属直写式热电偶制作

当热电极材料为均质材料时,热电偶所产生的热电势的大小与其形状或尺寸无关,只与热电极材料的成分和两端温差有关,所以液态金属热电极可被封装进极细的管内,如碳纳米管,甚至当其制成墨水后,可直接印刷在基底上,液态金属墨水的膜厚可小至微米量级。图 12.5 为镓和镓铟合金($GaIn_{21.5}$)构成的热电偶[7]。

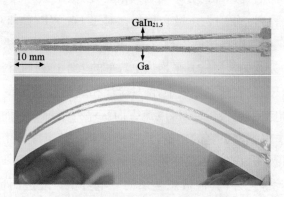

图 12.5   直写在纸上的镓基热电偶[7]

直写式镓基热电偶的制作步骤如下[6]:

(1) 选取基底:选用常见的打印纸作为基底材料,该材料方便易寻,且与室温液态金属的黏附性较好。不过,由于纸的燃点是 130℃,故在该基底上形成的热电偶只适用于 100℃以下的测温范围。

(2) 制作掩膜:掩膜可采用多种材料,本章同样采用打印纸作为掩膜材料,在其上绘制出所需的热电偶形状,并按该形状将掩膜相应位置镂空。

(3) 制备墨水:将纯度为 99.99% 的镓和镓铟合金在磁力搅拌器上以 200 r/min 的搅拌速率各搅拌 10 min,制得氧含量为 0.026 wt.% 的镓和镓铟合金墨水。

(4) 直写操作:将掩膜覆盖在作为基底的打印纸上,采用两支蘸有不同液态金属墨水的笔刷分别涂覆两个长为 150 mm,宽为 3 mm,厚为 10 μm 的液态金属薄膜,构成热电偶的热电极(两热电极不连通),然后揭掉掩膜,用另一支笔刷将两热电极相接近的一端连通,完成热电偶温度传感器的制作。

为进一步获得由直写方法制成的液态金属热电偶的外观及结构尺寸,采用扫描电子显微镜(SEM)对 $GaIn_{21.5}$ 热电极的截面及表面进行测试。图 12.6a 和 12.6b 分别为测得的打印纸上的 $GaIn_{21.5}$ 热电极的截面和表面形貌。从图中可以看出,$GaIn_{21.5}$ 薄膜较均匀地沉积在打印纸基底上,厚度只有约 $10~\mu m$,这为微尺度应用提供了必要的条件。

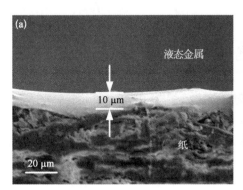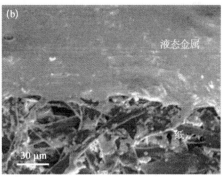

图 12.6　以打印纸为基底的直写 $GaIn_{21.5}$ 热电极的 SEM 图[7]

2. 液态金属直写式热电偶的动态响应特性

薄膜热电偶的动态特性通常用时间常数 τ 来评价[7]。τ 与热电偶的结构及被测物体的状态有关,数值上等于测量温度上升至整个阶跃的 63% 所需要的时间。τ 越小,动态响应越快,测量误差越小。

这里采用了一种简单的手段,即利用制得的液态金属直写式热电偶测量酒精灯点燃瞬间的温度变化情况,并通过安捷伦 34970A 测量热电偶两端的电势差,获得其动态响应特性。由于打印纸燃点(130℃)较低,故选用硅胶(燃点 450℃)作为基底,采用 WRe_5-Ga 热电偶和 Ga-$GaIn_{21.5}$ 热电偶作为液-固和液-液热电偶的代表,测试了二者的动态响应特性,测量结果分别如图 12.7a 和 12.7b 所示。从图中可以看出,在酒精灯点燃的瞬间,WRe_5-Ga 热电偶有较快的响应,从点燃至热电势达到最大值的时间为 1.032 s,所以 WRe_5-Ga 热电偶的时间常数为 1.032×98.2%/4=0.25 s=250 ms。对于 Ga-$GaIn_{21.5}$ 热电偶,从点燃至热电势达到最大值的时间为 3.516 s,所以 Ga-$GaIn_{21.5}$ 热电偶的时间常数为 3.516×98.2%/4=0.86 s=860 ms。

应该加以说明的是,这里的测试方法只能大致测量出薄膜热电偶温度传感器的动态响应时间的量级,由于环境、仪器等各种因素的影响,测得的响应时间比实际值偏大。

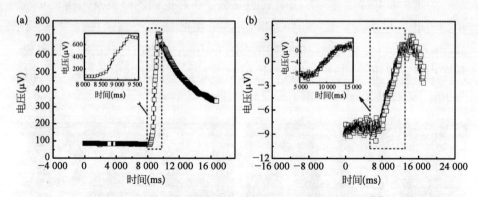

图 12.7　液态金属直写式热电偶的动态响应特性曲线[7]

a. WRe$_5$ - Ga 热电偶；b. Ga - GaIn$_{21.5}$ 热电偶。

3. 性能分析

由于薄膜的厚度有限，与块体材料比较，其几何尺寸对薄膜的特性会产生影响。在导电方面，当薄膜的厚度与电子的平均自由程可比拟时，薄膜的表面将影响电子的运动和电子平均自由程的有效值，使薄膜电导率和电阻率均与块体材料不同，从而使得薄膜电极的绝对热电势率也不同于块体材料。这种由于几何结构限制所引起的导电特性的变化现象，称为薄膜的尺寸效应。当薄膜的厚度小于某一值时，薄膜的连续性发生中断，从而引起电子输运现象发生变化，因此，薄膜热电偶的厚度不是越薄越好，而是存在一个临界厚度[6]。

薄膜热电偶具有有趣的尺寸效应。对比不同厚度的 Cu/CuNi 薄膜热电偶，可以发现，当薄膜热电极的厚度小于 120 nm 时，其热电势急剧减小，电阻率急剧增大。反之，不仅其热电特性与普通体块型热电偶相当，而且响应时间也会显著减小[10]，小于 1 μs。这表明薄膜的临界厚度对薄膜热电偶的热电特性和响应时间有很大影响。

北京大学电子学系许胜勇教授及其团队的大量试验发现[11-13]，金属薄膜热电偶的热电特性有着极为丰富的尺寸效应，并明确指出了这些效应的重要实际用途。根据这一原理，他们创造性地提出一系列采用不同宽度与形状的同种金属制成薄膜热电偶。

对于本节介绍的直写式镓基热电偶，已知镓的电子平均自由程[14]为 1～4 Å，所以可推测镓薄膜的临界厚度约为 0.1 nm 量级，而这里的薄膜均为

$10~\mu m$ 左右,约为临界厚度的 10^5 倍,所以可不考虑尺寸效应。一旦膜厚接近 $0.1~nm$,则必须考虑尺寸效应。

在热电偶热结点处,两层金属薄膜之间所形成的界面通常会发生相互扩散,形成复杂的结构,如空位、替位或填隙杂质等[15]。而 Ga 和 $GaIn_{21.5}$ 由于含有相同成分,且室温下呈液态,极易发生相互扩散。液态金属间的扩散机理值得进一步研究。

12.3　液态金属血糖传感器

普遍的血糖检测对疾病的实时诊断具有重要意义。在过去的数十年里,人们做出了巨大的努力[16]以发现一种灵敏有效的葡萄糖检测方法。葡萄糖监测的一个主要问题在于电化学传感器的设计[17],它们在时间成本处理、高温处理和昂贵设备等情况方面也表现出局限性。本节介绍采用铋基合金制作液态金属血糖传感电极的策略,以期为相应的应用提供一种新的快捷制造途径[18]。

12.3.1　制作方法

电极材料由 Bi(32.5 wt%)、In(51 wt%)和 Sn(16.5 wt%)(BIS)组成,所得共晶合金的熔点为 59℃。为了保证电极和基底之间的黏连度,液态金属在空气中连续搅拌,直到氧化 5%。电极的总体设计如图 12.8 所示[18]。图 12.8a 是不锈钢模板,厚度为 $50~\mu m$。液态金属电极与商业电极的形状略有不同,形状如图 12.8b 所示。在 PVC 基底上通过直接手工印刷,制作了由工作电极(WE)、反电极(CE)和参考电极(RE)组成的液态金属电极(图 12.8c)。液态金属电极可以牢固地附着在 PVC 基材上,在弯曲时不会断裂或脱落(图 12.8d)。

图 12.9 描述了制作液态金属血糖电极的详细步骤。首先,为了维持熔融状态,液态金属合金在 70℃下预热。与此同时,电极的掩模被放置在 PVC 基底上,在印刷过程中,将其紧紧地固定在 59℃ 的加热平台上,以防止液态金属在室温下凝固。然后用刷子蘸取液体合金覆盖通道,直到掩模完全填满。最后将掩模从衬底分离,在室温下自然冷却,使液态合金凝固迅速,形成电极。由于表面粗糙,获得的电极需要用砂纸处理,然后在蒸馏水中进行超声波清洗。

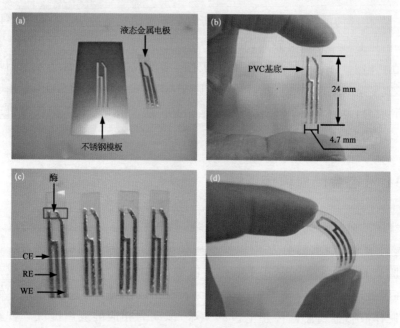

图 12.8　液态金属合金电极设计[18]

a. 制作电极的不锈钢模板；b. 液态金属电极尺寸；c. 液态金属电极基本设计；d. 液态金属电极柔性。

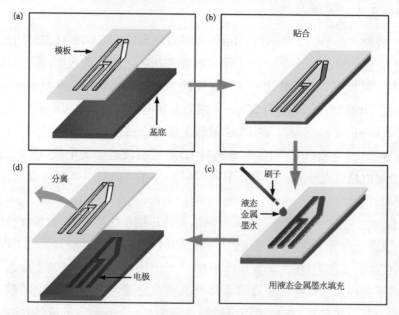

图 12.9　液态金属电极的制作工艺原理[18]

a. 掩膜设计；b. 将掩膜紧密贴合到基底上；c. 通过毛刷将液态金属填充在掩膜里，同时基底放置在加热台上使合金保持液态；d. 将掩膜从基底上分离出来，获得液态金属电极。

商业血糖测试条(SANNUO®)采用固定化葡萄糖氧化酶,在碳电极使用铁氰化钾作为电子媒介。为了加以比较,对液态金属电极进行了同样改性,制备了 250 mM 的水氰化钾溶液[19],将葡萄糖氧化酶溶液用磷酸盐缓冲液(PBS)稀释到 1 000 units/mL。进一步将这种液态金属血糖测量电极制作成多反应模块,如图 12.10 所示,传感器具有多个检测区域,一个液态金属电极条带可以被使用 3 次或 3 次以上,这取决于所设计的探测区域的数量。这种方法不仅可降低成本,而且更加环保。

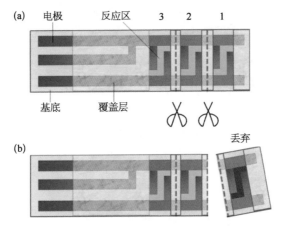

图 12.10　多反应区液态金属血糖测量传感器的设计[18]

a. 设计的传感器有 3 个反应段;b. 试验可以从第一反应部分进行,当反应完成时,测试区域将被切断并丢弃。

12.3.2　性能测试

在应用于各种葡萄糖浓度测量之前,采用循环伏安法对双合金电极的基本表征进行评价。用铁氰化钾溶液对电极进行改性[18]。在室温下干燥合金条带后,降低 PBS 浓度,并在不同的扫描速率下进行循环伏安法测定。10 mV/s、50 mV/s、100 mV/s 和 150 mV/s 扫描速率的结果如图 12.11a 所示。从图中可以看出,阳极和阴极的峰是稳定和可逆的。图 12.11a 中插入的显示阳极和阴极峰电流与扫描速率在 10～150 mV/s 之间具有良好的线性关系。对 0.1 M PBS 与 20 mM 葡萄糖溶液中未修饰电极和 20 mM 葡萄糖溶液中的修饰电极的循环伏安法进行了比较研究。当溶液滴入葡萄糖氧化酶修饰的位置时(对于未修饰电极,溶液被放置在与修饰电极对应的位置上),得到循环伏安曲线。图 12.11b 表明,修饰电极反应的峰值电流比未修饰电极上的峰值电流大得多,这证明了双合金与 PBS 或葡萄糖溶液的组成没有反应。葡萄糖和葡萄糖氧化酶之间的反应是在合金电极上发生的显著反应。因此,合金电极可以真实地反映葡萄糖氧化过程中的信号,并证实双合金电极可以很好地用于葡萄糖检测。

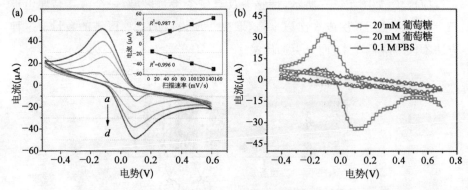

图 12.11　液态金属电极表征[18]

a. 循环伏安图,扫描频率分别为 10 mV/s、50 mV/s、100 mV/s 和 150 mV/s。小图表示电流峰值与扫描速率之间的关系。b. 3 种情况在 100 mV/s 扫描速率下的循环伏安曲线:酶修饰后的液态金属电极在 20 mM 浓度葡萄糖溶液,未修饰电极在 20 mM 浓度葡萄糖溶液和 0.1 M PBS 中。

通过对 5、7.5、10、15 及 20 mM 浓度的葡萄糖溶液进行检测[18],结果表明,积分值随浓度的增加呈线性增加,与浓度和血糖仪测量值之间的关系很好(图 12.12a)。虽然提供的结果是积分值,但可以通过浓度和积分值的比较来确定未知浓度。这就证明了手机系统在检测葡萄糖浓度方面具有良好性能。在此基础上,将双合金电极与智能手机结合使用,分别检测不同葡萄糖浓度,

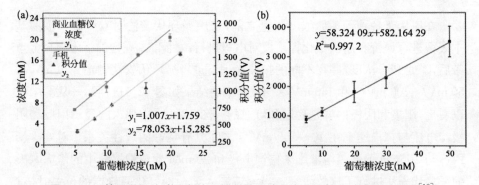

图 12.12　基于手机移动平台的血糖测量系统和商业血糖仪的电极校准图[18]

a. 葡萄糖浓度分别为 5 mM、7.5 mM、10 mM、15 mM 及 20 mM;b. 使用液态金属血糖测量电极的电压-血糖浓度曲线。

得到的积分值与相应浓度的关系如图 12.12b 所示,表明积分值与浓度之间存在良好线性关系,该合金电极可用于敏感电化学检测。此外,结果显示每次在同一浓度下均不完全一致,这可能是由于手工刷导致电极形状和酶修饰区的差异所致。为了限制样品溶液,在传统的测试条上,设计并添加了具有永久容积或虹吸通道的储层,以提高成批生产中合金传感器的性能。在此方面,通过简单的机械化设备可改善或避免手工带来的影响,这在不久的将来是值得探究的。

12.4　液态金属可拉伸电容传感器

12.4.1　制作方法

本节介绍了液态金属可拉伸电容传感器的制备[20],采用 GaInSn 合金作为导电材料,同时结合 3M VHB4905 作为介电弹性体[21]。单层电容传感器的设计结构如图 12.13a 所示,可以称之为三明治结构,由三层 3 M VHB 组成,顶层和底层 VHB 用于封装整个电容传感器,中间层的 VHB 则起到电容介电作用。封装在 VHB 中的液态金属可被绘制成任意形状[18]。

在如下实验中使用的 3 M vhb4905 薄膜厚度为 0.5 mm,宽度 570 mm,扩展系数 150%。该电容传感器的电容可用以下公式表示:

$$C = \frac{\varepsilon_r \varepsilon_o A}{d} \tag{12.2}$$

其中 A 表示液态金属电极的面积;ε_o 是真空的介电常数,其值为 8.86×10^{12} F/m;ε_r 表示薄膜的相对介电常数;d 是两个液态金属层之间的距离,也就是中间 VHB 层的厚度。

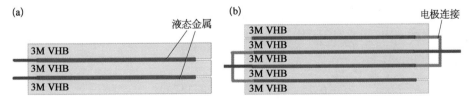

图 12.13　液态金属电容传感器示意[20]

a. 单层电容传感器的设计;b. 多层电容传感器的设计。

在上述设计基础上,还可用类似方法设计"多层液态金属电容传感器",如图 12.13b 所示,其结构与单层电容传感器基本相同,但增加了多层 3 M VHB 薄膜和液态金属电极。这种设计的优点在于提高了灵敏度并增大了电容。

12.4.2　性能测试

1. 传感器测量电路设计

为了测量电容传感器电压形式的变化,首先设计了一种基于 CAV444 芯片的测量电路。CAV444 是一种集成的电容 - 电压换能器,内部原理如图 12.14a 所示,测量电路的原理如图 12.14b 所示。系统传递函数可以用式 (12.3)表示,式中 $V_{CM}=2.1$ V,$V_{REF}=2.5$ V。C_W 的值与 $C_{M, max}$ 有关,关系可以用式(12.4)表示。

$$V_{OUT} = \left(\frac{3V_{CM}R_{CM}}{8C_W R_{CW}}\right) C_M + V_{REF} \tag{12.3}$$

$$C_W = \frac{C_{M, max}}{1.6} \tag{12.4}$$

CAV444 芯片中的内部测量振荡器产生时钟脉冲,使内部电容充放电[22]。这些时钟脉冲在 f/V 转换器和后端低通滤波器中转换为直流电压信号。滤波后的直流电压信号传输到一个可调放大级,使输出信号被设置为所需的值。CAV444 具有广泛的电容测量范围和线性传输特性。改变 f/V 转换器,电容器(CW)将改变测量范围和电路的分辨率。测量电路的 PCB 设计如图 12.14c 所示,尺寸为 4.5 cm×2.3 cm。CW 与测量范围成正比,与分辨率成反比。选取 CW 的 4 个不同的值(62、100、220、330 pF)进行验证,分别测量检测电路的输出响应。不同 CWs 电路的输出特性如图 12.14d 所示。电容的最大值可根据该电路的饱和电压(4.5V)和相应的 CWs 值来估计,从而可以得到 CW 与 CM 之间的经验方程,相关系数为 0.997 8:

$$C_{M, max} = 1.644\,2C_W - 44.974 \tag{12.5}$$

检测电路的杂散电容值可由式(12.4)和式(12.5)得到,图 12.14d 显示该电路的杂散电容为 53 pF,会影响该电路的测量范围。

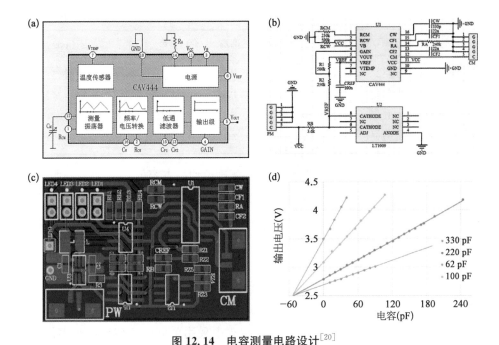

图 12.14　电容测量电路设计[20]

a. CAV 444 的框图；b. 电路原理图；c. PCB 设计图；d. 不同 f/V 转换电容器的电路输出特性。

2. 液态金属电容传感器的性能

8 个不同样品的液态金属电容传感器的测量结果如表 12.6 所示[22]。从表中可以看出，液态金属电容器每单位面积的平均容量为 0.077 pF/mm^2，标准偏差为 0.001 7 pF/mm^2。由式（12.2）计算，每个样品电容传感器的相对介电常数约为 4.348，几乎等于 3 M VHB 薄膜的相对介电常数（约为 4.35），这证明了电容传感器的稳定性。多层电容传感器测试样品为 5 个，与在同一电极区域下的单层设计相比，电容增加了 3 倍（0.23 pF/mm^2，标准差为 0.007 pF/mm^2）。

表 12.6　单层电容传感器的稳定性试验[22]

样品	面积(mm^2)	平均电容值(pF)	标准差	介电常数	单位电容(pF/mm^2)
1	392.68	31.48	0.098	4.529	0.080 167 057
2	526.04	38.94	0.445	4.182	0.074 024 789
3	465.66	36.26	0.120	4.399	0.077 867 972
4	463.32	34.14	0.242	4.163	0.073 685 574

（续表）

样 品	面积(mm²)	平均电容值(pF)	标准差	介电常数	单位电容(pF/mm²)
5	591.53	45.56	0.102	4.351	0.077 020 608
6	1 116.58	86.66	0.120	4.385	0.077 611 994
7	1 183.81	92.50	0.141	4.415	0.078 137 671
8	380.00	29.32	0.744	4.359	0.077 157 895

对液态金属电容传感器进行拉伸,并测试拉伸后电容值[20]。实验证明,液态金属电容传感器具有很好的可拉伸性,重复拉伸 500 多次以上对传感器性能影响不大。这是由于 GaInSn 的液体形式赋予了传感器一定程度的自愈能力。

3. 液态金属电容传感器的灵敏度

另外,通过实验还发现液态金属电容传感器具有对应变快速响应($<$10 ms)的特性[20]。如图 12.15a 和 12.5b 所示,传感器在不同的拉伸频率下,输出电压呈现相应的变化。在应变实验中采用单层电容传感器和多层电容传感器,两种电极均为方形,尺寸为 2 cm×2 cm。将传感器分别拉伸到 3 cm、4 cm 和 5 cm 时,记录输出电压,重复试验 10 次。通过统计分析了输出电压。从图 12.15d 可以看出,两者与拉伸都有良好的线性关系,多层电容传感器使单层电容传感器的灵敏度提高了一倍。对于单层电容传感器,线性回归公式为 $V=0.123\ 5L+2.706\ 3$,相关系数为 0.999,其中 L 为电极长度,V 为电压。对于多层电容传感器,线性回归公式为 $V=0.236\ 5L+2.790\ 5$,相关系数为 0.998。

12.4.3 液态金属电容器传感器的应用

为进一步探索液态金属电容传感器在生理信号监测中的实际应用[20],笔者实验室对人体不同部位进行了 10 次弯曲实验(0~90°)。在手腕上粘贴一个直径为 30 mm 的圆形电容传感器,如图 12.16a 所示,通过实验定量分析了旋转腕关节与电容值的关系。CAV444 测量电路(CW=220 pF)的手腕角度与输出电压的关系如图 12.16b 所示。统计结果表明,二者具有良好的线性关系,线性回归公式为:$y=0.001\ 2x+3.245$,其中 x 为手腕角度,y 为测量电压,相关系数为 0.996。

在指节上粘贴一个尺寸为 25 mm×25 mm 的方形电容传感器,如图

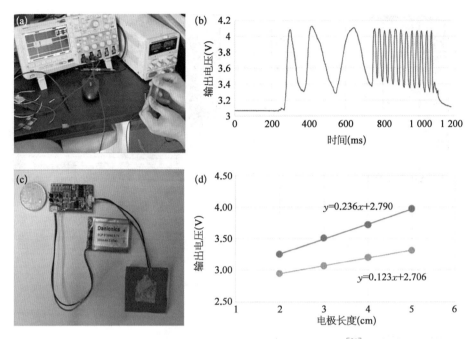

图 12.15　液态金属电容传感器的灵敏度测试[20]

　　a. 电容传感器在不同的拉伸频率下的实验；b. 输出电压随拉伸频率的变化曲线；c. 单层和多层电容传感器的拉伸实验装置；d. 单层和多层电容传感器的拉伸拟合曲线。

12.16c 所示。弯曲手指时记录测量电压（CW＝100 pF）。记录数据的线性回归分析如图 12.16d 所示。线性回归公式为：$y=0.001\,2x+3.634\,7$，相关系数为 0.986。实验数据均为 0~90°，总电压变化量为 20%。

　　电容传感器也具有作为压力传感器的潜力。如图 12.16e 所示，一种带有 LED 的液态金属电容传感器器件演示了其压力特性，LED 灯在对电容传感器施加压力的过程中，随着压力的增大电容也不断增大，曲线如图 12.16f 所示。

12.5　可印刷式液态金属触发型弹性膜电致执行器

　　在高弹性膜的正反面上印刷液态金属，可制成液态金属电容器，若在其上加上适度电压，便会出现形变，此过程就是液态金属电容器电致应变过程，据此可建立对应的液态金属直接印制执行器的方法[23]，相应技术可用于发展诸如柔性响应机构甚至是人工肌肉等。

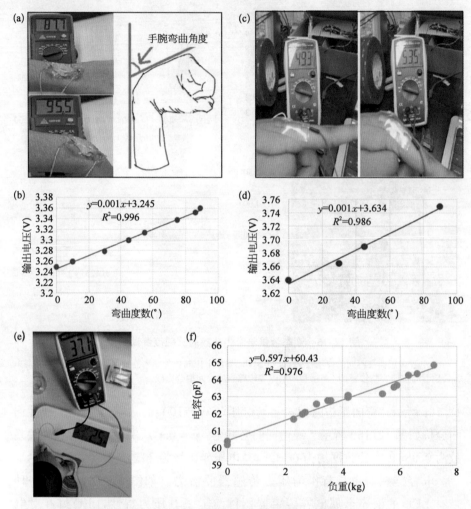

图 12.16   液态金属电容传感器的应用[20]

　　a. 手腕转动时传感器电容发生变化及手腕转动角度的定义；b. CAV444 电路（CW＝220 pF）测量电压与手腕角度的线性相关；c. 手指弯曲时电容变化；d. CAV444 电路测量电压（CW＝100 pF）与指节角度的线性相关；e. 压力试验示意；f. 负载与电容变化之间存在良好的线性关系。

　　这里的介电弹性体驱动单元，是由介电弹性体膜型材料与均匀覆盖其上下表面导电性良好的柔顺电极共同构成的（图 12.17）。在此过程中，高弹性膜相当于介电弹性体膜型材料，涂覆其上的液态金属为柔顺电极，因此该液态金属电容器便构成了介电弹性体驱动单元。

　　在液态金属上下两面上加高压电后，会产生一个直流电场，使柔性膜沿电场线方向引起收缩，并在与电力线垂直正交的平面内扩展延伸，使该柔性膜发

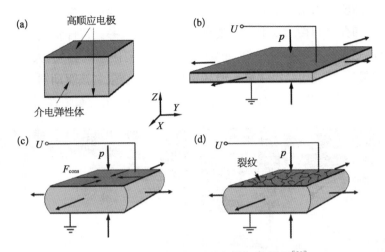

图 12.17 不同介电弹性执行器工作情形[23]

a. 介电弹性执行器操作原理；b. 理想的介电弹性执行器，此时受压时电极不
对平面膨胀造成限制；c. 固态电极会不可避免限制执行器；d. 高应变下固态电极
会发生破裂继而丧失导电性。

生形变，从而呈现一种电致伸缩特性。笔者实验室 Liu 等[23]发现，液态金属电
容器在静电压力的作用下，能产生 360％的形变量（图 12.18），被视为制造

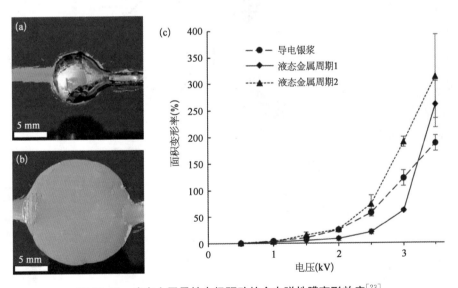

图 12.18 液态金属柔性电极驱动的介电弹性膜变形效应[23]

a. 3.5 kV 直流电压加载前介电弹性体上的液态金属电极；b. 3.5 kV 直流电压加载后的
电极，响应应变达到 360％；c. 不同电压下液态金属电极与银浆电极驱动的介电弹性膜变形响
应情形。

介电弹性体驱动器最有潜力的材料。另一个极为重要的特性是液态金属柔性电极驱动的介电弹性膜变形可实现自修复(图 12.19)。这种直接印刷液态金属电容器制成的介电弹性体驱动器可应用于小型侦察机器人、人工肌肉、假肢、智能服装、智能包装等领域。但其高驱动电压会限制该驱动器的发展和应用,因此研制多层低电压驱动器以降低驱动电压增大形变量迫在眉睫。

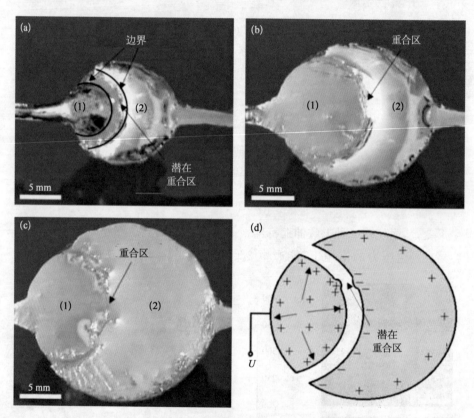

图 12.19　液态金属柔性电极驱动的介电弹性膜自修复特性[23]

　　a. 电极被分离成相互隔开的(1)、(2)两区域,其中(1)连接电压;b. 启动响应时,(1)区域可在 3.5 kV 作用下充分响应,自修复发生在重合区,此时(2)区域部分响应;c. 从第二个循环开始,两区域接通并充分响应;d. 边界上的液态金属流动和吸引力促成自修复效应。

12.6　小结

　　本章列举了几种典型的利用液态金属印刷电子技术制作的传感器与执行器,包括液态金属热电偶、液态金属血糖传感器、液态金属可拉伸电容传感器以及具有平面自愈能力的高顺应性液态金属执行器。这些传感器或执行器相比于传统制备方法，制备工艺更加简捷，无需焊接，易集成各种基底且基底无需预处理。而且由于液态金属具有天然的顺应性，使得这些器件在使用过程中均体现出非常好的柔性和舒适性，应用价值显著。当然，值得指出的是，液态金属印刷电子学作为一种通用的柔性制造技术，所适用的传感器和执行器远不止本章所介绍的几类，比如，还可作为柔性天线或线圈像隐形眼镜一般贴附到眼球上以监测睡眠行为以及更多健康状况[24,25]，乃至发展柔性人工视网膜[26]等，此方面未来的发展空间巨大，有待于进一步的探索和应用。

参 考 文 献

[1] Lao A I K, Lee T M H, Hsing I M, et al. Precise temperature control of microfluidic chamber for gas and liquid phase reactions. Sensor Actuat a-Phys, 2000, 84(1 - 2)：11～17.

[2] Sparks D, Smith R, Schneider R, et al. A variable temperature, resonant density sensor made using an improved chip-level vacuum package. Sensor Actuat a-Phys, 2003, 107(2)：119～124.

[3] Ryu S, Yoo I, Song S, et al. A Thermoresponsive Fluorogenic Conjugated Polymer for a Temperature Sensor in Microfluidic Devices. J Am Chem Soc, 2009, 131(11)：3800～3801.

[4] Yan W, Li H, Kuang Y, et al. Nickel membrane temperature sensor in micro-flow measurement. J Alloy Compd, 2008, 449(1 - 2)：210～213.

[5] Dorozhkin P S, Tovstonog S V, Golberg D, et al. A liquid-Ga-fitted carbon nanotube：A miniaturized temperature sensor and electrical switch. Small, 2005, 1(11)：1088～1093.

[6] 李海燕. 液态金属直写式印刷电子学方法的理论与应用研究(博士学位论文). 北京：中国科学院大学，中国科学院理化技术研究所，2013.

[7] Li H Y, Yang Y, Liu J. Printable tiny thermocouple by liquid metal gallium and its matching metal. Applied Physics Letters, 2012, 101：073511.

[8] Gregory O J, Busch E, Fralick G C, et al. Preparation and characterization of ceramic thin film thermocouples. Thin Solid Films, 2010, 518(21)：6093～6098.

[9] Horner P. Thermoelectric power of gallium. Nature, 1962, 193(4810)：58.

[10] Chopra K L, Bahl S K, Randlett M R. , Thermopower in thin-film copper-constantan couples. J Appl Phys, 1968, 39(3)：1525～1528.

[11] Sun W Q, Liu H X, Gong W W, et al. Unexpected size effect in the thermopower of thin-film stripes. J Appl Phys, 2011, 110(8)：703.

[12] Liu H X, Sun W Q, Xu S Y. An extremely simple thermocouple made of a single layer of metal. Adv Mater, 2012, 24(24): 3275~3279.

[13] Huo X, Wang Z, Fu M, et al. A sub-200 nanometer wide 3D stacking thin-film temperature sensor. RSC Adv, 2016, 6: 40185~40191.

[14] Stewart A T, Kusmiss J H, March R H. Electrons in Liquid Metals by Positron Annihilation. Phys Rev, 1963, 132(2): 495~497.

[15] 赵源深,杨丽红. 薄膜热电偶温度传感器研究进展. 传感器与微系统,2012,31(2): 1~3.

[16] 刘静,饶伟,贾得巍. 先进低成本医疗技术. 北京:科学出版社,2010.

[17] Martinez A W, Phillips S T, Whitesides G M, et al. Diagnostics for the developing world: Microfluidic paper-based analytical devices. Analytical Chemistry, 2010, 82 (1): 3~10.

[18] Yi L T, Li J J, Guo C R, et al. Liquid metal ink enabled rapid prototyping of electrochemical sensor for wireless glucose detection on the platform of mobile phone. ASME J Med Devices, 2015, 9(4): 044507.

[19] Nie Z H, Deiss F, Liu X Y, et al. Integration of paper-based microfluidic devices with commercial electrochemical readers. Lab Chip, 2010, 10(22): 3163~3169.

[20] Sheng L, Teo S, Liu J. Liquid-Metal-Painted Stretchable Capacitor Sensors for Wearable Healthcare Electronics. Journal of Medical and Biological Engineering, 2016, 36(2): 265~272.

[21] Pelrine R, Kornbluh R, Pei Q B, et al. High-speed electrically actuated elastomers with strain greater than 100%. Science, 2000, 287(5454): 836~839.

[22] 张胜辉. 生物医用液态金属柔性电容传感器的设计与应用研究(学士学位论文). 北京:清华大学,2014.

[23] Liu Y, Gao M, Mei S, et al. Ultra-compliant liquid metal electrodes with in-plane self-healing capability for dielectric elastomer actuators. Applied Physics Letters, 2013, 103: 064101.

[24] 赵正男. 基于液态金属柔性电子技术的眼球运动检测方法研究(硕士学位论文). 北京:清华大学,2018.

[25] Zhao Z N, Lin J, Zhang J, et al. Liquid metal enabled flexible electronic system for eye movement tracking. IEEE Sensors Journal, 2018, 18(6): 2592~2598.

[26] 任艺. 基于液态金属的柔性人工视网膜电极的制作和测试(学士学位论文). 北京:清华大学,2018.

第13章
液态金属直写式能量捕获器

13.1 引言

近年来,随着地球上各种化石燃料的大量消耗导致其日益枯竭,开发利用清洁能源甚至是各种超常规技术以避免环境恶化日益引起重视[1]。热电材料和器件的开发利用,通过无污染的热电转换效应,将来自地热、太阳光、汽车尾气、工业废热等的热能转换成生产生活用电,逐渐被人们寄予厚望[2,3]。与其他热机相比,热电发生器的体积小得多,尽管其目前的转化效率偏低,但仍不失为一种很有前景的能源技术。根据可直接转换成电能的潜在热量多少,热电发生器的应用一般分为微观和宏观两类。前者包括驱动自适应微系统(如微芯片[4]、无线传感器网络[5])、移动健康系统[6]和可穿戴或可植入式电子设备(如助听器、腕表[7]、起搏器[8]);宏观余热应用则包括家用[9]、汽车[10]、工业及固体废弃物等。

传统的热电装置一般由热沉板、吸热板和热电堆组成"三明治"结构。受硬板所限,主要用于平面热源。为了能与任意结构热源均达到良好的热接触,开发可适应各种表面的热电模块成为必然趋势,柔性热电发生器因此应运而生[11,12]。此外,通过薄膜沉积技术,人们还探索采用纳米材料以提高热电薄膜效率。目前形式各异且各具特色的薄膜制备方法正为热电科学的发展创造条件。常用的热电薄膜沉积技术往往比较复杂、耗时长、成本高。与之相比,近年来出现的直写技术产量高、耗材少且对基底材料要求低[13,14],从长远看具有明显的发展优势。

与常规热电材料相比,室温液态金属具有电导率高、材料兼容性好、室温下呈液态、可直接印刷在各种柔性基底上制成任意形状和厚度的器件等特点,极大地降低了制作难度及成本,令其成为热能捕获领域中一种较有应用前景的材料。正是基于这一认识,笔者实验室首次探索了采用直写方法制作液态金属热电发生器的可行性[15,16],对由不同配对金属构成的热电偶的热电性能进行了测试,并制作了由 20 对热电偶串联而成的液态金属热电发生器原型机,证明了可印刷式液态金属热电发生器的实用价值。本章内容对此作一介绍和讨论。

13.2　热电材料性能评价指标

热电材料也称温差电材料,是一种利用固体内部载流子的运动实现热能和电能直接相互转换的功能材料,其性能可用热电优值系数来评估[17]:

$$Z = \frac{S^2}{\kappa \cdot \lambda}$$ (13.1)

其中,Z 为热电优值;S 为 Seebeck 系数或热电势率;κ 为电阻率;λ 为热导率。由于不同环境温度下材料的 Z 值不同,人们习惯上常用热电系数与温度之积——无量纲热电优值 ZT 的大小来描述在一定温度 T 时热电材料性能的好坏,即

$$ZT = \frac{S^2}{\kappa \cdot \lambda} T$$ (13.2)

这里,T 是绝对温度。式(13.2)中 T 亦可换成 $\overline{T}[\overline{T} = (T_H + T_L)/2]$,用以表示一定温度范围内热电材料性能的好坏,$T_H$、$T_L$ 分别为热端、冷端温度。

从上式可发现,热电材料的 Seebeck 系数越高,电阻率越低,热导率越低,ZT 值越高。提高热电材料的优值系数的途径主要是通过提高载流子浓度和载流子迁移率,以提高热电半导体材料的电导率。但实验证明,对于许多热电材料,电导率提高到一定值后,热电势率却随着电导率的进一步提高而大幅下降[18]。另外,电导率的增加还会引起热导率的提高,从而引起材料两端温差下降乃至降低热电转换效率。目前业界研究热点集中在通过降低声子热导率来减小材料的热导率。其中主要是利用分子束外延、CVD、激光熔融、高压粒子注入、粒子电化学沉积等工艺,制备薄膜和低维量子结构,通过提高其声子散射,从而有效降低热导率。常用热电材料的 ZT 值一般为~1,而近来报道的新型热电材料的 ZT 值逐渐提高[19-21],已接近或超过 2.5,正向实用化迈进。

对于热电薄膜发电机,热电优值 Z 的简化版更常用,称为功率因子 $w(\mathrm{W}/\mathrm{K}^2 \cdot \mathrm{m})$,即:

$$w = \frac{S^2}{\kappa} \tag{13.3}$$

根据上述分析,可试验研究新型可印刷式热电器件的一系列物理特性。

13.3　直写式液-固热电偶热量捕获器性能

13.3.1　实验材料

根据文献的研究结论,康铜与液态镓构成的热电偶具有相对较大的热电势率(47.64 $\mu\mathrm{V/K}$)[22],故选择液态镓与固态康铜丝构成的热电偶作为研究对象。考虑到要输出尽可能高的电功率,热电偶的总电阻应尽量低。根据电阻公式 $R = \dfrac{\kappa \cdot L}{A}$,在电阻率 κ 一定的前提下,热电材料的长度 L 应尽量小,截面积 A 则应尽量大。故而专门购置了直径 1.5 mm 的康铜丝,选取长度 100 mm,采用四端子法测得其实际电阻并换算得到电阻率为 $\kappa = 5.35 \times 10^{-7}$ $\Omega \cdot \mathrm{m}$,与理论值 $\kappa = 4.8 \times 10^{-7}$ $\Omega \cdot \mathrm{m}$ 相近。液态金属镓从厂家购得,纯度为 99.99%。基底材料选用与液态金属相容性极佳的柔性硅胶板,尺寸 15 mm×12 mm×3 mm,用无水乙醇清洁后备用。

镓和康铜的物理性质及实验参数如表 13.1 所示。其中康铜电阻率为实测数据,其余物性数据来自文献。

表 13.1　被试材料的物理性质及参数[23-24]

材料	电阻率 κ ($\Omega \cdot \mathrm{m}$)	热导率 λ [W/(K·m)]	热电势率 S ($\mu\mathrm{V/K}$)	长度 L (m)	截面积 A (m^2)
镓	2.72×10^{-7}	29.4	−0.2	0.1	1×10^{-7}
康铜	5.08×10^{-7}	21.2	−35	0.1	1.77×10^{-6}

13.3.2　实验平台和方法

实验平台如图 13.1 所示,实验方法如下[15,16]:

(1) 采用 10 ml 浓度为 30% 的 NaOH 溶液对镓进行预处理,并在磁力搅拌器上搅拌 10 min 后,获得氧含量为 0.026 wt. ％的镓。

（2）借助 PVC 板制成的掩膜,在硅胶板上用笔直接绘制出 10 mm 宽、100 mm 长的镓薄膜。

（3）在镓膜两端各放置一段 50 mm 长的康铜丝,使两段康铜丝的一端分别与镓膜端部相接,另一端空置。

（4）用透明 705 硅橡胶对镓膜部分进行封装。

（5）将上述硅胶板用硅橡胶固定在相隔一定距离的两铝块上,保证镓和康铜丝两接点分别位于其上,两康铜丝空置端则固定于一独立铝块上以确保均温。铝块表面采用聚酰亚胺覆盖以防止短路。

（6）通过调压器调节铝块中加热棒的温度,使其中镓-康铜一接点温度保持 30℃,另一接点温度持续上升至 230℃,于是在镓膜两侧建立起温差 ΔT。两铝块中间用多层聚四氟乙烯薄膜隔热,镓膜中部用加热贴覆盖,保持其温度始终在 50℃左右,以保证镓始终为单相液体。

（7）用精度为±0.5℃的 T 型热电偶实时监测接点温度和镓膜线路中温度,测压线路接入两康铜丝空置端以测量开路电压。接入负载后分别采集热电偶的输出电压和负载电压。用安捷伦 34970A 数据采集装置,采集并记录温度和电压数据。根据测得的负载电压和负载电阻值,可计算不同温差下的输出功率。

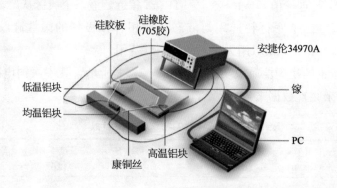

图 13.1　热电捕获实验平台[15]

13.3.3　镓-康铜热电偶热电性能

根据塞贝克效应,热电偶热电势与温差存在如下关系:

$$E = S_{AB} \Delta T \tag{13.4}$$

其中，S_{AB} 为 A、B 两种材料对应的热电势率之差。

图 13.2a 为热电势（即开路电压）随温差的变化关系。从中可以看出液态镓薄膜和康铜丝构成的热电偶输出的电压与温差呈现出非常好的线性关系。

镓-康铜热电偶的内阻可由下式估算[16]：

$$R_{o} = R_{Ga} + R_{Con} = \frac{\kappa_{Ga} \cdot L_{Ga}}{A_{Ga}} + \frac{\kappa_{Con} \cdot L_{Con}}{A_{Con}} \tag{13.5}$$

这里，R_{o}、R_{Ga} 和 R_{Con} 分别为镓-康铜热电偶的内阻以及镓和康铜的电阻。由式(13.5)可计算得热电偶内阻为 $0.18~\Omega$。根据最大功率传输定理：一个含源二端网络对负载电阻供电，当负载电阻与该含源二端网络的等效内阻相等时，负载电阻上获得最大功率。于是，为获得尽可能大的输出功率，选用与热电偶内阻相对接近的阻值为 $0.1~\Omega$ 的负载电阻接入构成闭合电路。

图 13.2b 为不同温度梯度下的负载电压及输出功率曲线。可见在温度梯度为 200℃时得到了最大负载电压 4.23 mV 和最大输出功率 179 μW，而且多次实验均显示出良好的可重复性。功率曲线呈现出抛物线特性，虽然只有微瓦级，但对手表、助听器等小型电子设备已足可应用（如手表只需 $1\sim2~\mu W$），这就为镓-康铜热电偶在小温差下的可穿戴应用提供了可能。

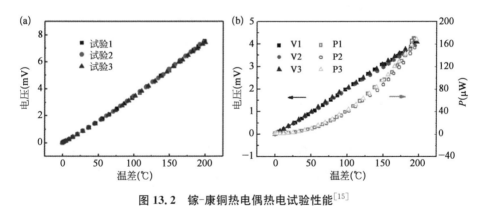

图 13.2 镓-康铜热电偶热电试验性能[15]

a. 开路电压随温差变化关系；b. 负载电压和输出功率随温差变化关系。

从以上研究亦可知，倘若提高温度梯度，应该可以获得更大的热电势和输出功率，但鉴于本实验所采用的基底材料在高温下易分解，若要获得更大的热电势和功率，需要进一步寻求耐高温且和液态金属相容性好的基底材料。

13.3.4 性能指标

性能指标是评价热电材料和热电偶性能优劣的主要判据。根据式(13.1)～(13.3)，可计算得到镓、康铜以及二者组成的热电偶的热电性能指标，包括热电优值 Z、无量纲热电优值 ZT 和功率因子 w，具体结果见表 13.2，这里用镓的相关参数近似作为含微量氧化物的镓的参数。

表 13.2 性能指标[16] (303 K)

材　料	热电优值 $Z(K^{-1})$	无量纲热电优值 ZT	功率因子 $w[W/(K^2 \cdot m)]$
镓	5×10^{-9}	1.52×10^{-6}	1.47×10^{-7}
康铜	1.14×10^{-4}	4.41×10^{-2}	4.28×10^{-3}
镓-康铜热电偶	3.82×10^{-5}	1.16×10^{-2}	1.83×10^{-3}

从表 13.2 中发现，303 K 时镓和康铜的 ZT 值与目前常用的 Bi_2Te_3（室温下 ZT 值可达到 1 左右）相比较低，这可归结于二者相对更高的热导率，而镓同时受限于其较低的热电势率，所以其热电性能似乎并不占优势。但与现有热电材料相比，镓具有独特的可印刷特性，可通过参数调整来改变热电极特定的印刷长度、宽度和厚度，实现热电偶的快速定制。在某些特殊场合，基于液态金属的热电发生器较具利用价值，可通过掺杂等方式制备热电优值系数高的印刷材料，从而在保持液态金属可印刷性的基础上，进一步提高热电发生器的能量转换效率[15]。

13.4 直写式液-液热电偶热量捕获器性能

如下采用镓和镓铟合金两种液态金属构成热电偶，研究其热电效率，相应结果也可为其他液态材料构成的直写式热电发生器提供参考[15]。

13.4.1 实验材料与方法

本实验选用液态金属镓与镓铟合金（$GaIn_{24.5}$）构成热电偶。基底材料仍采用柔性硅胶板，尺寸 15 mm×18 mm×3 mm，用无水乙醇清洁后备用。

$GaIn_{24.5}$ 的物理性质如表 13.3 所示，实验平台与图 13.1 类似，只是将康铜丝替换为 $GaIn_{24.5}$。这里，$GaIn_{24.5}$ 和 Ga 均借助 PVC 板制成的掩膜在硅胶板上用笔直接写出,镓膜宽度和长度仍为 10 mm 和 100 mm,镓铟合金分两部分写出,宽度为 10 mm,每部分长度为 50 mm。但需注意的是在将硅胶板固定到铝块之前,镓膜和镓铟合金膜并不相接,以防在硅胶板移动过程中两种金属流动混合。待硅胶板固定后,将镓和镓铟合金相邻部分予以连接,并将写有镓铟合金空置端的硅胶基底固定于铝块上予以均温。最后,用 705 硅橡胶对镓膜和镓铟合金膜进行封装。

表 13.3　GaIn$_{24.5}$ 的物理性质及参数[16]

材料	电阻率 κ ($\Omega \cdot$ m)	热导率 λ [W/(K·m)]	热电势率 S (μV/K)	长度 L (m)	截面积 A (m^2)
GaIn$_{24.5}$	2.98×10^{-7}	24.3	-0.31	0.1	1×10^{-7}

13.4.2　测试结果

图 13.3a 为无负载情形下 Ga-GaIn$_{24.5}$ 热电偶开路电压随温差的变化关系。已知 Ga 和 GaIn$_{24.5}$ 的热电势率很小,从此图中亦可看出类似的结果,三组实验中热电势率 $S_{\text{Ga-GaIn}_{24.5}}$ 最大值仅为 0.076 μV/K。不过总体而言,镓-镓铟合金热电偶输出电压与温差呈现出较好的线性关系[15]。只是在温差大于 140℃之后,三组实验均表现出一定程度的输出电压衰减,推测这是由于高温时加热铝块上的黏结硅胶融化,导致基底材料部分脱离铝块,造成输入温度骤降。与镓-康铜热电偶相比,镓-镓铟合金热电偶在整个测试过程中呈现出更大的不稳定性,推测这是由于其输出电压过低,与电压扰动的量级接近,从而使得任何轻微扰动都能明显反映出来。

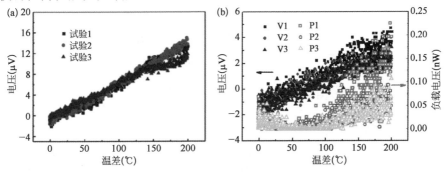

图 13.3　镓-镓铟合金热电偶热电性能[15]

a. 无负载情形下开路电压随温差变化关系;b. 有负载情形下在不同温度梯度下合金热电偶的负载电压和输出功率曲线。

应该指出的是,由于镓铟合金电阻率高于康铜,因此,与镓-康铜热电偶内阻相比,镓-镓铟合金热电偶的内阻应更大一些。不过,为对比分析起见,针对带负载情形,此处电路仍然选用 0.1 Ω 的电阻加以测试。图 13.3b 为不同温度梯度下镓-镓铟合金热电偶的负载电压、输出功率曲线。从图中可以看出,在温度梯度为 200℃时得到的最大负载电压和最大输出功率分别为 4.43 μV 和 0.225 nW,在温差大于 140℃之后,三组实验呈现出输出电压衰减状况,原因同前。而且随着实验次数的递增,负载电压和功率也呈现出一定程度的衰减。实验中观察到硅胶基底在近 200℃的高温下已出现分解,加热铝块上方的封装用 705 硅橡胶可见清晰气泡,可判断基底的分解一定程度上破坏了封装结构,可能有部分空气进入封装结构内部,与高温共同作用致使镓和镓铟合金被氧化,由于二者的热电性能同时发生变化,且热电性能绝对值很小,所以镓-镓铟合金热电偶的性能衰减明显。虽然镓-康铜热电偶实验中亦出现硅胶基底分解状况,但由于镓-康铜热电偶的热电势率较大,所以从趋势图中并未观察到基底的影响。

在图 13.3b 中可同时发现,虽然第二次实验中出现性能明显下降的情况,但第三次实验结果却与第二次实验结果类似。推测是由于硅胶材料分解结束,封装结构亦已趋于稳定,故而性能基本保持与第二次相近。可见,基底材料的选择对两种液态金属构成的热电偶的热电性能有着至关重要的影响,当然,如果工作温度在 100℃以下,包括硅胶在内的大部分材料都可采用。另外,高温下虽然功率曲线呈现出预想中的抛物线特性,但由于最大输出功率甚至不足纳瓦量级,单个镓-镓铟合金热电偶无法满足实际使用需求。鉴于升高温度对提升热电势和输出功率的效果有限,而且更高温度会引发更为严重的氧化效应,同时对基底材料的要求更高,所以不建议采取此方式。将热电偶串联形成热电堆是达到更大热电势和输出功率的有效方法,不过需要数千对镓-镓铟合金热电偶串联才可以获得可供利用的能量。

13.4.3　性能指标

镓、镓铟合金以及二者组成的热电偶的热电性能指标,包括热电优值 Z、无量纲热电优值 ZT 和功率因子 w,见表 13.4。从中发现,303 K 时镓铟合金与镓的 ZT 值在同一量级,明显低于常用热电材料,二者同样拥有热导率高和热电势率低的缺陷,直接导致所构成的热电偶性能低下。可见,材料性能的改进对两种液态金属组合成的热电偶的实用化具有更为重要的意义。

表 13.4　性能指标[16] (303 K)

材　料	热电优值 $Z(K^{-1})$	无量纲热电优值 ZT	功率因子 $w[W/(K^2 \cdot m)]$
镓	5×10^{-9}	1.52×10^{-6}	1.47×10^{-7}
镓铟合金	1.33×10^{-8}	4.02×10^{-6}	3.22×10^{-7}
镓-镓铟热电偶	1.90×10^{-10}	5.75×10^{-8}	1.01×10^{-8}

13.5　实用化液态金属直写式热电发生器的研制及应用

单个热电偶的温差电动势往往较低,实际使用中需要采用多个相同热电偶构成热电堆(亦称"温差电堆"),通常这些热电偶在电路上是串联的,而在传热方面则是并列的,即在结构布置中使其冷端在热电堆的一侧,热端在另一侧,这两侧分别称为热电堆的"冷端"和"热端"。在相同温差下,热电堆温差电动势为所有串联热电偶温差电动势的叠加,由此可提供更高的输出电压和功率。为进一步揭示液态金属在热量捕获领域的应用价值,如下考查以直写方式制作的液态金属热电发生器的热量捕获性能[15,16]。

13.5.1　液态金属直写式热电发生器性能

之前已证明,镓-康铜热电偶的热电性能远高于镓-镓铟合金热电偶的热电性能,为得到较大电压和功率,这里选用镓-康铜热电偶制成热电发生器。

可印刷热电发生器的制作步骤如下[16]:(1)首先用 0.15 mm 厚的 PVC 板根据所需形状制作掩膜,形成 20 个槽道;(2)以 1 mm 厚的硅胶板作为基底,在其上覆盖掩膜,用笔刷将液态镓根据槽道形状涂覆成薄膜;(3)取下掩膜,将康铜丝搭接在每两个镓薄膜之间,保证康铜丝两端与镓薄膜两端相接;(4)最后使用透明 705 硅橡胶封装镓部分,完成装置制作。

图 13.4a 为一个由 20 对镓-康铜热电偶组成的热电发生器的原型,镓热电极尺寸为 100 mm×10 mm×10 μm,康铜热电极尺寸 100 mm×ϕ1.5 mm,热电极间距 5 mm。

实验中,两相隔 450 mm 的铝块(尺寸 300 mm×20 mm×10 mm)分别为热电发生器提供冷却和加热表面,并起支撑固定作用。热电发生器的硅胶基底通过硅橡胶黏接在两铝块上方,并保证热电偶热端和冷端分别位于两铝块正上方。铝块下方由平板加热器提供热量,热界面材料用于铝块和平板加热

器的接触表面以减少接触热阻。使用 T 型热电偶监测温度,安捷伦 34970A
采集温度和电压数据。

图 13.4b 所示为镓-康铜热电发生器原型机的热电势-温差关系曲线。

根据热电堆输出电压的基本公式,热电堆的输出电动势为各串联热电偶
输出热电势的叠加,即

$$E_n = nS_{AB}\Delta T \tag{13.6}$$

其中,n 为串联的热电偶个数。

对比图 13.2 和图 13.4 的结果看到,当温差为 140℃时,20 个同样尺寸的
热电偶串联可得到输出电压约为 105 mV,近似于同样温差下单个热电偶输出
电压(约 5.05 mV)之和,显示了热电偶形状尺寸的可控性。

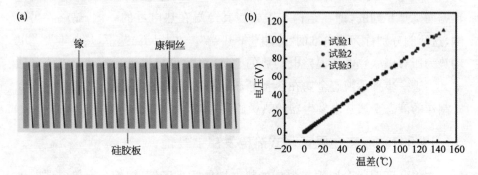

图 13.4 镓-康铜热电发生器及性能[15]

a. 原型机;b. 热电势-温差关系。

13.5.2 液态金属直写式热电发生器驱动 LED 灯试验

如下采用一个 LED 灯作为负载,以证明以上研制的热电发生器的实用价
值。由于 LED 灯的工作电压是 2 V,约为现有输出电压的 20 倍,所以由该热
电发生器直接驱动 LED 灯并不可行。为满足所需功率要求,可采用一个商用
超低输入电压的升压型 DC/DC 转换器(LTC 3108,凌力尔特)来将 mV 级输
入电压放大至几伏的量级,从而驱动 LED 灯。该转换器的最小输入电压为
20 mV,并提供了 4 种可供选择的输出电压,分别为 2.35 V、3.3 V、4.1 V 和
5 V。这里选择 2.35 V 的输出电压。图 13.5 为升压转换电路的电路图和实
物图。

实验中,使热电发生器冷端保持 30℃,热端持续升温至 190℃,逐渐达到

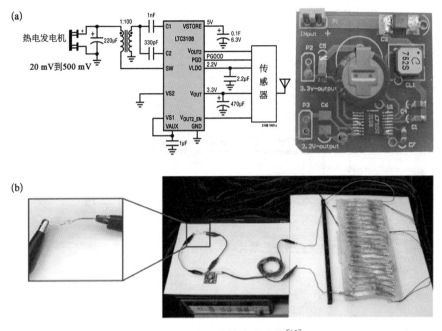

图 13.5　直写式热电发生器[15]

a. 升压型 DC/DC 转换器；b. 镓-康铜热电发生器改进原型机。

稳态后,可输出 $100\sim110$ mV 的电量。将热电发生器的输出端接到升压芯片输入端后,发现升压芯片输出电压可达到 2.38 V,足以驱动 LED 灯(图 13.5b)。

在实验中可以注意到,当热电发生器的输出电压(即升压芯片输入电压)达到稳态后一段时间,又开始逐渐降低,如图 13.6 所示。这是由于组成热电偶的导体上存在温度梯度,就不可避免地会发生不可逆的热传导现象,从而导致当热电偶两端温差增大到一定程度时开始减小,使得进一步输出的热电势减小。但从图 13.6 同时可以看出,在 67 min 的较长时间内,虽然热电发生器的输出电压从 41 mV 逐渐降低到 38 mV,但升压后的输出电压稳定在 2.38 V 左右,可以保证 LED 灯维持正常工作,可见由此开发的热电发生器是可靠的。

至此,不难看到,直写式热电发生器能够可靠地驱动 LED 灯。为进一步得到热电发生器为 LED 灯提供的功率,可将一个 10 Ω 的取样电阻和 LED 灯串联,当升压电路输入电压为 117 mV 时,测得 LED 灯和取样电阻端电压分别为 1.59 V 和 443 μV,则 LED 灯的功率为:

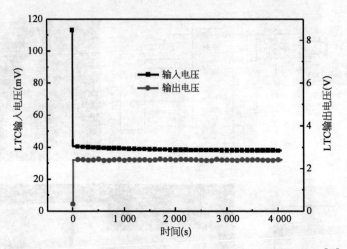

图 13.6　热电发生器升压芯片输入及输出电压随时间变化情况[15]

$$w = E_{\text{LED}} \cdot \frac{E_q}{R_q} = 1.59\ \text{V} \times \frac{443 \times 10^{-6}\ \text{V}}{10\ \Omega} = 70.44\ \mu\text{W} \quad (13.7)$$

其中，E_L 和 E_{LED} 分别为取样电阻和 LED 灯上的电压，R_L 为取样电阻阻值。可见，该热电发生器可稳定供给 LED 灯 70.44 μW 电量，足以保证其正常工作。

热电发生器达到稳态后的能量转换效率可计算为：

$$\eta = (1 - T_l/T_h) \left[\frac{\sqrt{1 + Z\bar{T}} - 1}{\sqrt{1 + Z\bar{T}} + T_l/T_h} \right]$$

$$= (1 - 303/463) \times \left[\frac{\sqrt{1 + 3.82 \times 10^{-5} \times (303 + 463)/2} - 1}{\sqrt{1 + 3.82 \times 10^{-5} \times (303 + 463)/2} + 303/463} \right]$$

$$= 0.15\% \quad (13.8)$$

可见，虽然这里制成的热电发生器可以提供实际应用所需的电压和功率，但由于镓-康铜热电偶的热电优值较低，导致整个装置的转换效率偏低。为提高转换效率，有必要进一步提高热电优值。

13.5.3　液态金属直写式热电发生器性能的改进方案

以上采用直写方法研制的热电发生器，其薄膜厚度一般为 10 μm 左右。

而膜厚通常直接影响到热电偶的电阻,从而决定了回路电流的高低,继而限制了可输出功率的大小。为澄清此问题,以下考察了镓薄膜厚度对输出功率的影响。

相应热电发生器制作步骤如下[16]:(1)首先用 0.8 mm 厚的硅胶板根据所需形状制作掩膜,并使用 704 胶将其黏接在 3 mm 厚的硅胶基底上,形成 20 个深度为 0.8 mm 的槽道;(2)用笔刷将液态镓涂覆填充槽道,即镓膜层厚度为 0.8 mm;(3)将康铜丝搭接在每两个充满镓的槽道之间,保证康铜丝两端与液态镓两端相接;(4)使用 705 硅橡胶封装镓部分,完成装置制作。

鉴于镓薄膜厚度相比上节的原型机已增大 80 倍,为保证掩膜结构的稳定性,将镓膜宽度从 10 mm 减至 5 mm,而将两镓膜间距离从 5 mm 增至 10 mm。这时镓热电极尺寸为 100 mm×5 mm×800 μm,康铜热电极尺寸 100 mm× ϕ1.5 mm。

图 13.7 所示为由此改进后的热电发生器的热电势-温差关系曲线。从中可以看到,当温差为 140℃时,20 对同样尺寸的热电偶串联可得到输出电压约为 123 mV,已远高于 20 对镓热电极尺寸为 100 mm×10 mm×10 μm 的热电偶的输出电压的叠加,从而为驱动功能器件提供了更为可靠的保障。

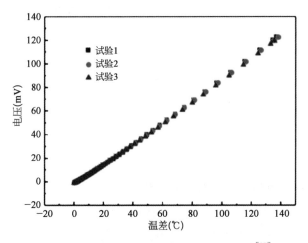

图 13.7　热电发生器热电势-温差关系曲线[15]

仍然采用 LED 灯作为负载,实验中,使热电发生器冷端保持 30℃,热端持续升温至 190℃,逐渐达到稳态后,可输出 110～120 mV 的电量,将热电发生器输出端接到升压芯片输入端后,发现升压芯片输出电压可达到 2.38 V,可以驱动 LED 灯,如图 13.8 所示。

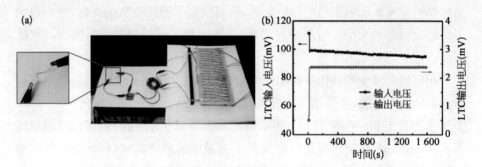

图 13.8 热电发生器工作情况[15]

a. 给 LED 灯供电；b. 热电发生器升压芯片输入及输出电压随时间变化情况。

与前述情况类似，当热电发生器的输出电压（即升压芯片输入电压）达到稳态后一段时间，又开始降低。但同时也可以看出，在 26 min 的较长时间内，虽然热电发生器的输出电压从 111 mV 逐渐降低到 95 mV，但升压后的输出电压稳定在 2.38 V，可以保证 LED 灯稳定正常工作，可见热电发生器是可靠的。实际应用过程中，此时间段后的热电发生器驱动电压可达到稳定工作状态。当然，若为确保自起始开始的任意时段该发生器均能输出同一大小的电压，还可通过在输出电路上引入稳压芯片来实现，具体细节此处不再赘述。

另外，当升压电路输入电压为 115 mV 时，测得 LED 灯和 10 Ω 取样电阻端电压分别为 1.70 V 和 4.37 mV，比上节开发的热电发生器分别提升 6.92% 和 886%。这时 LED 灯的功率为：

$$w = E_{\text{LED}} \cdot \frac{E_q}{R_q} = 1.70 \text{ V} \times \frac{4.37 \times 10^{-3} \text{ V}}{10 \text{ Ω}} = 742.9 \ \mu\text{W} \tag{13.9}$$

可见，性能提升后的热电发生器可稳定供给 LED 灯 742.9 μW 的电量，比之前提升 955%，说明提高镓膜层厚度对输出功率的影响较大，可作为一种改进热电发生器的方法。比较图 13.5 和 13.8 可发现，本节阐述的热电发生器驱动的 LED 灯明显具有更高亮度，也证明了这一点。

另外，通过观察液态镓-康铜热电偶以及镓-镓铟合金热电偶的功率输入曲线，可以发现输出功率与温差的关系呈指数变化趋势。当温差小时，发电功率很小，而随着温差的增大，发电功率急速增加，所以镓基热电偶构成的热电发生器更适合于 100℃ 以上场合的应用。但由于受聚合物降解温度限制，聚合物基底印刷热电偶只限于 200℃ 以下低品位热量的回收。更高的温度可考虑采用其他耐热柔性基底,如玻璃丝布等。但对于类似玻璃丝布的多孔基底,为防止基底正反面发生电连接,在印刷液态金属前,还可预先在基底两面各涂覆一层耐高温涂料。热电极材料亦可印刷在基底同一面或两面,以适应不同场合的需要。

13.6 小结

本章介绍了可印刷式热电发生器技术,并以镓-康铜热电偶和镓-镓铟合金热电偶为代表,考查了利用直写方法制作的液态金属和固态金属所构成的热电偶以及液态金属和液态金属合金之间构成的热电偶的热量捕获性能,在此基础上构建了镓-康铜热电堆,评估了热电堆的热量捕获性能。通过串联 20 对镓膜厚度为 10 μm 左右的直写式镓-康铜热电偶研制成热电发生器,并对其输出电压予以放大,得到 1.59 V 的负载电压和 70.44 μW 的功率,从而可成功驱动 LED 灯,这些结果证明了基于液态金属热电偶的热电发生器用于捕获热量的可行性。若将镓膜层厚度从 10 μm 增大为 800 μm,可成功将负载电压和功率提升至 1.70 V 和 742.9 μW,增率分别达 6.92% 和 955%,这进一步说明提高镓膜厚度可有效提升输出功率。总的说来,通过材料选择和加工方法的优化,液态金属印刷式热电发生器方法可为今后进一步研制实用化及可穿戴化的柔性能量捕获器件提供一条有益途径。

-------------------------------- 参 考 文 献 --------------------------------

［1］刘静,邓月光,贾得巍. 超常规能源技术,北京:科学出版社,2010.

［2］钱伯章. 新能源汽车与新型蓄能电池及热电转换技术. 科学出版社:北京,2010.

［3］Yan H, Ohta T, Toshima N. Stretched polyaniline films doped by ((+/−))- 10 - camphorsulfonic acid: Anisotropy and improvement of thermoelectric properties. Macromol Mater Eng, 2001, 286(3): 139~142.

［4］Jia D, Liu J. Human power-based energy harvesting strategies for mobile electronic device. Frontiers of Energy and Power Engineering in China, 2009, 3(1): 27~46.

［5］Lu B, Gungor V C. Online and remote motor energy monitoring and fault diagnostics using wireless sensor networks. IEEE T Ind Electron, 2009, 56(11): 4651~4659.

[6] Liu L, Liu J. Mobile phone enabled controlling for medical care and handicapped assistance. Expert Review of Medical Devices, 2011, 8(6): 757~768.

[7] Paradiso J A, Starner T. Energy scavenging for mobile and wireless electronics. IEEE Pervas Comput, 2005, 4(1): 18~27.

[8] Yang Y, Wei X J, Liu J. Suitability of a thermoelectric power generator for implantable medical electronic devices. J Phys D Appl Phys, 2007, 40 (18): 5790~5800.

[9] Nuwayhid R Y, Rowe D M, Min G. Low cost stove-top thermoelectric generator for regions with unreliable electricity supply. Renew Energ, 2003, 28(2): 205~222.

[10] Snyder G J. Small Thermoelectric Generators. The Electrochemical Society interface, 2008, 17(3): 54~56.

[11] Glatz W, Muntwyler S, Hierold C. Optimization and fabrication of thick flexible polymer based micro thermoelectric generator. Sensor Actuat A-Phys, 2006, 132(1): 337~345.

[12] Yadav A, Pipe K P, Shtein M. Fiber-based flexible thermoelectric power generator. J Power Sources, 2008, 175(2): 909~913.

[13] van Osch T H J, Perelaer J, de Laat A W M, et al. Inkjet printing of narrow conductive tracks on untreated polymeric substrates. Adv Mater, 2008, 20(2): 343~345.

[14] Rogers J A, Bao Z N, Makhija A, et al. Printing process suitable for reel-to-reel production of high-performance organic transistors and circuits. Adv Mater, 1999, 11 (9): 741~745.

[15] 李海燕,周远,刘静. 基于液态金属的可印刷式热电发生器及其性能评估. 中国科学: 技术科学,2014,(4): 407~416.

[16] 李海燕. 液态金属直写式印刷电子学方法的理论与应用研究(博士学位论文). 北京: 中国科学院大学,中国科学院理化技术研究所,2013.

[17] Markowski P, Dziedzic, A. Planar and three-dimensional thick-film thermoelectric microgenerators. Microelectronics Reliability, 2008, 48(6): 890~896.

[18] Silva M F, Ribeiro J F, Carmo J P, et al. Thin Films for Thermoelectric Applications. In Scanning Probe Microscopy in Nanoscience and Nanotechnology 3, Bhushan, B., Ed. Springer Berlin Heidelberg: Berlin, Heidelberg, 2013: 485~528.

[19] Majumdar A. Thermoelectricity in semiconductor nanostructures. Science, 2004, 303 (5659): 777~778.

[20] Kraemer D, Sui J H, McEnaney K, et al. Demonstration of high thermoelectric conversion efficiency of MgAgSb-based material with hot-pressed contacts. Energy and Environmental Science, 2015, 8: 1299~1308.

[21] Wan C, Gu X, Dang F, et al. Flexible N-type thermoelectric materials by organic intercalation of layered transition metal dichalcogenide TiS_2. Nature Materials, 2015, 14: 622~627.

［22］Markowski P，Prociow E，Dziedzic A. Mixed thick/thin-film thermocouples for thermoelectric microgenerators and laser power sensor. Opt Appl，2009，39（4）：681～690.

［23］Li H Y，Yang Y，Liu J. Printable tiny thermocouple by liquid metal gallium and its matching metal. Appl Phys Lett，2012，101(7)：1088～1898.

［24］Horner P. Thermoelectric power of gallium. Nature，1962，193(4810)：58.

第14章
液态金属皮肤印刷电子学

14.1 引言

近些年来,随着可穿戴技术、移动健康技术的火热发展,柔性皮肤电子由于其适宜于穿戴和贴附皮肤的特性,也已成为前沿的研究热点[1]。贴合皮肤的电路,要求柔软有韧性,电路性能不会随着电路变形而改变,且能够整合晶体管、电阻器、电容器、电感器、二极管、高频天线、感应线圈、锂离子电池等元件在内,实现完整的功能性电路。

目前在皮肤电子领域已经出现了许多有关生理信号监测的研究。图14.1a 和 14.1b 是模拟人类皮肤的压力传感功能的研究。其中,前者是基于薄膜晶体管所制作的柔性压力传感器,通过将柔性传感器直接贴在皮肤表面,从而对桡动脉进行高精度的连续监测[2];后者也是一个监测桡动脉脉搏的压力传感器,但制作工艺有所不同,该传感器是通过将带有铂涂层的聚合物纳米纤维,按一定的占空比排列成两个连锁阵列而形成的[3]。图14.1c 所展现的多功能柔性电子可以用于日常活动中的心电、肌电、体温和拉力的监测。该传感器的特点是可以像一张临时纹身一样直接层压在皮肤表面,由于对皮肤的附着力很大,整个设备并不需要外加胶带来进行固定[4]。图14.1d 在图14.1c 的基础上增加了射频模块和电源模块。新增了两个模块的柔性传感器,不仅可以监测生理信号,而且还可以将这些信号无线传送给外部的信号接收器[5]。图14.1e 是一个用碳纳米管制作的应力传感器,可以对受试者的运动和呼吸进行监测[6]。图14.1f 是一个带有电化学传感器的临时纹身,可用于检测汗水中的乳酸含量[7]。图14.1g 所展示的柔性电子模块包含了传感器、存储器和制动器,可用于运动障碍的诊断[8]。

制备可拉伸的柔性皮肤电子电路主要集中在材料和电路结构设计上,基

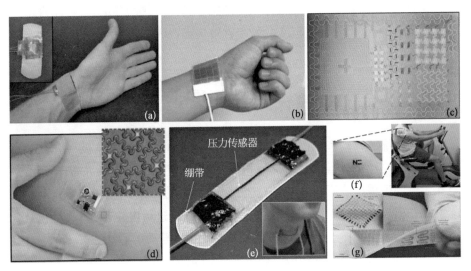

图 14.1　基于柔性皮肤电子实现的各种生理监测系统

a. 连续桡动脉脉搏波监测的压力传感器[2]；b. 用于心脏跳动监测的压力传感器[3]；c. 用于多功能电生理信号监测的皮肤电子[4]；d. 用于生理信号监测与传输的柔性集成电路[5]；e. 用于运动和呼吸监测的应力传感器[6]；f. 用于汗液乳酸监测的电化学纹身传感器[7]；g. 用于人体运动障碍诊断的柔性电子[8]。

材一般采用如 PDMS 硅胶等具有拉伸性的聚合物,而在元器件的连接上主要有两种策略:一种是将元器件之间的连接设计成许多波形互连的结构,但是导线材料是传统的铜或金[4,9];另一种方法则将具有导电性的纳米材料与聚合物混合,制备成可拉伸的导电材料[6,10-12]。两种方法在制备工艺上都比较复杂。

　　以镓及其合金为代表的室温液态金属材料,由于兼具金属性质与流体性质,因此为柔性皮肤电子电路的加工提供了一种独特的新选择[13-17]。由于其液态的属性,液态金属不仅能够贴合人体曲线,还能够贴合皮肤表面的细微沟壑结构,如图 14.2 所示[16],形成电极-皮肤的直接完全接触,且不会产生机械力使皮肤发生形变而改变电学特性。因此,笔者实验室提出了"适形化皮肤电子"

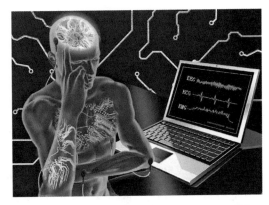

图 14.2　适形化液态金属皮肤电子概念图[16]

这一概念[18]，通过在皮肤上直接印刷出液态金属图案化的导电元件，实现电极与人体皮肤的无压力、任意形变的紧密直接接触，从而改善生理参数监测和治疗效果。

14.2 液态金属生物电极

许多传统的移动医疗设备需要刚性金属电极（如氯化银电极、铂电极等）和人体进行接触来进行信号监测或电刺激治疗。然而，由于受皮肤表面不平滑和人体的生理曲线所限，金属与皮肤之间的空气形成大电阻，这会使产品性能下降并出现安全隐患。一方面，在利用金属电极进行电生理参数测量时，金属与皮肤的不良接触会导致信号信噪比降低，对运动的敏感性增强；另一方面，使用电极进行电刺激（肌肉电刺激 EMS，除颤器等），会使得电刺激不能有效传递到目标区域，同时可能产生局部热量过高，继而烧灼皮肤。新型的柔性电路可以更好地贴合人体曲线，有助于得到更好的电生理测量和治疗效果。然而，它只能较好地贴合生理曲线，却由于柔性有限而不能贴合皮肤的表面微结构。同时，这种柔性电路需要建立在基底上，与人体间接连接。相比之下，液态金属可以很好地解决传统皮肤电极和新型柔性电极存在的问题[14]。

14.2.1 液态金属电极性能

无论是作为生物电极还是柔性电路导线，材料的电阻抗都是影响其性能和应用前景的重要指标。将 $GaIn_{24.5}$ 液态金属充灌于内径为 1 mm、长度为 40 cm 的硅胶管中，如图 14.3a，使用动态信号分析仪测量 $GaIn_{24.5}$ 室温下的电阻抗。开机后设置扫描频率的范围为 $1\sim10$ kHz，扫频点数为 200 等各项参数，开始扫描，记录数据并保存。

结果如图 14.3b 所示，$GaIn_{24.5}$ 电阻平均值为 0.225 Ω，计算得室温下 $GaIn_{24.5}$ 电阻率为 44.1 $\mu\Omega \cdot cm$，导电性逊于固态金属金（2.2 $\mu\Omega \cdot cm$）、银（1.6 $\mu\Omega \cdot cm$）、铜（1.7 $\mu\Omega \cdot cm$），但优于其他液态金属如汞（95.8 $\mu\Omega \cdot cm$）[19]，也远优于液态金属与 PDMS 的导电混合物（$9.5\times10^3 \mu\Omega \cdot cm$）[11]。

当电极与电解质溶液接触时，在界面上需要对离子电流或电子电流进行转变，从而构成电流回路。在接触面上的电解液与其余电解液之间形成电位差，平衡状态时会在金属和溶液之间形成双电层。当有电流通过时，电极电位从平衡电极电位变为与电流密度有关的电极电位，叫做极化电压。一般来说，

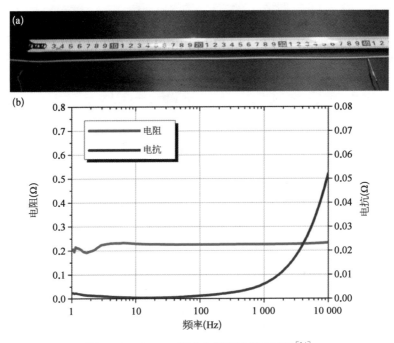

图 14.3　GaIn$_{24.5}$ 液态金属阻抗谱的测量[14]

a. 将液态金属充灌于内径为 1 mm、长度 40 cm 的硅胶管；b. 1～10 kHz 液态金属的电阻和电抗曲线。

生物电极材料的极化电压要求要处在较低水平。

如图 14.4a 所示，用生理盐水模拟组织液，将一滴 GaIn$_{24.5}$ 放入硅胶管中的生理盐水中，采用安捷伦 34970A 数据采集仪记录电压数据。测量电压所用电极是铂电极。结果如图 14.4b 所示，当 GaIn$_{24.5}$ 与生理盐水接触时，电压立即从 0 V 降到 −0.73 V，之后电压缓慢上升并趋于稳定，约 −0.5 V。极化电压幅度最大为 0.73 V，逊于 Ag/AgCl 电极（0.1 V）。

14.2.2　液态金属体表电极应用

液态金属的阻抗、极化电压的测量结果显示其性能略逊于常用的生物电极材料，但是其基本电学性能仍然表现出鲜明的金属特性，配合相应的传感电路，仍然有望较好满足采集心电等较强生理电信号的性能要求[15]。

选择新西兰兔为实验对象，使用手机无线心电监测模块，采用液态金属作为体表电极测量心电信号。如图 14.5a 所示，用脱毛膏对兔胸部进行脱毛处

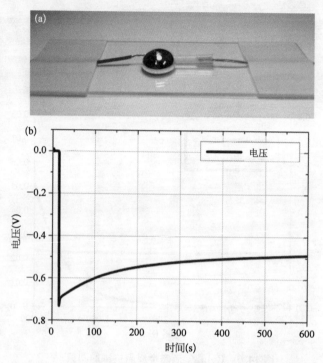

图 14.4　测量液态金属与生理盐水接触的极化电压测量[14]

a. 测试装置；b. 测得的电压曲线。

理，露出皮肤，分别采用常规 Ag/AgCl 电极和液态金属电极测量心电信号，图 14.5b 是使用常规 Ag/AgCl 电极测量的心电信号，图 14.5c 是使用液态金属体表电极测量的心电信号。从图中可以看出，后者除了测量的信号幅度略低于前者，在心电信号波形、节律上都没有明显差异[14]。实验结果证明，利用液态金属作为电极采集生理电信号是可行的，而相较于常规 Ag/AgCl 电极，液态金属与体表可以实现适形化接触，不需要再涂抹导电膏，因此应用起来也更加自由。

　　与常规导电材料相比，液态金属的适形化特性可以使其应用从生物电极进一步拓展，甚至直接在体表绘制成电路导线。如图 14.6 所示，利用液态金属在手掌皮肤上绘制了一个简单的电路，贴片 LED 的两端都直接黏附在液态金属导线上。当手指捏住电池时，电流即形成回路，点亮了手掌上的 LED，在手指运动的过程中，绘制其上的液态金属导线也始终保持着连通状态[14]。

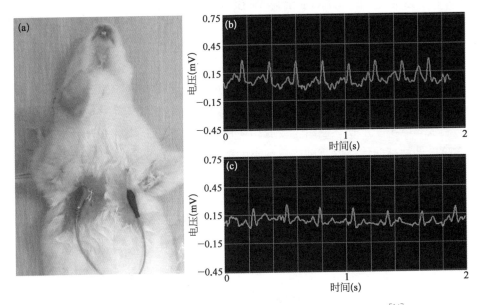

图 14.5　利用常规 Ag/AgCl 电极和液态金属电极测量兔心电[14]

　　a. 兔心电测量方式；b. 利用 Ag/AgCl 电极采集到的兔心电图；c. 利用液态金属电极采集到的兔心电图。

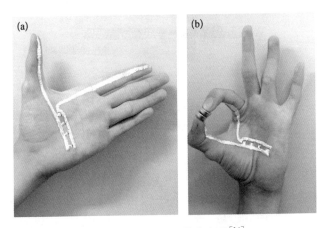

图 14.6　液态金属体表电路[14]

　　a. 在手掌表面绘制液态金属导线并放置 LED 灯；b. 捏住电池，电路导通，LED 灯点亮。

14.3 液态金属皮肤电子印刷技术

14.3.1 印刷方法

印刷过程如图 14.7 所示,首先制作相应的镂空掩模板(图 14.7a),掩膜板的材质可以是不锈钢板、布料、塑料、硅胶等,然后用微型气动喷枪将配置好的液态金属电子墨水喷在贴附于皮肤相应位置的掩膜板上(图 14.7b),液态金属在喷口处被高能气体射流破碎成细小的微滴,雾化成微滴,透过掩膜板缝隙沉积到皮肤上[16],形成电路(图 14.7c)。

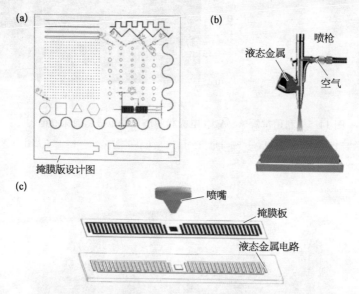

图 14.7　液态金属在皮肤基底上的喷涂印刷过程[16]

a. 设计好的喷印掩膜板;b. 通过掩膜板在衬底上制造叉指电极的技术原理;c. 喷笔液态金属雾化机械原理。

液态金属电子墨水熔点低,一般在室温下能始终保持液态,因此喷涂印刷过程中无需加热模块。需要说明的是,由于液态金属表面氧化物会使得液态金属黏附在喷枪壁上堵塞喷枪,所以对于这种喷印技术,液态金属电子墨水在进入喷枪前必须去氧化。

液态金属表面张力大,通过触角测量仪测定金属液滴和皮肤表面之间的静态接触角为 100.5°,也就是说液态金属本身和皮肤之间是不润湿的。

喷涂印刷的方法可以增大液态金属沉积在皮肤上的压力,同时液态金属在喷涂过程中破碎成微米级液滴,也会增大液态金属在空气中的氧化程度,从而增加液态金属在皮肤上的黏附性。如图 14.8a 所示,液态金属 GaIn$_{24.5}$ 在高压空气的作用下,会破碎成微液滴,其表面在空气中迅速氧化,氧化的液态金属微滴表面有极性原子。此外,皮肤表面也可能含有某些极性分子(图 14.8b)。由于液态金属微滴在一定的初速下将会撞击皮肤表面,极性原子或极性皮肤分子之间通过范德瓦尔斯力被牢固地吸附在皮肤表面下。然后微液滴之间会相互融合最终形成液态金属导电层的吸附膜。对于小尺寸的液体微滴,它的比表面积更大,所以氧化过程会比正常尺寸下的液态金属液滴快,因此可以氧化比较充分,从而很好地黏附在皮肤上,最终结成液态金属膜。

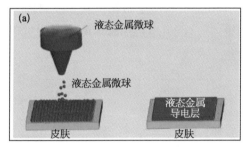 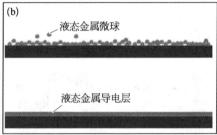

图 14.8 喷涂液态金属衬底上薄膜基本工艺原理[13,16]

a. 喷射形成液态金属膜的方法;b. 液态金属微滴附着于基板及合并成膜的原理。

14.3.2 性能评估

基于掩膜板的液态金属喷涂印刷工艺的精度主要由两方面决定:一方面是掩膜板的精度,受限于掩膜的制造工艺;另一方面是雾化的精度,主要由气动喷头的喷嘴直径决定。

皮肤具有柔软性,容易拉伸或处于弯曲状态,所以皮肤作为电路的印刷基底,要求导线也同样具有柔性和拉伸性。另外,皮肤本身具有一定的电阻抗,所以在皮肤电子中还需要考虑皮肤电阻对高频电路电学性能的影响[16]。

如图 14.9a 所示,猪皮上的液态金属薄膜尺寸为 90 mm×20 mm,对猪皮进行拉伸,每拉升 5 mm,进行一次电阻测量,记录液态金属薄膜从长度 90 mm 到 105 mm 间电阻的变化,从而得到图 14.9b 所示的电阻随拉伸长度之间的曲线。通过拉伸曲线可以看出，液态金属电阻的阻值变化和拉伸长度成正相关非线性关系。金属薄膜从长度 90 mm 拉伸到 105 mm，电阻从 0.4 Ω 增加到 4.1 Ω。电阻随猪皮的拉伸长度而增大，电阻和薄膜长度成 2 次幂函数关系，因此可伸缩的液态金属电阻具有作为肌肤压力传感器的良好前景。

皮肤基底特殊的地方在于其本身也可形成一个电化学系统，皮肤自身的电介质和电容双重特性会影响整个皮肤电子系统[16]。电阻抗测量中叉指宽度和叉指间隙仍然都是 0.5 mm，叉指长度为 11 mm（图 14.9c）。阻抗测量采用 SRS 模型的 SR780 2-通道网络分析仪。图 14.9d 显示的是利用叉指电极测量猪皮的电阻抗特性。实验结果表明，猪皮在 20 Hz 的频率电阻峰值为 2 900 Ω，在 10 Hz 的频率下猪皮电阻峰值是 1 000 Ω，这也给测量皮肤的生理参数提供了一种十分方便的方法。此外，由于皮肤的电阻抗反映了皮肤的电特性，很多时候会利用皮肤电阻抗来测量体质含量，也可用来检测组织的病理变化，还可作为测谎仪的主要测量参数。

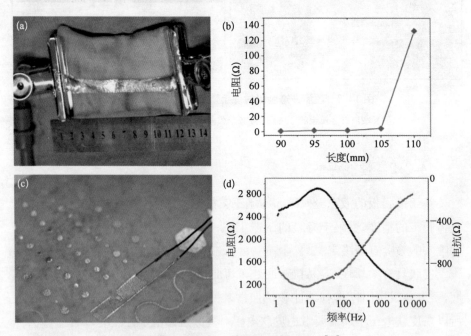

图 14.9　皮肤上液态金属的电学性能[16]

a. 猪皮上液态金属薄膜的拉伸实验装置；b. 液态金属线电阻与猪皮长度的关系曲线；c. 利用在猪皮上喷涂印刷电极测量猪皮肤阻抗谱的实验装置；d. 利用电极测量的猪皮电阻抗谱，黑色线表示检测到的皮肤电阻，红线表示电抗。

14.4　液态金属在皮肤上的电诱导重组现象

14.4.1　液态金属电极电控收缩实验

液态金属在离体皮肤组织和在体皮肤组织上的电诱导重组实验装置如图 14.10 所示,对皮肤上的液态金属电极施加电压,负极液态金属电极会迅速变形为球形。

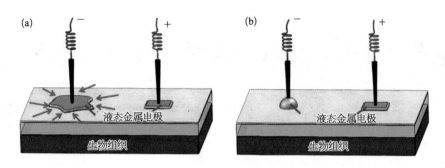

图 14.10　液态金属在皮肤组织的电诱导实验示意[17]

利用喷印法在皮肤上制备液态金属薄膜电极实验如图 14.11 所示。金属薄膜是直径为 4 mm 的圆形薄膜,对液态金属薄膜电极施加 5 V 直流电压,可以观测到显微镜下猪皮上的液态金属在施加电场后,液态金属薄膜电极被收缩成许多的小球[17]。

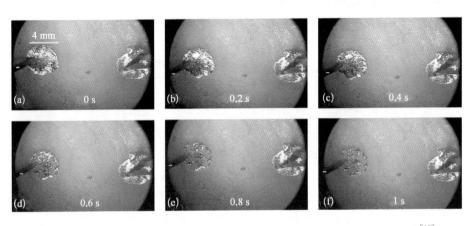

图 14.11　显微镜下猪皮上液态金属薄膜电极分别在施加电场后的收缩照片[17]

进一步采用生命力旺盛的裸鼠作为实验,来观测皮肤上的液态金属受电场作用时的收缩现象。实验前先配制麻醉剂,即质量分数为1%的戊巴比妥钠溶液。然后按照 50 mg/kg 的剂量将麻醉剂注射入八周龄的雄性裸鼠 CD-1 NU 腹腔内。待裸鼠麻醉后,采用液态金属喷印法在裸鼠腰部区域的皮肤上喷涂了外接圆直径为 5 mm 的三角形电极,如图 14.12 所示,在印刷液态金属电极上施加 5 V 电压,每次持续 30 s,与上一实验不同的是,液态金属的收缩现象并不明显,继续加长时间到 10 min,收缩现象仍然不是很明显。但当电压增加到 10 V 后,液态金属才开始发生收缩,但是收缩速度远远低于在体外猪皮的情况。

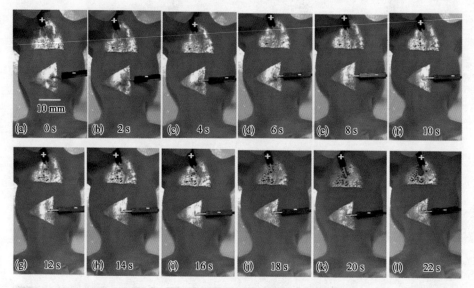

图 14.12 在体裸鼠皮肤在喷印的液态金属电极施加 10 V 电压从 0~22 s 实验照片[17]

14.4.2 机理分析

上述实验表明,皮肤上外加电场可引起液态金属电极发生收缩形变,而且活体皮肤和离体皮肤的收缩情况有所不同。如果将所加电极的正负两极对调,即将电源正极加在液态金属电极上,电源负极加在皮肤上,发现液态金属电极无收缩形变现象[17]。由此可以看出,电场方向决定液态金属电极能否收缩。此外,皮肤组织同时具有电介质和导体的双重性质,所以皮肤组织和液态金属将会形成一个电化学系统。在一定电压作用下,皮肤上电源正负极处液态金属 $GaIn_{24.5}$ 会发生氧化还原反应。液态金属 $GaIn_{24.5}$ 合金中,以 Ga 为主要成分,由于金属 Ga 氧化膜的存在[20],其主要成分是 Ga_2O_3,厚度约为 5Å。表面氧化膜一经形成,会阻止内部液态金属被氧化,进而会阻止氧化膜厚度进一步增加。表面金属氧化膜的存在会使液态金属产生一定刚性,故液态金属可保持一定的形状,而非随意流动[20]。因而在加电之前,液态金属机器铺展开来,无法随意收缩。当将电源负极加在液态金属电极上,正极加在皮肤上的另一液态金属电极上,电源内阻、电源负极、负极液态金属、皮肤、电源正极、正极液态金属构成一个完整的电路回路。电源负极与液态金属机器接触,而液态金属具有很高的导电率,故液态金属机器可以看作为负极的拓展部分。液态金属的导电率远高于皮肤的电导率(1 Hz 时该阻抗约 200 kΩ),因而可以将皮肤电阻看作回路的负载电阻 R,皮肤的等效电容 C,则对应的等效电路如图 14.13 所示。外加电场后,两液态金属电极处会发生氧化还原反应,其中在负极发生还原反应。这样,在负极的液态金属将被还原,而在正极的液态金属将被氧化。作为负极的液态金属电极因为其表面的还原反应,所以表面的氧化物会不断被去除。所以在正极,实验中液态金属电极基本上没有什么变化。最后,当在负极的液态金属电极表面氧化物被完全去除时,负极的液态金属电极表面张力恢复,所以液态金属扁平电极会在电源负极处收缩为一个小球[13]。

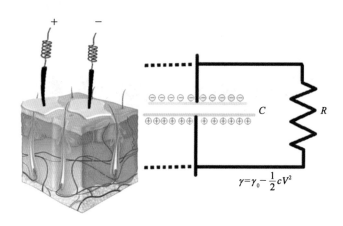

图 14.13　液态金属收缩过程中的等效电路模型[17]

总的说来,皮肤上液态金属电极电诱导收缩变形的主要原因是因为电场作用下负极的液态金属发生氧化还原反应,进而液态金属表面的金属氧化物被反应掉,液态金属的表面张力得以恢复,继而发生收缩变形现象。

Ga_2O_3 被还原的速度与电流强度有正相关关系。通电电流强度越大,则

Ga_2O_3 被还原的速度越快,从而液态金属的表面张力恢复的速度也越快。所以液态金属在皮肤上的收缩速度与所加电压、电极间距以及皮肤的电特性有关。一般而言,在皮肤不变化以及电极间距固定的情况下,升高电压会增大回路中的电流,进而加快 Ga_2O_3 的还原反应速度。如果皮肤不变化以及施加的电压也不变,增大液态金属正负电极之间的间距,Ga_2O_3 的还原反应速度会减慢[21]。

图 14.14b 表明,施加电场后,不同间距的液态金属扁平电极发生收缩。结果发现间距变化和收缩时间的函数关系大约是一个正向比函数关系,但非正比例线性关系,也就是说间距越大,收缩时间越长,Ga_2O_3 的还原反应速度越慢,这和本章之前的预测也是大致吻合的。如图 14.14d 所示,施加电压大小和收缩时间是成反向比关系,即施加电压越大,收缩时间越短,电压大小与 Ga_2O_3 的还原反应速度成正比关系但非线性关系,主要原因是由于皮肤的电化学阻抗是以一种容抗和阻抗综合的导电体体现,所加电压并不严格符合欧

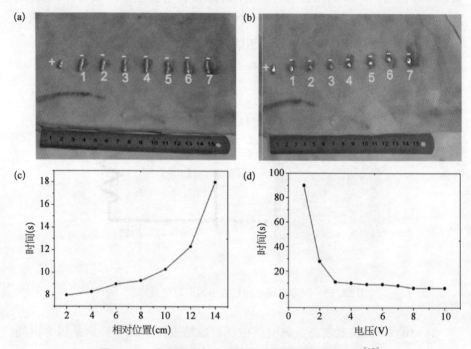

图 14.14　液态金属负电极的相对位置和速度的关系[17]

　　a. 液态金属正电极和 1~7 号负液态金属电极;b. 在 a 施加电场的实验结果;c. 液态金属负电极相对位置随收缩时间的变化曲线;d. 在液体金属负电极 1 和液态金属正极上施加的电压随收缩时间的变化曲线。

姆定律,所以电路回路中电压与电流也并非线性关系。此外,当电压增加到一定值后,皮肤上的还原反应并不只有 Ga_2O_3 还原反应这一种,还含有皮肤上微量的电解水反应。

此外,生物组织和溶液不太一样,生物组织是具有细胞结构的;活体的生物组织和离体的生物组织也不一样[17],活体的生物组织的离子迁移必须要越过细胞膜才行。电路回路中的等效电阻 R 随着皮肤中离子迁移的速度增大而在一定程度上减小,可使通电电流增大,从而加快氧化还原反应速度。而活体生物组织的离子迁移必须克服细胞膜上离子通道的影响,因为离子的体积通常比电子大得多,所以导电过程一般被生物膜堵塞。在这里,阻挡层和基底层会阻止离子穿过膜转移。因此,不同极性的离子会相互吸引,导致离子积累。这些阴离子使 $GaIn_{24.5}$ 液态金属表面带负电荷,而在阴极电极会形成一个双电层。所以皮肤具有很强的电荷储存能力,起着电容的作用。该生物膜还将在通道中产生一些离子"泄漏",可等效为电解电容器 C 和电阻 R 的并联,如图 14.13 所示。EDL 可以建模为一个充电的电容器。外加电压时,由于液态金属具有高导电性,而皮肤具有有限导电性,诱导液态金属电极表面负电荷积聚,液态金属与电源正极直接接触时可将其视为正极的一部分。外加电压改变液态金属表面离子的分布,阳离子聚集在液态金属内部。当通电电压不足以产生电化学反应时,可用电毛细管理想模型来对双电层间的表面张力与电势差之间的关系进行热力学分析。理论上,外电场引起液态金属与电解液间表面张力的变化可以用 Lippman 方程来进行描述[22,23]:

$$\gamma = \gamma_0 - \frac{1}{2}cV^2 \tag{14.1}$$

其中,γ 表示表面张力,c 为单位面积的双电层电容,V 为双电层间的电势差,表示当 V 为 0 时的最大表面张力。上述关系已经过不同装置及电解液下的大量实验证实[22]。外加较低电压时,虽不足以发生电化学反应,但影响了双电层间的电容与电势差,因而液态金属的表面张力也会稍微改变。

由 Lippman 方程表明电容 C 和电位差 V 是确定液态金属与皮肤表面张力的主要参数[13]。所以根据该方程,不同的皮肤,电容会有不同。所以为了研究上述问题,可对 4 种不同的皮肤进行电化学阻抗谱测量,液态金属是通过喷印的方式印刷在皮肤上的。4 种被测皮肤分别为离体猪皮、离体裸鼠皮肤、在体活体裸鼠皮肤和在体死裸鼠皮肤。如图 14.13 所示,电化学阻抗呈电阻和

电容并联的形式。离体的猪皮具有更强的电容特性，离体的裸鼠皮肤显示更强的电阻特性。这是因为 $\log|Z|$ 在图 14.15a 显示的要比图 14.15b 衰减得更快，如图 14.15c-d 所示，其电化学阻抗数值是离体皮肤 100 倍，这就解释了为什么在同样的电场条件下，活体皮肤上的液态金属收缩现象和离体皮肤相比并不明显，而只有在施加较高电压的情况下才会看到比较缓慢的电诱导液态金属电极收缩现象。此外，电流分布还与电极形状有关。由于等效电路中，液态金属是作为负极的一部分，施加电场后液态金属电极不断收缩而形状发生变化，因而液态金属负极的表面积是动态变化的。

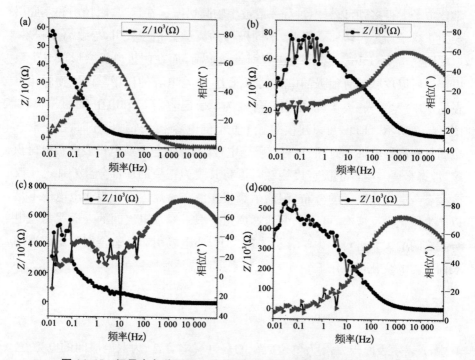

图 14.15 记录在各种不同皮肤上利用液态金属电极测得的 EIS 谱[17]

a. 离体猪皮的 EIS 谱；b. 离体裸鼠皮肤的 EIS 谱；c. 在体活体裸鼠皮肤 EIS 谱；d. 在体死裸鼠皮肤的 EIS 谱。

所以，在研究不同形状的电极时，液态金属正极电极的形状改变会对电流分布有一定的影响，收缩速度会有很大不同。液态金属表面氧化物的含量对其收缩速度也会有一定影响[13]。虽然液态金属表面氧化物对其内部起到保护作用，只有很薄一层，但由于不同镓基液态金属中 Ga 的配比含量不同，其表面氧化物的含量也略有差异。纯液态金属 Ga 表面上的氧化物高于 $GaIn_{24.5}$ 合金表面氧化物,故理论上同等条件下纯液态金属 Ga 的收缩速度会略慢于液态金属 $GaIn_{24.5}$。

14.4.3 电诱导液态金属变形的应用

电制动控制阀和电制动控制开关也已被广泛研究和探索[24]。图 14.16 是一个在皮肤上利用液态金属重组特性的电制动控制开关[13]。在猪皮上割出简单的沟槽,在沟槽中注入液态金属,在两个液态金属之间放入 LED 灯等,这样就制作出了一个简单的 LED 灯电路。如图 14.16b,在液态金属电极的两端施加 5 V 的电压,可以看到 LED 灯在图 14.16c 被点亮。如图 14.16d 所示,LED 灯开始变暗,这是因为皮肤上的液态金属电诱导重组发生,液态金属和 LED 灯的引脚迅速脱离,当液态金属收缩完成时整个电路回路断开,LED 灯立刻熄灭。通过该实验表明,对生物组织流体开关进行合理设计,可实现性能良好的生物组织电致开关,这也为该领域的研究和应用打开了一条新的思路。

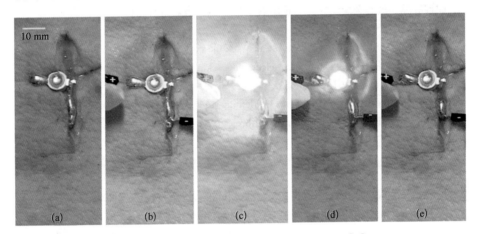

图 14.16 皮肤上电控液态金属流体开关照片[13]

a. 发光二极管连接两个液态金属电极;b. 在两个液态金属电极上施加 5 V 电压;c. LED 灯被点亮;d. 随着液态金属的收缩,LED 灯光变暗;e. 当液体金属收缩完成,发光二极管熄灭。

14.5 小结

自 1929 年从头皮上获取脑电图开始,通过皮肤来进行生理监测或者刺激的研究已有近 90 年的历史了。通常情况下,皮肤与医疗设备的接口都是使用涂抹了导电凝胶的块状电极,然后借助胶带或者机械夹具将电极予以固定。

虽然这些传统的基于硅基电路的设备具有很多重要的功能,但由于刚性电极与皮肤接触电阻过大以及受设备本身尺寸形状等方面的限制,它们并不适合在除实验室或者临床研究之外的日常环境中使用。而可贴合皮肤电路的出现,将使得心电图、脑电图、体温、力学以及皮电等测量变得更加精确简便。

室温液态金属材料由于兼具金属与流体的性质,因此在拓展生物医学健康监测手段与形式方面具有许多潜在应用价值。本章介绍的"适形化皮肤电子"概念,以基础的生物电极为切入点,将液态金属引入到生物医学检测领域,并通过液态金属喷涂工艺,实现了液态金属皮肤电路的制备。不难想象,未来的生理监测与治疗,将会显得更加的便携化、模块化、个性化,同时能够快速成型且与人体皮表高度相容。

参 考 文 献

［1］桂晗. 基于液态金属喷雾打印技术的生物医用织物电路研究(硕士学位论文). 北京: 清华大学, 2017.

［2］Schwartz G, Tee B C K, Mei J, et al. Flexible polymer transistors with high pressure sensitivity for application in electronic skin and health monitoring. Nature Communications, 2013, 4: 1859.

［3］Pang C, Lee G, Kim T, et al. A flexible and highly sensitive strain-gauge sensor using reversible interlocking of nanofibres. Nature Materials, 2012, 11(9): 795~801.

［4］Kim D H, Lu N S, Ma R, et al. Epidermal electronics. Science, 2011, 333(6044): 838~843.

［5］Xu S, Zhang Y, Jia L, et al. Soft microfluidic assemblies of sensors, circuits, and radios for the skin. Science, 2014, 344(6179): 70~74.

［6］Yamada T, Hayamizu Y, Yamamoto Y, et al. A stretchable carbon nanotube strain sensor for human-motion detection. Nature Nanotechnology, 2011, 6(5): 296~301.

［7］Jia W, Bandodkar A J, Valdesramirez G, et al. Electrochemical tattoo biosensors for real-time noninvasive lactate monitoring in human perspiration. Analytical Chemistry, 2013, 85(14): 6553~6560.

［8］Son D, Lee J, Qiao S, et al. Multifunctional wearable devices for diagnosis and therapy of movement disorders. Nature Nanotechnology, 2014, 9(5): 397~404.

［9］Rogers J A, Someya T, Huang Y. Materials and mechanics for stretchable electronics. Science, 2010, 327(5973): 1603~1607.

［10］Yao S S, Zhu Y. Nanomaterial-enabled stretchable conductors: Strategies, materials and devices. Adv Mater, 2015, 27(9): 1480~1511.

[11] Fassler A, Majidi C. Liquid-phase metal inclusions for a conductive polymer composite. Adv Mater, 2015, 27(11): 1928~1932.

[12] Wang Y, Wang L, Yang T T, et al. Wearable and highly sensitive graphene strain sensors for human motion monitoring. Adv Funct Mater, 2014, 24(29): 4666~4670.

[13] 郭藏燃. 生物医用液态金属皮肤电子技术研究(博士学位论文). 北京: 清华大学, 2017.

[14] Yu Y, Zhang J, Liu J. Biomedical Implementation of Liquid Metal Ink as Drawable ECG Electrode and Skin Circuit. PLoS One, 2013, 8(3): 58771.

[15] 于洋. 基于移动平台的普适性微型全科生理检测方法的研究(博士学位论文). 北京: 清华大学, 2015.

[16] Guo C, Yu Y, Liu J. Rapidly patterning conductive components on skin substrates as physiological testing devices via liquid metal spraying and pre-designed mask. Journal of Materials Chemistry B, 2014, 2(35): 5739~5745.

[17] Guo C R, Yi L T, Yu Y, et al. Electrically induced reorganization phenomena of liquid metal film printed on biological skin. Appl Phys A-Mater, 2016, 122(12): 1070.

[18] Wang X, Zhang Y, Guo R, et al. Conformable liquid metal printed epidermal electronics for smart physiological monitoring and simulation treatment. J. Micromech. Microeng, 2018, 28(3): 034003.

[19] Miller A P. Lange's Handbook of Chemistry, 4th edition. Am J Public Health N, 1941, 31(12): 1324~1324.

[20] Regan M J, Tostmann H, Pershan P S, et al. X-ray study of the oxidation of liquid-gallium surfaces. Phys Rev B, 1997, 55(16): 10786~10790.

[21] Zhang J, Sheng L, Liu J. Synthetically chemical-electrical mechanism for controlling large scale reversible deformation of liquid metal objects. Scientific Reports, 2014, 4: 7116.

[22] Tang S Y, Khoshmanesh K, Sivan V, et al. Liquid metal enabled pump. P Natl Acad Sci USA, 2014, 111(9): 3304~3309.

[23] Sheng L, Zhang J, Liu J. Diverse transformations of liquid metals between different morphologies. Adv Mater, 2014, 26: 6036~6042.

[24] Kim J, Shen W J, Latorre L, et al. A micromechanical switch with electrostatically driven liquid-metal droplet. Sensor Actuat a-Phys, 2002, 97(2): 672~679.

第15章
液态金属印刷式可穿戴电子

15.1 引言

在织物上实现导电功能的材料主要有导电纱线和导电墨水两大类。导电纱线的制作方法主要包括 3 种，即在普通纱线上缠绕单根导电单丝纤维，直接撮合导电复丝纤维从而形成纱线，以及在普通纱线上涂覆导电层。

表 15.1 介绍了几种导电纱线在智能织物中的应用实例[1]。从中可以看出，导电纱线所使用的主要材料为金、银、铜以及不锈钢等金属。金属纤维的制作方法具体包括两种，第一种是直接将金属丝纺成纤维，必要时可在金属表面涂覆有机绝缘防护层。通过纺丝形成的纤维，具有金属本身的一些性能，例如良好的导电性、导热性、耐腐蚀性以及高强度等。但是，这样的纤维也存在难以在织物上集成和连接等问题，而且纺丝工艺的造价昂贵，在制作纤维时还极易出现喷丝堵塞的问题[2]。因此，研究者们开发了第二种金属纤维制作方法，即将金属粉末和聚合物混合后再来纺制导电纤维，或者使用喷溅法在一些特定的耐高温纤维表面沉积一层金属薄膜。对于这种方法而言，纤维的牢度相较于前一种方法会存在一定程度上的损伤，而且由于存在纺制特定材料纤维的技术需要，以及高温喷溅金属的设备需求，制作导电纤维的成本仍然很高。

表 15.1 导电纱线在智能织物中的应用实例[1]

导电纱线	单位长度电阻(Ω/cm)	优 点	缺 点
铜线	≤21	连接牢固	难以在织物上集成
不锈钢纤维	≤50	耐腐蚀	难以和电子元件连接
带聚合物涂层的金属纤维	≤10^{-3}	质量轻，耐高温，柔性，可焊接	在织物上的顺应性差

（续表）

导电纱线	单位长度电阻(Ω/cm)	优　点	缺　点
金属透明硬纱	≤10	纱线级别的集成	难以和数据线连接
银线	≤3	机器缝纫	对湿度敏感，易老化
聚酰亚胺上的纳米金薄膜	—	耐高温，可集成薄膜晶体管	不能通过机器缝纫

　　本章内容介绍可穿戴医疗设备在朝着柔性、适形化穿戴方面发展的趋势，并结合液态金属新材料在制造柔性电路方面的研究成果，讲解以织物为载体，借助液态金属喷雾打印的方法，并讨论一些具体的印制式可穿戴电子案例[3,4]。总体而言，新技术可以在保证导线具有良好导电性和导热性的前提下，降低制作金属导线以及将其集成到织物上的成本，并能实现批量化的快速制造。

15.2　液态金属在织物基底上的性能分析

15.2.1　液态金属织物导线的形貌观察

　　为了探讨液态金属喷雾打印在布料上的实现效果，选用了 6 种布料，特征依次列于表 15.2 中。由于布料的形貌比布料的材质对液态金属喷雾打印的影响更大，选择布料的时候主要把区分度放在了布料的孔隙大小和表面特征上。

表 15.2　几种作为液态金属喷雾打印基底的布料[3]

布料编号	颜色	材质	孔　隙　大　小	表　面　特　征
1	黄	涤纶	致密（—）	光滑（—）
2	大红	锦纶	空隙较小（≤0.2 mm）	光滑（—）
3	深蓝	亚麻	空隙较大（≤0.4 mm）	少量绒毛（0.2 mm）
4	深粉	涤纶	致密（—）	少量绒毛（0.4 mm）
5	棕	腈纶	致密（—）	较多绒毛（0.7 mm）
6	浅蓝	主要为涤纶	空隙较大（≤0.5 mm）	大量绒毛（1.1 mm）

　　使用带有宽 1 mm、长 8 cm 缝隙的掩膜，分别在 6 种布料上打印一条液态金属导线。然后，选用光学体视显微镜、三维形貌测量显微镜、场发射环境扫描电子显微镜，依次对这 6 种布料上所打印的导线进行观察，结果如图 15.1

图 15.1　打印在不同布料上的液态金属导线[4]

a. 光学体视显微镜下的液态金属导线俯视图；b. 三维形貌测量显微镜下的液态金属导线俯视图；c. 场发射环境扫描电子显微镜下的液态金属导线截面图。

所示。其中,图 15.1a 和图 15.1b 均为打印的液态金属导线的俯视图,而图 15.1c 是沿布料中间剪开并用电镜扫描所得的液态金属导线截面图。

通过测试,验证了这 6 根导线全部可以正常工作。但观察 6 根导线,可以发现其平整度差别很大,这主要是受布料的孔隙大小以及布料表面绒毛的影响。从图中可以看出,布料孔隙最小且表面最光滑的是样本 Ⅰ,因此打印出来的导线也最平整[3]。样本 Ⅱ 和样本 Ⅲ 的布料都有孔隙,样本 Ⅳ 的布料虽然致密但是有少量的绒毛,因此这三者打印出来的导线的平整度相近。样本 Ⅴ 的布料十分致密,但相对样本 Ⅳ 的布料而言表面绒毛密集,因此打印出来的导线也更加粗糙。打印出的导线质量最差的是样本 Ⅵ,其表面的绒毛是所有样本当中最密集的并且布料的孔径也是最大的。比较样本 Ⅴ 和样本 Ⅵ,可以发现,样本 Ⅵ 的布料绒毛不仅在数量和长度上比样本 Ⅴ 多,而且这些绒毛都是沿斜向上的各个方向分布在疏松的布料上。从图 15.1c 所展现的截面图上就可以看出,液态金属可以较为平整地堆叠在样本 Ⅴ 的布料上,但对于样本 Ⅵ 而言,大量的液态金属聚集在绒毛上而非布料的根部。

图 15.2 提供了三维形貌测量显微镜下更近视野的样本 Ⅴ 和样本 Ⅵ 的俯视图。显然,由于液态金属氧化膜所造成的强黏附性,在喷墨打印的过程中,两种样本的布料绒毛上都会粘连液态金属雾滴[3]。但是,样本 Ⅴ 中是横卧的长绒毛,对于液态金属进入布料根部的阻碍作用较小;而样本 Ⅵ 中是沿各个方

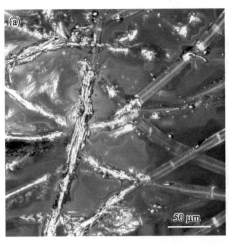

图 15.2　液态金属雾滴在布料绒毛上的黏附情况[3]

a. 三维形貌测量显微镜高倍放大时样本 Ⅴ 的俯视图;b. 三维形貌测量显微镜高倍放大时样本 Ⅵ 的俯视图。

向的叉状绒毛,对液态金属进入布料根部的阻碍作用较大,从而导致大量的液态金属雾滴不均匀地聚集在绒毛上。

15.2.2 液体在织物上润湿过程分析

在整个制作液态金属电路的过程中,液态金属 $GaIn_{24.5}$ 墨水以及封装材料 PDMS 在织物上的润湿能力是关乎打印和封装结果的重要指标。具体来说,由于织物的纤维内部以及纤维之间都存在孔隙,因此液体在织物上的润湿过程可以分为两个部分:第一是液滴与织物表面的接触;第二是液滴在织物纤维孔隙之间扩散的毛细现象。其中,前者是后者发生的必要前提。当液滴在织物基底上的接触角小于 90°,即液滴与织物表面接触表现为浸润时,液滴会自发地在织物的纤维内部以及纤维之间发生流动,从宏观上来看就是液滴在布料基底上的扩散和渗透,这种现象也称为吸芯。

由于液态金属在表 15.2 所列举的多种织物基底上的静态接触角都大于 90°,即与织物基底表现为非浸润。然而,正如前文所分析,使用喷雾打印的方法制造的液态金属雾滴表面会有一层致密的类固体氧化层,当这样的液态金属雾滴撞击在布料基底上后,这层类固体的氧化层会掩盖液态金属内在的行为,使得液态金属以撞击时随机形成的形态黏附在布料上;而且,由于雾滴以一定的速度撞击布料基底时,会对基底产生较大的压力,使液态金属能够在布料表面的上下层纤维上均展现出良好的黏附效果。但是由于液态金属本身与布料是非浸润的,因此打印在布料上的液态金属,并未观察到明显在布料基底上扩散的毛细现象,而是长时间显示出恒定而清晰的打印边界。根据液态金属只存在液滴与织物相互接触的情况,绘制出的示意图如图 15.3a 所示。

至于封装材料 PDMS 与许多织物的接触角都小于 90°,因此在布料基底上不仅会发生接触浸润,还极有可能发生纤维空隙之间的铺展和渗透现象。当 PDMS 与织物发生表面接触浸润,并在织物纤维孔隙之间发生毛细现象时,其示意图如图 15.3b。从中可以看出,即使织物纤维编织紧密,但是依然会存在许多细小孔隙;而且纤维按照材料的不同,也各自存在着大小不一的孔隙。当液滴与织物纤维接触的时候,会自然浸润所处位置的一些纤维孔隙。虽然布料纤维处在水平位置,不存在外力场的势能差,但这些细小孔隙内的弯月形液面会在液体的表面张力和曲面内外压强差的共同作用下产生一个附加压力,从而自动地引导液体在毛细孔隙内流动。

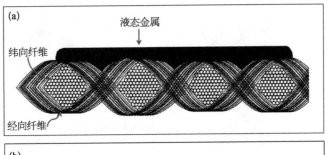

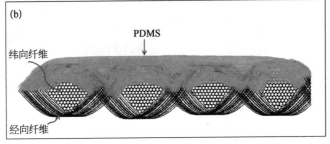

图 15.3　不同液体在织物上的润湿情况[3]

a. 与布料基底静态接触角大于 90°的液态金属的润湿情况；b. 与布料基底静态接触角小于 90°的 PDMS 的润湿情况。

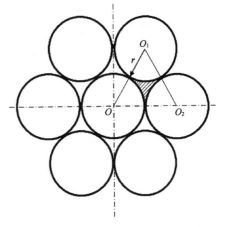

为了简化液滴在织物上发生的毛细现象，这里只考虑编织的纤维之间缝隙[3]。如图 15.4 所示，假定织物纤维的截面为半径为 r 的圆形，则纤维之间会形成图中阴影部分所示的类三角形细小孔隙。在一种确定的织物基底上，液体的动力黏度 μ 越大，液体在织物纤维空隙间所产生的毛细现象的流量 Q 也就越小，也就是液体在织物上的渗透速率越慢。

图 15.4　织物纤维排列的横截面示意[3]

15.3　织物上液态金属电路的制作

如图 15.5 所示，织物上的液态金属电路的制造过程可以分成两个阶段，即打印阶段和封装阶段[4]。

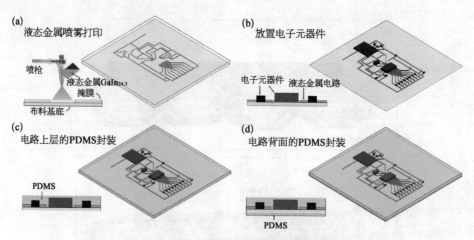

图 15.5　织物上的液态金属电路的制造过程[4]

a. 使用预先制作的掩膜在布料上进行液态金属喷雾打印；b. 在喷印好的液态金属电路上放置电子元器件；c. 电路上层的 PDMS 封装；d. 电路背面的 PDMS 封装。

打印阶段可细分为两个步骤。首先,用预先设计制作的掩膜平整地压在布料上,并用喷枪在距离布料 5～10 cm 高度处进行液态金属喷雾打印。打印完成后,掩膜板需要小心地加以移除以防止弄坏电路。接着,用镊子将贴片式电子元器件按照布局设计依次摆放到电路相应的位置。接通电源调试电路,验证电路可以正常工作后,电路的打印部分也就自此完成。

之后便进入液态金属电路的封装阶段。首先,将厚度高于电路中的电子元器件的镂空平板放置于打印液态金属电路的布料上,并用重物压在镂空平板的边缘以保证平板能和布料紧密贴合。镂空平板需要经过预先设计,以保证打印的液态金属电路能够完全处于平板被镂空的那一部分;而平板的厚度高于电子元器件的厚度,是为了保证封装材料能完全覆盖电路中所有的电子元器件。接着,将配置好的 PDMS 灌入平板镂空的部分,使 PDMS 完全覆盖布料上的液态金属导线和电子元器件。将整个电路移至 90℃ 的恒温箱中烘烤,加速 PDMS 的固化。在打印液态金属电路的布料上层封装 PDMS,可以有效避免液态金属电路被破坏以及电子元器件移位。烘烤 30 min 左右后,这层PDMS 已完全固化,将其从恒温箱中取出并冷却至常温。然后将布料翻转至反面,用相同镂空形状的平板平整放置在布料上,用重物压住平板边缘,灌注适当的 PDMS,并置于 90℃ 恒温箱中烘烤 30 min。在布料背面封装 PDMS 是为了防止液态金属从布料编织的缝隙里渗透出来。最后将布料正反面的封装掩膜板轻轻移除,即可完成整个电路的封装过程。

15.4　织物电路的封装技术

15.4.1　PDMS 在布料上渗透宽度的控制

为了保证液态金属的打印质量,可选用表 15.2 中 1 号布料作为打印基底。但在电路封装阶段,使用固化剂和基液以体积比 1∶10 新鲜配制的 PDMS 封装电路时,会出现明显的 PDMS 在布料上铺展和渗透的毛细现象[3]。

这种 PDMS 在布料基底上铺展和渗透的毛细现象,会导致织物电路封装的外轮廓无法有效确定。使用厚度为 2 mm、镂空形状为 47 mm×47 mm 的正方形平板进行 PDMS 灌注。灌注完成后将其立即置于90℃的恒温箱中烘烤 30 min,使 PDMS 固化。去除镂空平板后,PDMS 在布料上的渗透情况如图 15.6 所示。从图中可以看出,PDMS 在布料左右方向的渗透宽度均为 13 mm,而在布料上下方向的渗透宽度为 9 mm,即横向的渗透宽度要稍大于纵向的渗透宽度。可以粗略判断,这种纵横方向不一致的渗透宽度是由布料编织纵横纹理的不同所导致的。取纵横方向渗透宽度的均值作为

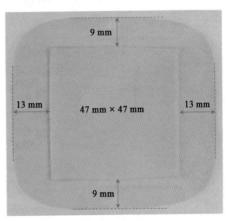

图 15.6　新鲜配制的 PDMS 在布料上的渗透情况[3]

PDMS 在布料上渗透的平均宽度,则新鲜配制的 PDMS 在布料上渗透的平均宽度高达 11 mm,以致预先设计的 47 mm×47 mm 的封装外轮廓无法有效确定。此外,这种 PDMS 在布料上的严重渗透,对织物本身的舒适度及美观程度也都有较大影响,因此需要进一步探讨解决。

PDMS 在布料上的渗透是发生于其从灌注在布料基底上到完全固化的这段时间。因此,要控制 PDMS 在布料上的渗透宽度,可通过减小 PDMS 在布料上的渗透速度或减小 PDMS 的固化时间来实现。

已知 PDMS 可以在-45～200℃的温度范围内长时间保持稳定性。但是由于在这个温度范围的两端,材料的性能会比较复杂,需要特定环境的测试和

验证,因此这里只讨论中间温度段 PDMS 的固化情况及其性能。PDMS 可以在室温下固化,也可以在高温下固化,随着温度的升高,固化时间会明显缩短。从阶段上来讲,PDMS 的固化过程是从基液和固化剂混合的时候开始的,一开始的固化现象只是混合液体的黏度逐步增加,接着开始有凝胶的出现,最后完全转变成固体弹性体。就固化过程的液态阶段而言,PDMS 的适用期是在基液和固化剂混合后,到液体黏度增至原来的两倍的时间范围。根据文献所提供的数据[5],新鲜配制的 PDMS 的动力黏度为 4 575 mPa·s。

增大 PDMS 在混合液体阶段的黏度,可以减缓它在布料上的渗透速率,因此可尝试在混合两种液体配置 PDMS 后,静置一段时间,待其黏度增加后再进行灌注封装。

通过对新鲜配制的 PDMS 静置,可以发现[3]:当环境温度为 60℃ 时,PDMS 处于混合液体阶段的时间约为 1 h 左右;而当环境温度为室温 27℃ 时,PDMS 处于混合液体阶段的时间约为 7 h 左右。如图 15.7 所示,PDMS(美国道康宁 Sylgard 184,美国迈图 RTV615)在混合液体阶段的动力黏度是一个随时间变化的非线性函数。在环境温度为 60℃ 的条件下,液体在静置 7 min 之后就已超出了适用期范围,而且在接下来几十分钟时间范围内,液滴动力黏度的增长趋势非常快,很难有效控制混合液体的黏稠度。因此,可选择在室温 27℃ 的环境下对新鲜配制的 PDMS 进行静置,从而保证一个较宽裕的时间范围来选择合适黏度的 PDMS 进行封装。当然,选择更低的温度条件也是可以

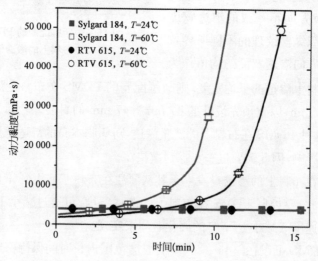

图 15.7　PDMS 在不同温度条件下动力黏度与静置时间的关系[6]

的,但为了保证实验操作方便以及提升实验效率,这里直接选用了室温条件进行 PDMS 静置。

为了定量研究不同黏稠度的 PDMS 在布料上的渗透情况,如下以 1 h 为时间间隔,在室温条件下依次测试了静置 0~6 h 的 PDMS 在布料上渗透情况[3]。PDMS 灌注时使用的平板依然是厚度为 2 mm、镂空形状为 47 mm×47 mm 的正方形平板,灌注完成后立即移入 90℃ 的恒温箱中烘烤 0.5 h。如图 15.8a 所示,静置了 1 h、3 h、5 h 和 6 h 的 PDMS 在布料上灌注封装后,在布料的横、纵渗透宽度上都有明显的差异。随着静置时间的延长,PDMS 在布料上的横、纵渗透宽度都有显著减小。图 15.8b 统计了 PDMS 的静置时间与在布料上渗透的平均宽度之间的关系。如果想要较好地控制 PDMS 封装的外轮廓,从渗透宽度的角度而言,使用静置 6 h 的 PDMS 是一个比较好的选择,其平均渗透宽度只有 1.25 mm。但是,静止时间更长的 PDMS 并没有出现在图 15.8 的测试结果中。这是因为在室温 27℃ 条件下,静置 6.5 h 的 PDMS 已经由于黏稠度太高而不能在灌注的布料上形成一个平整的表面,而且在实际的电路封装过程中也容易造成布料上分布好的电子元器件的位置移动。

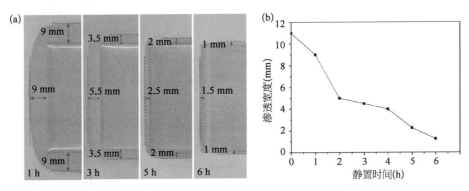

图 15.8 封装材料 PDMS 在织物上的渗透情况[3]

a. 静置不同时间的 PDMS 在布料上渗透情况的实物;b. 静置不同时间的 PDMS 在布料上渗透情况的统计。

15.4.2 PDMS 封装后的液态金属性能测试

对于用直写式方法打印的液态金属电路,一般都是先将打印完成的液态金属置于冰箱中使液态金属冷冻固化,然后再进行 PDMS 封装。这样做的目的是为了防止在常温下对电路进行封装时会造成液态金属在基底上流动变形,影响电路正常工作。

但是,对于本章所讨论的使用喷雾打印方法制作的织物上的液态金属电路,并未将液态金属冷冻固化后再进行封装,而是直接在常温条件下进行封装,原因如下[3]:使用喷枪雾化的液态金属液滴,会由于氧化层以及压力的作用,在相对粗糙的布料基底上、下两层纤维上都表现出良好的黏附效果。特别是下层纤维上的液态金属,就如同是房子的地基,会对整个液态金属导线的稳定性起到良好作用。此外,由于喷雾打印的液态金属图案是由无数的雾滴溶合形成的,其氧化成分相对于直写法而言高出很多,而这些氧化成分的类物体性质,也保证了整个液态金属图案不会变形。因此,使用喷雾方法打印在布料上的液态金属,并不容易产生流动变形,可以直接用 PDMS 封装。

为了进一步研究 PDMS 封装对液态金属电学性能的影响,使用同一个掩膜依次在布料上喷雾打印 3 条导线,并用 PDMS 对这些导线进行封装[3,4]。在封装前后分别对这 3 条导线进行-180°~180°的弯曲形变,并用安捷伦数据采集仪测量整个过程中导线电阻的变化情况,测量结果如图 15.9 所示。从图中可以看出,液态金属导线在用 PDMS 封装前后,并没有出现明显的电阻值变化,这也证明了在常温条件下对布料上的液态金属导线进行封装并不会造成明显影响。

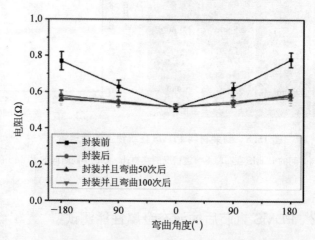

图 15.9 封装前后液态金属导线在不同弯曲角度下的电阻变化[3]

此外,在封装前,对弯折不同程度的液态金属导线进行电阻测量,发现相对于未弯折时的电阻值而言,增加程度最大可达 35%,这主要是由于液态金属导线在弯折的时候会在预先打印的轨迹内流动所造成。具体来说，在弯折的时候液态金属导线的各点就不再处于同一平面上，位置较高处的液态金属会由于重力的作用向下流动。但是由于液态金属本身和布料基底是非润湿的，而导线底层良好黏附在织物经线和纬线上的液态金属和上层的导线可以相互融合，因此导线上层的液态金属在弯折的时候会沿着预先打印的轨迹流动；弯折时候处于较高处的液态金属会在重力的作用下向较低处流动聚集，导致导线内部各处液态金属分布不均，从而表现出导线电阻值增大。进一步在封装之后，再对弯折不同程度的液态金属导线进行电阻测量，发现电阻值最大的变化程度只有未弯折时阻值的 5％，可以认为封装后的液态金属导线基本不受弯曲形变的影响。这是因为 PDMS 封装后，液态金属导线的流道大小就已经确定了，又由于液体可以近似看做不可压缩，因此在弯折过程中，液态金属的流动量不大，对整个导线电阻的影响也可以忽略不计。

15.5　织物电路的具体应用及耐洗性测试

为进一步展现在织物上喷雾打印液态金属电子的实现效果，笔者实验室制作了两个实际的织物电路，包括可编程流水灯模块，以及与手机无线通信的红外测温模块。以下将详细介绍需要用到的电子元器件、掩膜板设计过程、制作电路过程中可能遇到的问题以及耐洗性测试等。

15.5.1　可编程流水灯模块

由于整个液态金属图案比较精细，导线之间最小间距只有 0.6 mm，因此喷墨打印过程中要注意控制打印时间和打印速度，以防止打印出来的液态金属过厚溢出，造成导线间短路。在打印完成后，还需用细铜丝蘸取少量液态金属，依次涂抹在液态金属图案的所有焊盘位置，以保证放置电器元件的时候，元件引脚可以和液态金属焊盘充分接触连接，从而提高整个电路模块的稳定性。

进一步，在液态金属喷雾打印和电子元器件布置均完成后，需要用封装掩膜板以及在 27℃ 的条件下静置了 6 h 的 PDMS 对整个电路进行封装[4]。图 15.10a 是打印和封装完成后的流水灯模块，图中 PDMS 的外边界即为封装掩膜板的镂空图案。接通电源后，模块内的 8 个流水灯会根据单片机内的程序依次循环亮起。从图 15.10b 可以看出,该柔性电路模块具有较好的稳定性,在弯曲形变下依然可以保持流水灯的正常工作。

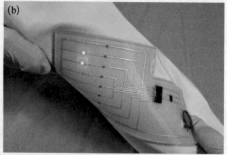

图 15.10　织物上打印和封装后的可编程流水灯模块[4]

a. 接通电源后流水灯正常工作;b. 弯曲形变下流水灯依然正常工作。

15.5.2　红外测温模块

图 15.11 为打印和封装完成后的红外测温模块电路实物图[4]。整个柔性模块的尺寸为 55 mm×80 mm,约为图中手机尺寸的一半,可以直接穿着而不影响衣服整体的舒适度。从图中可以看出,该红外测温模块可以实现和手机的无线通信,将传感器监测到的温度以曲线的形式实时反映在手机屏幕。图

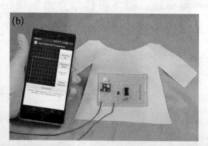

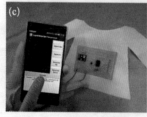

图 15.11　织物上打印和封装后的红外测温模块[4]

a. 电路实物;b. 整体实物;c. 测温模块与手机无线通信;d. 红外测量指尖温度;e. 红外测量烧杯温度。

15.11c 展示了用手机连接蓝牙的过程，当蓝牙上端的 LED 灯亮起时，表示蓝牙已经启动可以正常工作。接着，尝试改变该柔性模块传感器上方 3～4 cm 处的环境温度，观察手机屏幕上温度显示的变化。图 15.11d 展示了非接触式测量指尖温度的过程，手机端显示温度为 34.9℃；图 15.11e 展示了非接触式测量烧杯温度的过程，手机端显示温度为 41.8℃，这两次测量是连续进行的，说明手机可以在 2～3 s 内快速响应环境温度的变化。

15.5.3　织物电路的洗涤测试

为了测试织物电路的耐洗性，如下制作了两个流水灯模块，分别命名为样本 1 和样本 2。整个洗涤测试包括浸泡测试和机洗测试。

首先进行的是浸泡测试[3]：家用洗衣粉配置成 1 g/L 的溶液，用试纸测得 pH 值为 8.5。将样本 1 在配置好的洗衣粉溶液中浸泡 3 h，水温保持在 25℃。将样本 2 在清水中浸泡 3 h，在水浴锅中加热使水温保持在 50℃。浸泡完成后，取出两个样本用自来水冲洗干净，然后置于阴凉处自然风干。接着，对这两个样本重新进行供电，发现所有的 LED 都能正常工作。这证明了用 PDMS 封装的液态金属电路，在一定程度上可抵御碱性和高温环境。

接下来进行的是机洗测试[3]：选用小天鹅家用洗衣机给两个流水灯样本提供机洗环境，洗衣机波轮转速为 60 r/min，整个洗涤过程持续 15 min。样本 1 在洗衣粉溶液环境下进行机洗，溶液浓度为 1 g/L，pH 值为 8.5，水温和室温基本一致，保持在 25℃左右。样本 2 在清水环境下进行机洗，水温同样和室温保持一致。机洗完成后，取出两个样本，用自来水冲洗干净并置于阴凉处自然风干。重新给两个样本供电，发现样本 1 中的 8 个 LED 都不能正常工作，而样本 2 中仅有两个 LED 可以正常工作。用钢针穿刺 PDMS 封装层检查两个电路的连接情况，发现液态金属导线都能够正常工作，断路主要出现在液态金属与电子元件（包括 LED 和电阻）的连接处。这种现象提示未来的液态金属电路制造技术，应该要进一步改善液态金属与电子元件的连接情况。例如，可以改善电子元件封装的设计，包括增大引脚面积以及增加除底面之外的侧面引脚等。

15.6　基于液态金属的电加热服装

功能性服装是指可以给人体提供超出常规防护和辅助的服装产品，多用于对极端环境危害的抵御以及医学上的治疗与康复[7]。电加热服装就是功能性服装应用上的一个典型代表[8,9]。一方面,当外在环境的温度过低时,特别是在人体长时间处于寒冷状态并缺乏食物补给的情况下,仅仅通过人体自身代谢产热来维持体温是一件非常困难的事情。因此,通过将电能转换成热能来给人体提供热量,在军工和民用上都具有重要意义。另一方面,在医学治疗和康复领域中,电加热服可以改善传统刚性平面加热器无法与身体良好贴合的缺点[10,11],通过对人体进行适度地加热来提高血管舒张和增加血管流量,进而减轻关节损伤所引起的疼痛。此外,通过电加热服来实现局部加热,可以增加胶原蛋白在人体慢性伤口处的沉积面积从而加速伤口愈合[12],也可以实现某些对温度敏感的药物涂层在人体上的局部释放。液态金属 $GaIn_{24.5}$ 自身的电阻率只有 $29.4\ \mu\Omega\cdot cm$,用喷枪雾化后的电阻率也才 $33\ \mu\Omega\cdot cm$,而且通过将液态金属喷雾打印在不同的布料基底上[13,14],可以实现单位长度的导线的电阻在 mΩ 到 kΩ 范围内的变化。因此,用液态金属喷雾打印的方法在织物上制作电加热丝,可以为加热服的电路设计提供广阔的选择空间。

15.6.1　液态金属电加热丝的设计

为了用液态金属 $GaIn_{24.5}$ 设计出喷墨打印在织物上的合适的电加热丝,需要考虑以下问题:加热丝的发热功率,供电电压和电流,加热丝的电阻值,加热丝长度和形状的设计,以及打印加热丝的布料基底的选择。

加热丝发热可提供贴附人体的热源,保证在寒冷的条件下维持或增加人体皮肤温度,从而提高身体的代谢机能以及在严苛环境中的舒适程度[3]。因此,加热丝的总发热功率应该和人体在寒冷情况下的散热功率相匹配。考虑到人体正常活动会产生热量,以及正常穿衣减少散热的实际情况,结合市场上现有加热服的发热功率,可将液态金属电加热丝的总功率设定在 5～8 W 左右;考虑到电加热服供电电源的可携带性,这里直接采用了用于手机充电的移动直流电源,其输出电压为 5 V。因此,液态金属电加热丝的总电阻范围应在 3～5 Ω。

进一步,根据表 15.2 中喷雾打印在 6 种不同布料基底上的液态金属导线的电阻值,可以发现 5 号布料作为液态金属电加热丝的打印基底最为合适,整个加热电路由多根电加热丝并联构成,其中每根电加热丝可以根据人体穴位或者实际需求放置在人体背部的不同区域位置,从而实现背部大面积范围内的持续供热。

　　如图 15.12 所示,通过 AutoCAD 设计出单个电阻丝的液态金属喷雾打印掩膜板。电阻丝宽度为 1.2 mm,长度为 500 mm;两段接头处采取了 5.8 mm×4.6 mm 的面积加宽设计,以方便外接导线和电源。为了合理利用布料面积,整个电阻丝以蛇形弯曲的形式布置在 68.2 mm×20 mm 的矩形区域内。打印过程中,通过手动调整打印时间以及喷枪移动的速度,可以改变实际打印出来的液态金属电加热丝的阻值大小。因此,可以通过使用该设计的掩膜板打印出一些外观尺寸相同但电阻值不同的液态金属加热丝,通过测试它们各自的电加热性能,可确定单个液态金属电加热丝阻值以及整件电加热服所需并联的电加热丝数量。

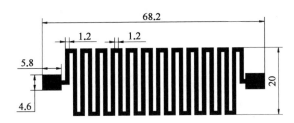

图 15.12　单个电阻丝的打印掩膜板设计图[3]

15.6.2　电加热丝性能分析

　　采用图 15.12 所对应的掩膜板在布料上打印一系列阻值不同的液态金属加热丝,并在室温环境下依次对其进行实际工作性能测试[3]。在通电过程中,为了测量液态金属的加热效果,将铜-康铜热电偶置于加热丝的布料基底背面来进行实时温度监测。同时,为了对比阻值不同的液态金属电加热丝在微观结构上的差异,可将阻值为 7 Ω 和 18 Ω 的两个电阻丝分别取样,置于环境场扫描电子显微镜下观测,结果如图 15.13 所示。

　　从纤维上液态金属之间的相互黏附面积来看,小阻值样本的相互黏附面积要远大于大阻值样本。根据电镜观测估计,该布料基底上的总纤维厚度约为 700 μm,而单根纤维的直径约为 30 μm。因此,对于图 15.13b 上标注的区域而言,粘连在不同纤维上的液态金属会形成微米级别的液态金属桥。虽然电源接通时流过该样本的电流只有 0.4A 左右,但是这些微米级别的液态金属桥上的电流密度却很容易达到 $10^3 \sim 10^4$ A/cm^2,因此会出现液态金属的电迁移现象。当布料基底上的这些液态金属微米桥都发生电迁移时,导致液态金

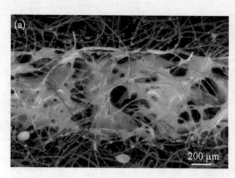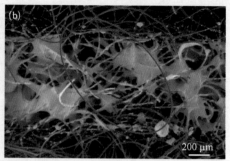

图 15.13 电子显微镜下液态金属电热丝的形貌图[3]

a. 阻值为 7 Ω 的电加热丝；b. 阻值为 18 Ω 的电加热丝。

属在纤维上的连接薄弱处同时断路,造成整个电加热丝的阻值成雪崩式增长。但是当纤维上的液态金属像图 15.13a 那样大面积呈现相互连接时,所构成的液态金属桥的宽度则相应增长到毫米尺度上;同样通过 0.4 A 的电流时,通过这些液态金属桥的电流密度就很难达到发生电迁移的阈值,因此不会对整个电加热丝的阻值造成明显影响。

15.6.3 针对不同关节需求设计的加热服

为评估电加热服供电电源的可携带性,可直接采用市场上通用的输出电压为 5 V 的手机移动电源加以测试[3]。因此,需要对打印掩膜板重新设计,通过将图 15.12 所对应的液态金属电加热丝两两串联,保证在串联后的电加热丝两端施加 5 V 的电压后可以长时间有效工作。其中,电阻丝的宽度仍为 1.2 mm,但长度增大到 1 000 mm;加热丝的两个接头被移至同一侧,仍采取 5.8 mm×4.6 mm 的面积加宽设计。整个电阻丝以两段蛇形弯曲的形式布置在 61.9 mm×50.1 mm 的矩形区域内。

使用掩膜板打印出阻值低于 14 Ω 的电阻丝,可以在 5 V 的直流电压下长时间正常工作。因此,为实现电加热服在寒冷情况下能够提供人体背部所需的热量,即液态金属电加热丝的总电阻范围应在 3~5 Ω,可将 3 个液态金属电加热丝同时并联在整个加热服的电路中,每个电加热丝的平均阻值为 13 Ω。实际的液态金属电加热丝如图 15.14a 所示。为了避免加热服在工作时出现局部过热的情况,可在液态金属电加热丝的布料基底背面贴附一个热电偶,并在电源前端增加一个温度控制模块,当热电偶监测到的液态金属电加热丝的温度超过设定的上限阈值时,电源会自动停止供电,待温度降到设定的下限阈值时,电源才会重新被接通。由于移动直流电源允许通过的最大电流为 2 A,可以提供的最大功率为 10 W,电源容量可达 10 000 mA·h,因此在更严苛的条件下可以根据实际需要并联更多的液态金属电加热丝,并联后的成品图如图 15.14b 所示。对于平均阻值为 13 Ω 的液态金属电加热丝,当并联数目为 3~5 个时,电源可持续供电 5~8 h。

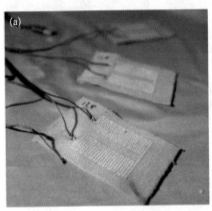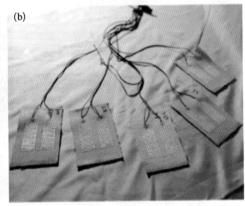

图 15.14　喷雾打印的液态金属电加热丝[3]

a. 带有热电偶温度监测的液态金属电加热丝;b. 并联 5 个液态金属电加热丝的成品。

选用图 15.14a 中的三个电加热丝一起构成液态金属电加热服。将 3 个电加热丝分别置于背部不同的区域,一个置于胸椎位置,另外两个置于左、右髋关节以上的腰部。使用红外摄像机(FLTR)对该加热服的工作情况进行观测,并记录下通电 0~12 min 范围内电加热服的温度变化,结果如图 5.15 所示[3]。可以发现,加热片在前 8 min 内从 33℃ 上升到 48℃,升温过程非常迅速。此外,从图中也可看出,由于衣服和身体贴合比较紧密,位于腰部的两个加热电阻丝是处于弯折变形状态的,但这对加热丝的工作并没有影响。在通电过程中,这两个弯折变形的电加热丝的温度范围,始终和在胸椎位置处于平整状态的电加热丝的温度范围保持一致。最后,液态金属电加热丝在服装内的位置还可根据需求不同进行个性化选择,图 15.15 只是展示了人体背部电加热最常用的 3 个位置。结合织物和液态金属均具有柔性和适形化的特点,液态金属电加热丝甚至可以直接弯曲成环形,直接适形化地包裹住肘关节、腕关节、膝关节等人体关节,进行持续性的局部热疗。

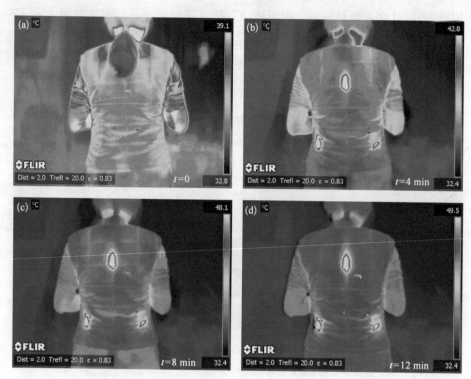

图 15.15   液态金属电加热服通电工作时的红外观测图[3]

a. 观测初始状态；b. 观测 4 min 后；c. 观测 8 min 后；d. 观测 12 min 后。

15.7   小结

低成本的液态金属印刷电子柔性印刷技术，可用于实现人体监测或治疗的适形化，同时也可满足设备穿戴时的舒适性要求。本章对液态金属喷雾打印技术在织物电路上的应用做了介绍。然而，就液态金属柔性电路在可穿戴医疗上的应用而言，未来还需要在以下几个方面进行更加深入的研究：（1）改善液态金属与电子元件的连接情况，从而提高液态金属织物电路的耐洗性能力；（2）实现液态金属喷雾打印的自动化，从而更加精确地控制打印过程中液态金属在整个电路上分布的均匀性，进而提高液态金属导体在基底上的各种性能；（3）探究液态金属织物电路在可穿戴治疗领域的更多应用，例如用液态金属在织物上制作电刺激康复服；（4）探究实现织物上的多层液态金属柔性电路的可能性。

参 考 文 献

［ 1 ］ Castano L M，Flatau A B. Smart fabric sensors and e-textile technologies：a review. Smart Materials & Structures，2014，23(23)：053001.

［ 2 ］ 李冰. 以纺织物为基底的直接打印可穿着柔性微带天线的研究(硕士学位论文). 杭州：浙江理工大学，2013.

［ 3 ］ 桂晗. 基于液态金属喷雾印刷技术的生物医用织物电路研究(硕士学位论文). 北京：清华大学，2017.

［ 4 ］ Gui H，Tan S C，Wang Q，et al. Spraying printing of liquid metal electronics on various clothes to compose wearable functional device. Sci China Technol Sc，2017，60(2)：306～316.

［ 5 ］ Vervust T，Buyle G，Bossuyt F，et al. Integration of stretchable and washable electronic modules for smart textile applications. J Text I，2012，103(10)：1127～1138.

［ 6 ］ Schneider F，Draheirn J，Kamberger R，et al. Process and material properties of polydimethylsiloxane (PDMS) for Optical MEMS. Sensor Actuat a-Phys，2009，151(2)：95～99.

［ 7 ］ 胡军岩，姚磊，叶青. 基于需求的服装功能化设计模式. 纺织导报，2013，(12)：31～34.

［ 8 ］ 唐世君，郭诗珧. 电加热服装的研制. 中国个体防护装备，2013，(6)：5～8.

［ 9 ］ 任萍，刘静. 可加热服装技术的研究进展. 纺织科学研究，2008，8(3).

［10］ Cairns D R，Witte R P，Sparacin D K，et al. Strain-dependent electrical resistance of tin-doped indium oxide on polymer substrates. Appl Phys Lett，2000，76(11)：1425～1427.

［11］ Yoon Y H，Song J W，Kim D，et al. Transparent Film Heater Using Single - Walled Carbon Nanotubes. Adv Mater，2010，19(23)：4284～4287.

［12］ Lazarus N，Hanrahan B. Thermotherapy platform based on a highly stretchable wireless heater. Advanced Materials Technologies，2016，1(8)：1600130.

［13］ 刘静，杨阳，邓中山. 一种含有液体金属的复合型面料. 中国发明专利：ZL201010219755.2，2010.

［14］ Guo R，Wang X，Yu W，et al. A highly conductive and stretchable wearable liquid metal electronic skin for long-term conformable health monitoring. Science China Technological Sciences，2018，DOI/10.1007/s11431 - 018 - 9253 - 9 2018.

第16章
液态金属印刷电子艺术

16.1 引言

文化创意产业主要包括广播影视、动漫、音像、传媒、视觉艺术、表演艺术、工艺与设计、雕塑、环境艺术、广告装潢、服装设计、软件和计算机服务等方面的创意群体。以金属为材料的艺术种类很多且历史悠久,如金属雕塑、浮雕、饰品及工艺品等,随处可见。这些物件的加工技术已经比较成熟,但锻造、铸造等金属工艺方式均有其技术难度,加工成本也比较高,而且受制于其体量或工艺难度,目前金属材料的艺术形式基本都是由专门的金属材料加工团体,或者专业的金属手艺人来制作,不太适合普通人。

英国伦敦的 My-mini-factory 是英国最大、世界第二大的 3D 打印原创资源分享平台。该平台汇聚了超过十万名来自全球的 3D 打印设计师以及数百万件免费下载的原创 3D 模型文件,目前正在进入中国市场。在该网站上以文字描述或图片形式发布创意点子或想法,社区的设计师们便会为其做出真实的免费 3D 模型。目前,以液态金属为墨水,借助 3D 打印机,在计算机上设定好设计图形,就可以打出个性化的电子艺术产品。这种方式让低成本快速、随意制作打印设计成为现实,可以打印电子艺术、装饰、贺卡等。这种立等可取的个性化电子制造模式,除了将对传统电子工程学带来观念性变革外,也将为科学与艺术、文化创意等的交叉融合创造全新的机遇。

16.2 液态金属智能家居

16.2.1 智能家居概念

智能家居指的是居室内所有的器件之间依靠通信网络进行连接,并可按照居民的要求实现远程控制、监测、获取服务目的的居住环境[1-4]。事实上,建立智能家居来满足老年人的各种需求(如监护)已经在学术和工业界引起了巨大的关注[5-7]。居室内安装各种各样的传感系统,包括图像、声音、温度、光等传感器,数据的收发通过射频天线标签(RFID)、全球定位系统(GPS)来完成[8-11]。可以预料,在这样一个智能网络中,随处都是电子线路或器件,分布在天花板、墙壁、床椅、窗户等室内基底材料上,这就为液态金属印刷技术提供了用武之地,图 16.1 描绘出一个布满印刷电子线路的智能家居的构想图[12]。

图 16.1　室内装有各种印刷电子电路的智能家居原理图[12]

16.2.2　液态金属室内基底印刷图案

智能家居通常都装配有大量的通信传感器、电子设备和生物医学监视器,可以预见,未来所有室内物体如墙壁、地板、天花板、床、橱窗、电器设备、桌椅等的表面均可以作为实施液态金属印刷的基底,各种图案如 RFID、电视、播放机的电路可很方便地实现直接打印。图 16.2 为选用几种典型的室内表面作为目标基底来印刷液态金属电子图案,这些图片说明了在室内各种软硬基底、各种粗糙度的材料上均可实现印刷任意设计图案,这既可打印各种形状的线路或器件,也可制作满足装饰和娱乐需求的图案[13]。

16.2.3　功能性液态金属印刷图案

利用液态金属的导电性、柔性及可打印性,可制作出具有不同美观程度的

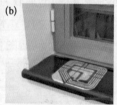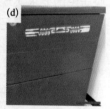

图 16.2　液态金属在室内不同基底上喷涂打印的图案[12]

a. 在有机玻璃基底上打印的中国科学院理化所的徽标；b. 在大理石窗台上打印的 RFID 图案；c. 在红纸基底上打印的圣诞贺卡图案；d. 在木板上打印的 RFID 图案。图中标尺长度均为 10 cm。

艺术发光家居产品，实现对全屋灯光的智能管理，如图 16.3 所示。此外，室内家具也可利用液态金属实现艺术创作，利用液态金属制作或喷涂的时尚室内家具，能够将金属的光泽质感和流动性与部分设计别致的室内茶几、洗浴冷色调雕塑、金属反光光泽摆放物品等结合起来，形成一种独特而有一定情调氛围的艺术效果。

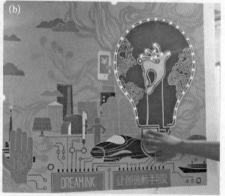

图 16.3　点亮前(a)和点亮时(b)的液态金属智能墙绘[14]

16.3　其他液态金属艺术创意

16.3.1　液态金属时尚服饰

在服装行业的发展进程中，时尚金属元素的展示是一种创新。将液态金属设计或喷涂的精致图案应用于时装上，液态金属不同的状态可直接显示室外温度。同时，金属色的独特光泽让时装展现出前卫风格并充满了活力。

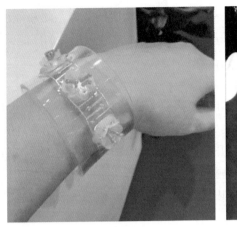

图 16.4　液态金属柔性手环及智能服装[14]

16.3.2　液态金属电子画

可以直接用金属写字画画的液态金属技术像普通水笔一样便捷,且安全可靠。金属质感的精细画作将触手可作,人人都能成为"金属艺术家"。液态金属也可以和诸如油画、刺绣、山水、喷绘等其他艺术表现形式结合,制作大幅

图 16.5　液态金属电子工艺画[14]

液态金属装饰画,可应用于酒店、家装、咖啡厅等场所的装饰。此外,液态金属在纸及油画布上的可附着性,将使液态金属的艺术绘画运用更加广泛。

16.3.3　液态金属包装印刷品

如图 16.6 所示,液态金属可印制于各类形态、材质的包装表面上,具有极强的金属光泽质感,并可进一步集成射频识别、传感、声光热等功能,同时让包装的价值感与功能性得到大幅提升,且适合批量印刷。可应用于快消品、奢侈品的纸质、塑料、玻璃容器表面金属图案,家具电器功能性装饰,防开启或防伪标签,柔性显示包装,冷链物流包装,集成传感器或声光热功能的器皿,智能书报刊物装帧等。

图 16.6　基于液态金属印刷电子的智能包装产品[14]

16.4　液态金属表面着色及彩色印刷电子学

液态金属在常温常压下呈液态,导电性能良好。然而,已有的液态金属由于其自身物性或合金组成所限,光泽大多呈银白色,色彩十分单一,相对于工业上对色彩和美观程度要求较高的印刷或涂料应用场合,所制作的产品与人们的审美观相距较远。因此,需要尝试改进或调整液态金属的颜色性能,使其彩色化、丰富化。若能对液态金属赋予彩色功能,将极大提升其性能,并由此实现色彩丰富的印刷电子或 3D 金属制作,显著增强产品的体验感和艺术价值。正是基于对这一问题的认识,笔者实验室提出了彩色印刷电子学的学术概念[15],并予以研究和应用。

　　从技术实现的角度看,可尝试将液态金属与彩色染料混合[16],此方面有不少材料学发展空间,当然在应用中会存在难以均匀掺混配制彩色导电墨水这一难题。在液态金属中加载颜料来获得预期色彩的金属材料时,由于所加载的颜料大多为无机氧化物材料,导电性能较差,当颜料颗粒比例过多时,容易对液态金属的性能造成一定影响。不过,借助具有一定色彩的高导电纳米颗粒,可部分改善最终材料的性能。

　　除上述途径外,通过在液态金属表面涂覆的方法,也可实现彩色液态金属效果,这是现阶段已能实现并有实际应用的一种方法[15]。具体途径如下:首先将液态金属涂覆在基板(纸、PVC 等)上,然后借助冷冻过程使液态金属变成固体,再将颜料浆液涂覆在已呈固体状态的液态金属上,待其风干并封装后即可实现彩色化(图 16.7)。该方法所制备打印的彩色液态金属,导电性能良好,具有抗氧化性和防锈性。此外,采用涂覆方法制备的彩色液态金属基本上不会对液态金属的导电性能产生任何影响。

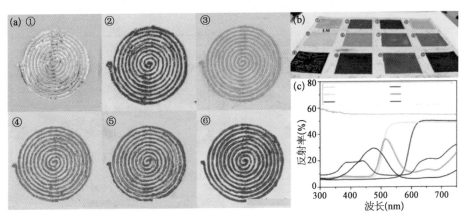

图 16.7　彩色化液态金属电子电路及其反射率特性[15]

　　液态金属的彩色化可应用在诸多方面,现阶段已能用彩色化的液态金属制作出各种导电性能良好的电子电路,也可用彩色化的液态金属书写字体,制作精美的艺术工艺品或导电电源等。

　　除此之外,还可通过包覆纳米、掺杂荧光物或发色基团等手段实现液态金属的彩色化[17],将流动的液态金属赋予色彩(图 16.8 及图 16.9)。由此,液态金属可在保留色彩印制的同时,呈现出柔性化可导电的特点,在其表面特殊发光物或外界光源激励下,能自动改变自身的炫酷外表颜色。

图 16.8 笔者实验室制备出的彩色荧光液态金属[17]

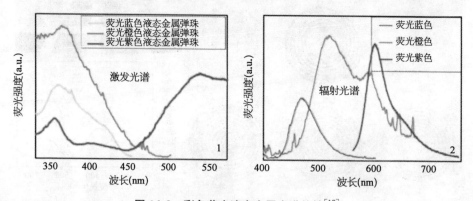

图 16.9 彩色荧光液态金属光谱特性[17]

16.5 小结

液态金属的出现,赋予了现代社会新的想象空间,改变了人们对很多事物的认知,即金属不仅刚硬粗犷庞大,也可以柔韧机敏精微。液态金属笔不仅仅是从前的笔,液态金属打印机也不仅仅是传统的打印机,设计得到的电路贺卡产品也可以很艺术,电子首饰或电子服装实现起来已并非难事。这许许多多的应用潜力都表明人们的意识形态正在因为液态金属的诞生而改变。于简单之处写大生活是液态金属的本能,也是它的魅力所在。总体而言,液态金属是一种神奇美妙的新兴材料,有望让电子化的鲜活的文化创意与创造触手可及。

参 考 文 献

[1] Gershenfeld N, Krikorian R, Cohen D. The Internet of things. Sci Am, 2004, 291 (4): 76~81.

[2] Fernandes F, Morais H, Vale Z, et al. Dynamic load management in a smart home to participate in demand response events. Energ Buildings, 2014, 82: 592~606.

[3] Vardakas J S, Zorba N, Verikoukis C V. Scheduling policies for two-state smart-home appliances in dynamic electricity pricing environments. Energy, 2014, 69: 455~469.

[4] Chan M, Campo E, Esteve D, et al. Smart homes—Current features and future perspectives. Maturitas, 2009, 64(2): 90~97.

[5] Balta-Ozkan N, Davidson R, Bicket M, et al. Social barriers to the adoption of smart homes. Energ Policy, 2013, 63: 363~374.

[6] Park H, Basaran C, Park T, et al. Energy-Efficient Privacy Protection for Smart Home Environments Using Behavioral Semantics. Sensors-Basel, 2014, 14 (9): 16235~16257.

[7] Tak Y S, Kim J, Hwang E. Hierarchical querying scheme of human motions for smart home environment. Eng Appl Artif Intel, 2012, 25(7): 1301~1312.

[8] Suryadevara N K, Mukhopadhyay S C, Wang R, et al. Forecasting the behavior of an elderly using wireless sensors data in a smart home. Eng Appl Artif Intel, 2013, 26 (10): 2641~2652.

[9] Valero M A, Bravo J, Chamizo J M G, et al. Integration of Multisensor Hybrid Reasoners to Support Personal Autonomy in the Smart Home. Sensors-Basel, 2014, 14(9): 17313~17330.

[10] Ding D, Cooper R A, Pasquina P F, et al. Sensor technology for smart homes. Maturitas, 2011, 69(2): 131~136.

[11] Nasir A, Hussain S I, Soong B H, et al. Energy efficient cooperation in underlay RFID cognitive networks for a water smart home. Sensors-Basel, 2014, 14 (10): 18353~18369.

[12] Wang L, Liu J. Ink spraying based liquid metal printed electronics for directly making smart home appliances. ECS J Solid State Sc, 2015, 4(4): 3057~3062.

[13] 王磊. 面向增材制造的液态金属功能材料特性研究与应用(博士学位论文). 北京: 中国科学院大学, 中国科学院理化技术研究所, 2015.

[14] 北京梦之墨科技有限公司. 资料汇编. 北京, 2018.

[15] Liang S T, Liu J. Colorful liquid metal printed electronics. Science China Technological Sciences, 2018, 61(1): 110~116.

[16] 刘静. 一种彩色液态金属及其制作方法. 中国发明专利: CN201510592158.7, 2015.

[17] Liang S T, Rao W, Song K, et al. Fluorescent liquid metal as transformable biomimetic chameleon. ACS Appl. Mater. Interfaces, 2018, 9(2): 1589~1596.

索　引